内 容 简 介

本书主要针对油气开采与地下水渗流领域对渗流力学课程学习的需要，其内容包括：多孔介质及其中流体流动的基本概念、基础知识、基本定律；流体渗流的数学模型及其建模方法；单相液体、单相气体渗流数学模型的有限元求解方法，非饱和地下水渗流、地下水渗流与应力变形耦合问题的有限元求解方法与算例；以及渗透变形的知识和堤基管涌侵蚀问题的有限元求解方法与算例等内容。

本书可作为石油工程、水利水电工程、水文地质与地下水资源、土木建筑工程等相关专业的本科高年级学生和研究生的教材或教学参考书，也可作为从事油气开采、地下水渗流、水利水电工程、隧道、基坑与边坡工程等相关领域的设计、教学与科研人员的参考书。

图书在版编目（CIP）数据

渗流力学 / 吴梦喜编著. —北京：科学出版社，2023.12
中国科学院大学研究生教材系列
ISBN 978-7-03-077164-3

I. ①渗⋯　Ⅱ. ①吴⋯　Ⅲ. ①渗流力学-研究生-教材　Ⅳ. ①O357.3

中国国家版本馆 CIP 数据核字（2023）第 236142 号

责任编辑：赵敬伟　杨　然／责任校对：邹慧卿
责任印制：张　伟／封面设计：陈　敬

科 学 出 版 社 出版
北京东黄城根北街 16 号
邮政编码：100717
http://www.sciencep.com

北京九州迅驰传媒文化有限公司 印刷
科学出版社发行　各地新华书店经销
*
2023 年 12 月第 一 版　开本：720×1000　1/16
2023 年 12 月第一次印刷　印张：17 1/2
字数：350 000
定价：128.00 元
（如有印装质量问题，我社负责调换）

　　渗流力学研究流体在多孔介质中的流动规律，是与岩土力学、热力学、物理化学等多学科交叉的学科，是流体力学的一个分支。渗流力学的研究范畴包括地下水渗流、地下油气渗流、化学与冶金工业渗流、生物渗流等诸多方面，其学科知识具有涵盖范围大、多学科交叉、应用性强且复杂等特点。渗流力学是水文地质与工程地质、水利水电工程、土木工程、海洋工程、地下油气资源开采和其他采矿工程等领域一门重要的专业基础理论课。

　　"渗流力学"是中国科学院大学（简称国科大）研究生的一门专业普及课和大部分选课学生的学位课。选课研究生来自中国科学院的众多培养单位，包括渗流流体力学研究所、武汉岩土力学研究所、成都山地灾害与环境研究所、寒区旱区环境与工程研究所、地质与地球物理研究所、力学研究所、工程热物理研究所等。学生的专业背景、基础和今后从事研究的领域均差异很大。现有的教材对渗流力学的原理、理论方法与工程应用的阐述，一般分为只针对地下水渗流或只针对油气渗流，针对各自领域的分析计算方法阐述较多，作为力学课程的普适性不足，难以适应国科大研究生研究领域的多样性。将渗流力学的基本原理、方法统一起来介绍，帮助学生搭建渗流力学的知识体系，培养复杂渗流情况下（单一流体复杂介质、多相流体简单介质、渗流与变形耦合、渗流与传热耦合、溶质输运）建立微分方程、推导理论和数值求解方法以及解决实际问题的能力成为教材编写和教学的目标。

　　编者参考了地下水动力学和地下油气渗流力学的相关教材，根据国科大研究生的专业基础和应用背景编著《渗流力学》讲义并授课了10余年，融入了编者20余年来在水利水电工程等领域渗流问题、渗流变形耦合问题的研究成果，尤其是渗流计算、渗流与变形耦合计算、管涌动态发展计算等的有限元模拟方法方面的系统成果，并推导了单相气体渗流的有限元计算公式。本书主要包括渗流的基础知识与定律、渗流的偏微分方程和定解条件、地下水渗流的理论计算方法、两相渗流的基本理论、地下水渗流和单相气体渗流的有限元法、土的渗透变形与渗透破坏、渗流与变形的耦合有限元方法、潜蚀的有限元动态模拟方法、水电工程的渗流及其与变形耦合问题分析实例等内容。此外，还对目前研究热点问题如流体的非等温渗流基本理论、溶质输运方面进行了介绍。本书第 1 章为渗流的基础知识与定律，介绍地下油气和地下水的储存与流动空间，多孔介质的特点和达西定律以及两相渗流与相压力差等基本概念；第 2 章为单相流体渗流的基本数学模型，主要介绍依据质量守恒定律与达西定律、流体与多孔介质的状态方程，用积分法建立渗流的连续性方程的方法；第 3 章为两相渗流理论，介绍地下水渗流、油水两相和油气两相渗流的数学模型；第 4 章为渗流的理论计算方法，介绍基于裴布依（Dupuit）假定的二维潜水、承压水渗流和完整井渗流的理论计算方法；第 5 章为流体渗流的有限元方法，在介绍有限元方法的基础知识后，分别以包含非饱和区的地下水渗流问题和单相气体渗流问题为例，详细介绍了通过一般的变分法（该方法不需要寻找泛函），从微分方程推导有限元数值算法的完整过程；第 6 章为地下水渗流有限元计算若干问题，主要介绍两种渗透性差异较大的介质在包含非饱和渗流域的内部逸出概念和有限元计算处理方法、降雨入渗等流量边界和以沟代井的处理方法等内容；第 7 章为渗流与应力变形耦合分析理论及有限元方法，介绍岩土体中的饱和-非饱和渗流与变形耦合有限元算法的推导过程；第 8 章为土的渗透变形与渗透破坏，主要介绍渗透变形的分类及其判别方法、无黏性土的管涌渗透坡降的理论计算方法和渗透破坏的工程实例解读；第 9 章为潜蚀的有限元动态模拟，主要介绍坝基管涌型侵蚀中含砂水渗流和管涌类土中细颗粒侵蚀输运的微分方程及二者耦合求解的有限元方法；第 10 章为双重介质渗流理论，介绍了双重介质的概念及双重介质中流体渗流的计算模型；第 11 章为水电站大坝渗流分析实例，主要结合阿青水电站的三维渗流分析，介绍水电工程中有限元渗流计算与分析的过程；第 12 章为围堰渗流与变形耦合分析实例，介绍某水电站围堰施工与运行全过程中渗流与变形强耦合仿真计算方法与结果；第 13 章为流体的非等温渗流理论，主要介绍非等温渗流中流体的流动微分方程和传热微分方程的建立；第 14 章为多孔介质中的溶质迁移，简要介绍溶质的输运基本定律与微分方程。附录介绍张量的指标符号表示法。指标符号表示法是本书的数学基础，要求在阅读本书正文部分前首先熟悉。

　　本书的主要特点是充分利用了张量和指标符号体系来描述渗流的相关公式，从渗流的基本定律、微分方程、数值求解方法和实际工程问题的阐述和研究中，对介质各向异性、流动的定常与非定常、几何的二维与三维进行了统一描述，将零碎的知识融合到统一的简洁的公式或方法之中，便于选课研究生快速掌握渗流力学的知识体系。改变了以往的教材对介质各向异性、流动的定常与非定常、几何的二维与三维渐进式逐章节阐述的模式。全书的内容除了渗流的基本知识与定律以外，以地下水渗流及其与岩土体的相互作用问题为例，围绕微分方程的建立、有限元算法的推导来介绍如何建立复杂问题的数学模型和求解方法，旨在培养学生面对复杂渗流问题的分析能力、研究能力和最终解决问题的能力。虽然因编者的科研范围较少涉及油气渗流和非等温渗流等问题，在这些问题的求解方面未能深入阐述，但是本书中介绍的由基本物理定律出发构建微分方程和依据一般的变分法推导有限元数值算法的方法，对复杂渗流相关问题是普适的，不但适合于单一孔隙介质的饱和–非饱和地下水渗流问题、渗流与变形耦合作用问题的分析研究，也同样适合于油、气、水多相组合流动问题，孔隙–裂隙等多重介质渗流问题和非等温渗流问题的研究。因此，本书更适合于力学及相关交叉学科领域的研究生掌握渗流及其相关学科的基础理论，培养他们分析与解决复杂工程中渗流问题的能力。

　　本书作为中国科学院大学研究生教材，由中国科学院大学教材出版中心资助出版。期望研究生通过本课程的学习，能将有关地下水渗流问题的描述和分析方法，应用到地下水渗流、油气资源开采等领域中复杂渗流、渗流与岩土体变形、传热、传质等耦合问题的研究之中，做到举一反三、触类旁通。限于编者的视野和水平，本书还存在许多缺点和不足，欢迎提出宝贵意见和建议。

吴梦喜

2022 年 10 月

目　　录

第1章　渗流的基础知识与定律

1.1　渗流力学的发展历史与发展趋势

1.1.1　渗流力学的起源与发展历史

渗流力学是流体力学的一个分支，研究流体在多孔介质中的运动，是地下水资源开采、水利水电工程和地下油气资源开发研究过程中发展起来的一门应用力学学科。渗流过程中往往伴随一些物理、化学过程。现代数学方法、计算技术和实验手段在渗流过程的研究中得到了广泛使用，渗流力学的发展也反过来促进了应用数学、计算和实验技术的发展。近代大型水利水电工程的建设、土壤灌溉工程的兴建，石油、天然气采掘工业的发展，均大大促进了渗流力学的发展。水利水电工程的设计论证中有自由面的潜水渗流理论得到了发展，农田水利的研究促进了渗流和蒸发作用对溶液盐析的探讨。现代油、气田高效开发的需要促进了多相、多组分化学物理渗流理论的出现。此外，在化学工业中，流体在多孔介质中的流动中包含催化、过滤过程，其中伴随着传热、传质、吸附、扩散作用，促进了包含了复杂物理和化学过程的渗流理论。在国防尖端技术中，也出现了涉及渗流力学研究的问题。

渗流力学起源于人类对地下水的开发和利用。我国先秦的《击壤歌》中有"日出而作，日入而息。凿井而饮，耕田而食"的词句，说明当时已经有地下水开采利用的知识。1856年，达西（Darcy）在研究法国第戎（Dijon）城的地下水开采问题时，用直立的均质砂柱进行了渗流的实验，发现了多孔介质中渗流的基本规律——达西定律（Darcy，1856）。此后地下水渗流理论得到了蓬勃发展。1863年法国工程师裘布依（Duipuit）在地下水的二维稳定流动和向水井的三维稳定流动研究中，基于渗流的方向可以近似为水平的假定，给出了地下水缓变渗流的理论计算公式，奠定了地下水稳定渗流理论计算的基础。对于非线性渗流问题，福熙海麦（Forchheimer）给出了流量与压力梯度之间著名的二项式关系。1889 年，俄国数学力学家茹科夫斯基（Жуковсий）导出稳态渗流偏微分方程，并指出渗流和热传导在数学描述上的相似性。1904 年，法国人波希尼斯克（Boussinesq）导出了潜水不稳定渗流微分方程（Bear，1972）。1922～1930 年苏联学者巴甫洛夫斯基（Павловский）在进行水工建筑物下的地下水运动的研究中，创立了水电相似模拟方法。20 世纪 30 年代，美国的地下水开采规模越来越大，一些地区的地下水位持续下降，地下水的状态表现出随时间变化的特征，由此人们开始注意地下水渗流的不稳定性和承压含水层的储水性（Meinzer，1928）。1935 年水利学家泰斯（Theis）提出了地下水向承压水井的非稳定渗流公式。

20 世纪 20 年代起，因内燃机应用范围的扩大，石油的利用进入动力时期，石油工业得到了大力的发展，渗流力学的研究对象也由水逐渐扩展到石油和天然气等流体。毛管力和饱和度的关系在油水、气水两相渗流试验中被揭示出来（Leverett，1939；Leverett & Lweis，1941），Darcy 定律从单相流体渗流推广到多相渗流中，奠定了地下流体多相渗流理论的基础。地下非稳定渗流的基础理论和解析求解方法在 40 年代末至 70 年代初得到了全面的发展及初步应用。水驱油非活塞式两相驱替理论（Buckley & Leverett，1942）、可压缩多孔介质中的渗流理论［谢尔加乔夫（Щелкачев），1946］和双重介质渗流的数学模型（Barenblatt，1960）被相继提了出来，多重介质渗流的理论研究开始出现。另外，通过非线性渗流数学模型和数值模型研究非等温渗流、非牛顿流体渗流、物理化学渗流等诸方面也取得了一些进展。然而非稳定渗流的研究理论解式非常复杂，在 70 年代以前因缺乏与之相应的高效率的计算方法而难以深入。

20 世纪 70 年代初至 80 年代中期，计算机与计算技术的发展，显著推动了渗流问题在数学建模、计算模拟、应用方法等方面的发展。在石油与天然气工程领域，多维多相的黑油模型、多相渗流模型、热力驱油模型和化学驱油模型相继出现，用计算机数值方法求解多相流体渗流数学模型的油气藏数值模拟得到了蓬勃发展。有限差分法、有限单元法和有限体积法的发展为求解非稳定渗流问题提供了有效手段。高速度大容量的电子计算机和电子压力计等高精度测量仪器，使得高效率应用计算方法得以建立，描述非稳定渗流的数学模型得以改进，理论概括也更加贴近于矿场实际。

20 世纪 80 年代中期至 90 年代以来，精细地质建模和油藏数值模拟的结合，为处于开发中后期的油田保持产量或延缓产量递减提供了较为可靠的理论依据。另有其他一些非线性非稳定渗流问题，如凝析气渗流问题、流固耦合渗流问题、多孔介质中热对流问题等亦逐渐引起了研究人员的注意，并取得了一些有特色的成果（王晓冬，2006）。随着时间的推移，这些复杂渗流问题的研究成果必将加深渗流理论的研究深度，拓宽渗流力学的应用广度。地下渗流理论的发展需要准确描述复杂的渗流过程，而物理实验是揭示这一复杂的渗流过程的最有力手段。

近年来，渗流力学的发展主要体现在以下几个方面。

物理化学渗流　物理化学渗流是指含有复杂物理变化和化学反应过程的渗流。这些物理变化和化学反应过程有对流、扩散、吸附、脱附、浓缩、分离、互溶、相变、多组分及氧化、乳化、泡沫化等。在研究三次采油、页岩气开采、水合物开采、碱矿和铀矿的地下沥取、化工、土壤盐碱化防治、盐水淡化等技术中，都需要考虑物理化学渗流。

非等温渗流　传统的渗流力学一般不考虑温度的时空变化对渗流过程的影响，把渗流看作等温过程。非等温渗流要考虑温度场时空变化对液体的黏滞性、流体密度变化等对渗流过程和渗流场的影响，同时渗流过程也对温度场产生影响。在三次采油、地热开发、高温溶浸采矿、稠油的热采包括注蒸汽、注热水、火烧油层和电加热等，以及某些工程渗流中，渗流域中的温度分布和流体与固体的热膨胀和热交换对渗流过程的显著影响必须要加以考虑。

非牛顿流体渗流　古典的渗流力学研究为牛顿流体。牛顿流体流动中任一点上的剪应力同剪切变形速率呈线性关系。不符合这种线性关系的流体称为非牛顿流体。宾汉姆（Bingham）型、幂律型和膨胀性流体均是常见的非牛顿流体。在三次采油中向地层注入的聚合物溶液、乳状液、胶束液和泡沫液等都是非牛顿流体。在水力压裂工艺中向地层注入的流体、在工程渗流中通过多孔滤器的聚合物流体和泥浆等一般是非牛顿流体。生物渗流中很多流体也是非牛顿流体。

流固耦合渗流　在短期荷载或交变荷载作用下，多孔介质和流体处于压缩和膨胀的交替过程，应力应变处于瞬变状态。岩土与水利工程中，渗流与岩土体中的相互作用方面也取得了很大的进展。饱和低渗透高压缩性的土层在荷载作用下的超孔隙水压力问题（吴梦喜等，2021，2022），水利水电工程中深厚覆盖层堤坝基础中的管涌发展过程问题（吴梦喜等，2017）的研究也取得了很大进展。

传统的渗流力学研究流体的宏观运动，而对微观运动的认识可以揭示渗流的物理本质。微观运动认识的加深可以帮助对宏观现象的合理解释，促进生产和工程技术的发展。所以对多孔介质的微观结构以及流体在其中的微观运动的研究也已受到重视。

1.1.2　渗流力学的应用范围

渗流现象在地表岩土体、工程材料和动植物体内普遍存在。渗流力学的应用范围，可以大致分成地下渗流、工程渗流和生物渗流三种类型。

地下渗流是指岩土体中的流体的流动。主要是水、石油和天然气的渗流，也包括岩浆的流动。地下渗流主要包含地下水在岩土体中的流动和地下油气在岩体中的流动两个部分。渗流力学起源于对地下水渗流的研究。与地下水渗流有关的工程学科包括：农田水利工程、灌溉工程、水力发电工程、防洪工程、滑坡灾害分析与防护治理工程、采矿工程、土木交通工程等。地下水渗流一般研究渗流场、渗流量（水分迁移）及渗透破坏问题。不同的工程领域对渗流的关注点不同。如土壤灌溉领域主要关注土壤的水分迁移，水利水电与岩土工程中的渗流研究主要关注渗流量和渗流场对岩土体应力-应变和对工程渗透稳定性与抗滑稳定性的影响，地下水资源开采主要关注渗流量和地下水位变动等。地下水渗流分析涉及的工业领域最多，应用最为广泛。地下油气资源包括石油、天然气、煤层气。地下油气开采主要关注渗流量、开采部署和生产制度对渗流量和采收率的影响。地下油气资源的开采是渗流力学研究最活跃的领域之一。油气资源的开采推动了渗流力学的发展。

工程渗流（或工业渗流）是指各种人造材料和工程装置中的流体渗流，涉及化学工业、冶金工业、机械工业、建筑业、环境保护、原子能工业以及轻工食品等领域。化学工业中的过滤、洗涤、浓缩和分离，填充床内的复杂化学反应过程等涉及渗流理论。冶金工业中的细菌炼铜，瓷工业中的底吹氩气均涉及渗流力学问题。金属溶液在铸造砂型中的传热传质、耐火材料、陶瓷和金属陶瓷等人工多孔材料的物理化学性质等均与渗流过程有关。建筑业所用砖石、混凝土、木材和黏土中的水气渗流影响它们的应力-应变关系。环保技术中的污水处理、海水淡化、原子能领域中清除放射性粒子和工业废液等亦需要进行渗流研究。此外，煤炭的堆积、谷物和棉纺材料的储存都存在气体渗流的问题。工程渗流的问题往往涉及多相渗流、非牛顿流体渗流、物理化学渗流和非等温渗流等一系列复杂渗流问题。

生物渗流是指动植物体内的流体流动，是渗流力学与生物学、生理学交叉渗透而发展起来的，大致可分为动物体内的渗流和植物体内的渗流。

动物体内的渗流：哺乳动物 4 种脏器的 8 种管道系统属于多孔介质，包括肾脏的血管系统和泌尿系统，肺脏的血管系统和肺泡–微细支气管系统，肝脏的血管系统、窦周间隙系统和胆小管系统，以及心脏的血管系统。这些系统具有多孔介质的主要特征，即孔径很小而比表面积很大。流体在其中的流动符合渗流的特点。不同生物脏器的孔隙率差异很大。由于这些系统都属于多重介质，其中流动的流体又属于非牛顿流体（如血液），因而这类渗流问题是比较复杂的。血液循环、淋巴液循环、呼吸以及关节润滑等方面是目前人体相关领域渗流研究的主要问题。

植物体内的渗流：植物的根、茎、叶也是多孔介质。植物体内的渗流研究水分、糖分和气体的输运过程。

1.1.3　渗流力学的发展趋势

渗流力学的基本问题，一般是在通过室内试验、现场测试等手段弄清流体的物理和化学性质以及多孔介质的相关参数的条件下，分析预测渗流域内压力场和速度场的时空变化情况以及流体的迁移量；在多相和非等温渗流的情况下，还要预测饱和度场和温度场的分布；在水利与岩土工程中，往往还需要预测和分析渗流对岩土体应力变形的影响甚至渗流与岩土体应力变形的相互作用，堤坝地基中管涌的动态发展过程及其对地基渗透稳定性等的影响。复杂的工程问题的研究，往往都归结为求解各种类型的数学物理方程。渗流力学与渗流物理相结合，宏观与微观相结合，数理分析、计算技术和实验手段相结合，应该是今后渗流力学进一步发展的方向和途径。

近年来，渗流力学广泛应用于水力学、土力学和石油与天然气工程学。不同的工程领域应用渗流力学的侧重点不同。在水力学方面，人们用不混相流体渗流理论预测海水入侵问题，用可混相流体渗流理论计算污染物扩散运移，用热耦合渗流理论研究地下热水开发利用等问题。渗流是造成土石堤坝和边坡破坏的主要原因，坝基和坝体中的渗流和渗透稳定性是水利水电工程中重要的研究内容。近年来，码头工程、跨江跨海高速公路工程和深厚覆盖层上的堆石坝工程等的发展，促进了堆载作用下软土地基中超孔隙水压力的累积及其消散对构筑物变形和地基稳定性的影响的评估方法的发展（吴梦喜等，2021，2022）。水电开发中高水头作用下深厚覆盖层坝基中管涌等渗透变形的动态发展过程及其对坝基渗透稳定性和抗滑稳定性的影响的研究（吴梦喜等，2017），促进了岩土力学与渗流力学的融合和渗流与变形耦合问题数值求解方法的发展。水文地质学家则注意研究开采对地下饱水带的影响，以便能够宏观评价地下水资源的开发和利用效果。在农田灌溉方面，土壤物理学家研究降雨入渗导致地层包气带水分的动态变化，因为这会影响地面作物的生长。在石油与天然气工程方面，渗流力学几乎涉足于各个区域。矿场工程师们探索油气藏开发时油、气、水等地下流体流动所遵循的规律，从而为制订正确的油气田开发方案、评价储层及分析开发动态、有效地控制和调整开发过程提供解决方法。渗流力学是认识油气藏、高效开发油气藏的科学基础。目前渗流力学也在生物医疗、地震预报、环境保护等学科领域的工程应用中发挥越来越大的作用，有可能成为这些领域理论研究和工程设计的新方法、新思维的生长点。工程应用的需求持续推动着渗流力学的发展。

1.2　多孔介质

多孔介质是含有大量空隙的固体材料，至少某些空隙空间构成相互连通的通道。多孔介质的空间由多相物质占据，其固体所占部分称为固体骨架，而其余部分称为孔隙空间。固体骨架、孔隙和通道遍及整个多孔介质所定义的空间。孔隙空间内可以是单相气体或液体，也可以是多相流体。

地下水储存于地表下含水层，石油和天然气储存于油气储集层的空隙空间之中。储集层的介质分为土体和岩体两种类型。土体以土颗粒为骨架并含有大量微毛细管孔隙空间，土颗粒之间的空隙主要为孔隙。与土体不同，岩体中的空隙有以下 4 类：

（1）孔隙：若岩体中的空隙各方向的尺寸属于同一量级，则称为孔隙。岩体中的孔隙又分为水力连通孔隙和水力不连通孔隙。水力连通孔隙与土体中的孔隙相类似，是完整岩体中的渗流通道。

（2）微裂缝：岩体中的空隙，在一个方向的尺寸远大于其他两个方向的尺寸，其最长方向的尺寸也是微小的则称为微裂缝或微裂纹。多数岩石为脆性材料，在其形成过程中受到多种环境因素影响而出现被视为材料缺陷的微裂纹。微裂纹分布既有完全随机的，又有大体定向的。微裂纹尖端产生的应力集中现象，对岩体的强度有重大影响。应力环境对微裂纹的宽度有影响，因而其渗透性和应力环境有明显的相关性。

（3）裂缝：若岩体中的空隙在某一方向的尺寸远小于其他两个方向的尺寸（达米级以上），则称为裂缝（工程地质中称为结构面）。若岩体中无裂隙存在，则称为完整岩体；若岩体中有裂隙发育，则称为裂隙岩体。从渗透性方面而言可视完整岩体为孔隙介质。

（4）孔洞：如某一方向延伸很长，其他两个方向的尺寸也较大，则称为溶洞或孔洞。碳酸盐岩中的溶孔等属于这种类型。

多孔介质具有**储容性**，能够储集和容纳流体；具有**渗透性**，允许流体在孔隙中流动；具有**润湿性**，岩体孔隙表面与流体接触中表现出亲和性；具有**大的比表面**，单位体积岩体孔隙的总内表面积一般比较大；具有**孔隙结构复杂性**，孔隙结构狭窄而复杂；具有**非均质性**，物理性质时常空间差异明显；具有**可压缩性**，孔隙体积因多孔介质外部的荷载和孔隙内部流体的压力、温度变化而改变。

1.2.1　储容性

能储集和容纳流体是多孔介质的一个重要特性。显然，多孔介质储容性的好坏与多孔介质中孔隙空间在总的空间中所占的比例有关，因此引入了孔隙率的概念。

孔隙率是多孔介质中孔隙的体积在总体积中所占的比例。

定义孔隙率为连续函数，绕空间中一点 p 取一微元体 ΔV，其孔隙体积为 ΔV_p，则孔隙率 ϕ 为

$$\phi = \Delta V_p / \Delta V \tag{1.1}$$

取一系列不断缩小的这样的体积，得到一系列对应的孔隙率，当缩小到某个体积附近时，孔隙率趋于稳定，如图 1.1 所示，当这个体积进一步缩小，会达到一个临界体积 ΔV_0，当再进一步缩小，孔隙率便开始激烈振荡，若 p 点在孔隙上，则孔隙率为 1，若在骨架上，则孔隙率为 0，这个体积叫作**典型单元体**。多孔介质中 p 点的孔隙率定义为

$$\phi(p) = \lim_{\Delta V_i \to \Delta V_0} \frac{\Delta V_{pi}}{\Delta V_i} \tag{1.2}$$

依据这个定义，孔隙率成为空间的连续函数，通过引入孔隙率和典型单元体的概念，实现了用虚构的连续介质代替了真实的、不连续的多孔介质。

1.2.2　渗透性

多孔介质的孔隙空间至少有一部分是相互连通的，流体能在这部分连通的

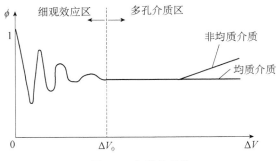

图 1.1　典型单元体

孔隙空间中流动。多孔介质具有让流体通过的这种性质叫作渗透性。对于土体而言，并不是孔隙率 ϕ 越大，其渗透性就越大。例如，砂砾石和黏土，其孔隙率差别不是很大，但渗透系数却相差几个数量级。土体内的渗透系数，与其孔隙直径的平方成正比，而与孔隙率的相关关系相对较小。孔隙直径的大小一般与土颗粒的直径相关，当颗粒直径一定时，孔隙率越小，孔隙尺寸也越小。岩石与土不同，多数岩石并不存在如土那样的颗粒，即使是砂岩类岩石，由于颗粒间有胶结作用，其骨架形态也与土体相差很大。对于多数岩石，渗透性与其孔隙率均有较好的线性关系。

1.2.3　孔隙结构复杂性

多孔介质由于骨架的颗粒级配、颗粒形状、表面粗糙度差异及孔隙成因类型等原因，其孔隙大小、形状、连通度、迂曲度及孔喉比等情况各不相同，这就使多孔介质的孔隙结构变得极为复杂和难以直接测量描述。

1.2.4　可压缩性

多孔介质孔隙的可压缩性是多孔介质的另一个基本特征。由于孔隙在外力变化或内部流体压力变化时大小发生变化，因而多孔介质中的渗流与骨架的应力变形之间存在相互作用。

1.3　多孔介质中的流体

渗流力学的议题涉及多孔介质的孔隙空间和填充其中的各种流体。流体的力学性质有两个可能有关的侧面：宏观的和微观的。就宏观的来说，其表现就是所谓的"连续介质理论"，这意味着流体可作为一种连续介质来处理。假如流体的每一个质点的运动可用数学方程来描述，那么整个流体的运动情况就随之决定了。假若能把流体的分子结构考虑进去，那么其微观方面的力学性质也就可以求得了。通常，只当连续介质理论的方程式不尽确切时，才要考察微观方面的影响。

对于多孔介质中的渗流，除了考虑流体的基本性质，包括流体的密度、黏性和弹性这些主要性质以外，特别要注意流体与多孔介质表面的相互作用。研究流体的性质之前，首先了解一下石油流体的组分和相态变化。

1.3.1　油气流体的组分和相态变化

石油和天然气流体的主要成分是碳氢化合物（烃类）。由小分子组成的混合物在常温下呈气态，称为天然气。天然气中绝大部分成分是甲烷，一般占70%～98%，其次是少量的乙烷、丙烷、丁烷等烃类气体以及氮气、二氧化碳和硫化氢等非烃类气体。由较大分子组成的混合物常温下呈液态，称为石油。

纯物质或单组分系统以固相、液相和气相三种状态存在，每一相有不同的状态方程。烃类的状态取决于温度和压力。温度降低和压力升高时物质的分子被迫靠近，分子之间的距离缩短导致分子之间的吸引力增大。相态的变化由温度和压力变化引起。固相与液相之间、液相与气相之间的临界温度、压力在以温度和压力分别为纵、横坐标轴的相态图（压力-温度图）中的分界线称为温度-压力相态曲线。对于单组分流体，相态图上是一条从左下到右上的曲线，这条曲线称为饱和蒸汽压曲线（在一定温度下，在密闭条件中固体或液体处于相平衡的蒸气所具有的压强称为饱和蒸汽压）。曲线左上方为液相，右下方为气相。曲线上各点即为不同温度下该组分的**饱和蒸汽压**。该曲线表示平衡时液相和气相能够同时存在的温度和压力条件。该曲线存在一个终点，这个终点是气相和液相共存的临界点。处于该点的温度称为**临界温度**，是单组分物质液相和气相共存的最高温度；而处于该点的压力称为**临界压力**，为液相和气相能共存的最高压力。

单组分流体在温度一定的情况下，开始从液相中分离并逸出微量气泡的压力，或在压力一定的情况下，开始从液相中逸出微量气泡的温度称为**泡点**。在温度一定的情况下，单组分流体开始从气相中凝结出微量液滴的压力，或在压力一定的情况下，开始从气相中凝结出微量液滴的温度称为**露点**。泡点和露点描述给定环境温度或环境压力下液体和气体之间的相变的特征压力或特征温度。不同的温度下有不同的泡点和露点压力，不同的压力下有不同的泡点和露点温度。

油藏流体是多组分系统，情况比较复杂。在较高的压力下，烃类系统是单相液体，即原油，这种情形属于**未饱和油藏**。随着流体采出，地层孔隙压力下降，而温度基本不变。当压力降到油藏泡点压力以下，便有气泡从原油中逸出。压力继续下降，就成为油气两相渗流。油藏的泡点压力可定义为原油中开始逸出微量气泡的最高压力，低于该压力时的油藏属**饱和油藏**。

凝析和反凝析　凝析是流体从气态转变为液态的物理过程。对处于相态的分界线上的单组分系统，当压力下降时液态向气态变化；压力上升时气态向液态变化（凝析）。凝析是压力上升时流体从气态转变为液态的物理过程。与之相反的是反凝析，指在等温降压或等压升温过程中出现液体凝析的现象，称为反凝析现象，也称逆变现象。

对于一个油气藏，不管压力大小，凡高于某个温度便不能形成液体，则这一温度称为**临界凝析温度**；而不管温度高低，凡高于某个压力便不能形成气体，则这一压力称为**临界凝析压力**。

1.3.2　流体的密度

将流体看成是连续介质，单位体积内的流体质量，称为流体的密度，其表达式为

$$\rho = m / V \qquad\qquad (1.3)$$

其中，ρ 为流体的密度；m 为流体的质量；V 为流体的体积。流体的体积指其所占据的真实体积，而不包含多孔介质骨架的体积。

1.3.3　流体的黏度

黏性与黏滞力：流体的连续变形称为流动，而流体阻止任何变形的性质称为黏性。黏性是牛顿（Newton）在 1687 年做平板水层流实验中发现的。在低速运动过程中，不同速度的液体层之间明显地存在剪切力。流体在管道内流动时，在某一断面处的各质点的流速是不相同的。靠近管壁的流速为零，而越靠近管中心流速越大，由于各层流的流速不等，各点层流之间产生相对运动，在相邻的流层之间产生了阻碍相对运动的内摩擦阻力，称黏滞力。流体具有黏滞

力的性质称为黏滞性。

黏性的大小用黏性系数（即黏度）来表示。牛顿黏性定律指出，在纯剪切流动中，流体两层间的剪应力可以表示为

$$\tau = \mu \cdot \mathrm{d}u / \mathrm{d}y \tag{1.4}$$

式中，$\mathrm{d}u / \mathrm{d}y$ 为沿 y 方向（与流体速度方向垂直）的速度梯度，又称剪切变形速率；μ 为层间剪应力与速度梯度之间的比例常数，即黏性系数。黏性系数的量纲为 $ML^{-1}T^{-1}$（应力的量纲是 $ML^{-1}T^{-2}$），其单位是帕·秒。油气开采行业常用厘米·克·秒制单位泊，1 泊为 1 克/（厘米·秒），等于 10^{-1} 帕·秒。

不同流体有不同的黏性系数。在 20℃时，水的黏性系数为 1.0087×10^{-3} 泊。气体的黏性系数从氩的 2.1×10^{-4} 泊到氢的 0.8×10^{-4} 泊，它们的数量级都是 10^{-4}。少数液体（如甘油）的黏性系数可以达到 15 泊；橄榄油的黏性系数接近于 1 泊。

1.3.4　孔隙表面对流体的吸附作用

流体的分子可能被装有流体的容器的壁面所吸附。这就意味着离壁面若干个分子的距离以内，在壁面和流体分子之间有一个强引力位势。所以，在容器壁面处的流体的分子浓度要比容器内其他位置的浓度大得多。

在吸附作用的进程中，在容器各壁面有能量释放出来，这一能量称为吸附热。所以，如在吸附进程中作任何压力（或其他）的测量，这一体系的温度必须小心维持好。在此种情况下要作适当的安排以便把释出的热引走，所以这一过程是一个等温过程。因此在此种情况下所求得的曲线是吸附作用的等温曲线。

1.4　渗流的基本概念与定律

1.4.1　渗流相关的基本概念

地下水由于降雨、蒸发、地表植物生长、从河流或湖泊水体获得补给或向水体排泄、开采等原因，总是处于运动之中。处于平衡状态的地层油气藏受到钻井的影响，产出或注入流体，便会打破原有的平衡状态，发生流体渗流。流体渗流运动源于力的作用。分析渗流过程中的各种作用力及其影响，有助于我们对各种渗流现象科学地进行抽象概括和描述。用数学方法定量描述流体的渗流运动，即是建立渗流的数学模型。

首先解释描述渗流中的几个常用名词，然后分析渗流过程中的受力情况。

流体压力：流体的压力是指流体内部作用在假想截面单位面积上的力。在平衡时，流体压力与其作用面相垂直；在没有重力和其他外力的作用时，流体中各点压力相同、各方向压力均等。

对于均质流体，一般定义作用在截面单位面积上的力为**应力**。通过一点的所有可能截面的全部**应力矢量**，能够用一个以该点为中心的小椭球面来表示，该椭球简称为**应力椭球**，而应力分量可以用**张量**的形式表示出来。对于处于平衡状态的流体来说，其应力椭球面简化为一个圆球面，此时的应力张量是一个球张量，所有的应力分量就可以用一个数值——**压力**来表示。

重力和重力势能：具有一定质量的流体受地心引力而产生重力，称为重力势能，由流体所处的在重力作用方向上的位置决定，也称为位置势。在直角坐标系中，坐标轴 z 的方向常取为重力的反方向，则流体所处位置的 z 坐标，即代表其重力势能，其大小等于 $\rho g z$（ρ 为流体的质量密度，g 为重力加速度）。

质量与惯性力：物体保持静止状态或匀速直线运动状态的性质称为惯性，它是物体运动意图维持其原状的特性。当物体有加速度时，物体具有的惯性会使物体有保持原有运动状态的倾向，而此时若以该物体为参考系，看起来就仿佛有一股方向与加速度相反的力作用在该物体上与该物体上的其他作用力保持平衡，这个力被称为惯性力。牛顿第二定律描述了物体的质量、加速度和惯性力之间的关系。

流体的总势能：流体的总势能由重力势、压力势和速度势（动能）构成。1726 年，由丹尼尔·伯努利提出了伯努利原理，其实质是流体的机械能守恒。这是在流体力学的连续介质理论方程建立之前，水力学所采用的基本原理，其实质是流体的机械能守恒，即压力势能+重力势能+动能=常数。伯努利方程用下式表示：

$$p + \rho g z + \frac{1}{2}\rho v^2 = c \qquad (1.5)$$

其中，p 为流体的压力；v 为流体运动的速度；c 为常数。在渗流过程中，由于渗流速度一般很小，动能在总势能中一般可以忽略。

连续流体：由于流体力学是研究流体的宏观运动，没有必要对流体进行以分子为单元的微观研究，因而假设流体为连续介质。

连续介质场：所研究的是流体的宏观运动，即大量流体分子的平均行为，把流体当作连续介质处理，意指任取一个流体微元体积都包含有许多个分子。

平均速度：流体通过单位**孔隙**截面积上的速度，可用下式表示：

$$\bar{v} = \Delta q / (\phi \Delta A) \tag{1.6}$$

其中，$\bar{v}$ 为平均速度；Δq 为通过孔隙的流量；ΔA 为孔隙的横截面积。

渗流速度：流体通过多孔介质截面上的速度，可用下式表示：

$$v = \Delta q / \Delta A \tag{1.7}$$

其中，ΔA 为包含固体和孔隙的总的截面积。渗流速度与平均速度的关系为 $v = \phi \bar{v}$ （ϕ 为孔隙率）。

流线（streamline）：某一时刻的一条空间曲线，在该线上每一点的切线方向都与该处的渗流速度向量重合。流线方程为

$$\frac{\mathrm{d}x}{v_x} = \frac{\mathrm{d}y}{v_y} = \frac{\mathrm{d}z}{v_z} \tag{1.8}$$

其中，v_x、v_y、v_z 分别为渗流速度在 x、y、z 坐标轴方向的分量。

1.4.2 渗流的基本定律

1856 年，达西在研究法国东部城市第戎（Dijon）的给水问题时，用直立的均质砂柱进行了渗流的实验研究，该实验装置如图 1.2 所示。根据实验结果，达西得出结论：流体通过砂柱横截面的体积流量 Q 与横截面积 A 和水头差 $h_1 - h_2$ 成正比，而与砂柱长度 L 成反比，即

$$Q = kA\frac{h_1 - h_2}{L} \tag{1.9}$$

其中，k 为水力传导系数或渗透系数，它具有速度量纲；$\frac{h_1 - h_2}{L}$ 为水头梯度。

渗流速度与水头梯度成正比，这就是著名的达西定律。

根据伯努利方程，总水头

$$h = \frac{p}{\rho g} + z + \frac{v^2}{2g} \tag{1.10}$$

其中，p 是对应位置上的水压力；ρ 为流体的密度；g 为重力加速度；z 为相对高程坐标，坐标轴方向与重力方向相反；v 为流体的速度。

对于渗流而言，上式中的速度项相对于压力项和相对高度项之和一般很小，可以略去。因此达西定律又可以写成

$$v_i = -k \cdot \left(\frac{p}{\rho g} + z\right)_{,i} \tag{1.11}$$

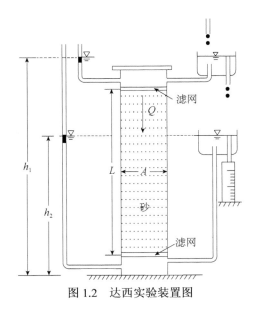

图 1.2 达西实验装置图

其中，v_i 为水的渗流速度矢量；i 代表坐标轴方向，$i=1$，2，3；z 为相对高程坐标，z 坐标轴方向与重力方向相反；下标中的逗号表示求偏导数，此处应用了指标符号表示法。

在一个等温过程中，驱动流体流动的根本原因是存在势能差而不是压力差。如对于水头恒定的含水层，在地下水位以下，孔隙水压力随高程的降低而增大，即沿着高程存在压力梯度。然而，由于水头恒定，沿着高程不存在势能梯度，沿高程方向不存在渗流流动。这和水杯中沿水深存在压力梯度，但并无水头梯度而不存在水的流动是一样的道理。

多孔介质中流体的渗透系数与流体的黏性系数成反比。在石油工业中，由于不同流体的黏性系数差异很大，常用绝对渗透率 k' 来表达岩体的渗透性。绝对渗透率，与单相牛顿流体的特性无关，只与多孔介质本身的结构特性有关。渗透系数与渗透率的换算关系为

$$k = \rho g \frac{k'}{\mu} \qquad (1.12)$$

其中，μ 为流体的黏性系数，单位可取为 N·m^{-2}·s=Pa·s；渗透率 k' 的量纲为 L^2，单位为 D（达西）（1D=0.986923×10^{-12}m^2）。

石油工业中，往往研究水平储集层中油气沿水平 x 方向的流动，对于这种情形，由于储集层中相对高程基本相等，达西定律常简化为

$$v = -k \frac{1}{\rho g} \frac{\partial p}{\partial x} = -\frac{k'}{\mu} \frac{\partial p}{\partial x} \qquad (1.13)$$

注意此公式并不表示渗流由压力梯度驱动，只是水平储集层中的位置势基本相同，因而压力梯度与总势梯度相等而做的简化表达。

地下水渗流中，对于达西定律的一般使用范围的描述是这样的：对于黏性土不但存在起始水力坡降，而且当水力坡降超过起始水力坡降后，渗透速度与水力坡降的规律还偏离达西定律而呈非线性关系。另外，试验也表明，在粗颗粒土（如砾石、卵石等）中，只有在小的水力坡降下，此类土的渗透规律才符合达西定律，而在较大的水力坡降（也称为水头梯度、渗透坡降）下，水在土中的流动即进入紊流状态，渗流速度与水力坡降不符合线性关系。

达西定律的适用范围用雷诺数来描述。雷诺数表示作用于流体微团的惯性力与黏性力的比值。雷诺数小，意味着流体流动时各质点间的黏性力占主要地位，流体各质点平行于管路内壁有规则地流动，呈层流流动状态。雷诺数越小则意味着黏性力影响越显著。雷诺数大，意味着惯性力占主要地位，流体呈紊流流动状态。因此，用雷诺数来描述达西定律适用范围是合适的，而不需使用上面文字进行赘述。但是，一般情况下，雷诺数难以测量并且误差较大。另外，纳吉和卡拉地的试验结果为临界雷诺数等于 5，并给出了不同渗流流态的渗流速度计算公式：

层流	$Re \leq 5$	$v = -kJ$
过渡区	$5 < Re \leq 200$	$v = -kJ^{0.74}$
紊流阻力平方区	$Re > 200$	$v = -kJ^{0.5}$

其中 J 为渗透坡降，即单位流线长度上的水头差。

巴普洛夫斯基提出多孔介质中渗流的雷诺数表达式为

$$Re = \frac{1}{0.75\phi + 0.23} \frac{vd_{10}}{\mu} \qquad (1.14)$$

其中，ϕ 为孔隙率；v 为渗流速度；d_{10} 为含水层土颗粒的特征粒径，该颗粒粒径以下的颗粒体积含量占总颗粒体积含量的 10%；μ 为流体的黏性系数。

1.4.3 达西定律的推广

在地下水动力学中，根据岩层的透水性是否随空间坐标而变化，将岩层分为均质和非均质两类。如果在同一岩层中，所有地点的渗透系数都相等，则称这一岩层是均质的；否则，就是非均质的。非均质岩层的类型也可分为两类，一类的透水性是渐变的，如山前洪积扇由山口至平原的透水性由强变弱，某些古河道的沉积物的颗粒由上至下逐渐变粗，其透水性由弱变强。另一类的透水性是突变的，如砂层中夹有小的透镜体（薛禹群，1986）。

根据岩层透水性与渗流方向的关系，可以分为各向同性和各向异性两类。如果渗流场某一点的渗透系数与方向无关，即不管方向如何都具有相同的渗透系数，这种介质就是各向同性介质，否则就是各向异性介质。某些扁平状的细颗粒沉积物，沉积时长轴常常接近于水平，沉积后受上覆荷载作用压密后，水平方向的渗透系数常较大。在岩石中，常存在微裂隙、裂缝等缺陷或构造，其分布也是具有一定的方向性的，因而各个方向的渗透系数并不相同。

在各向同性介质上，渗透系数和渗流方向无关，是一个标量。因而，渗流速度与水头梯度的方向一致。速度矢量可以用式（1.11）来表达。即使对于非均质各向同性介质，式（1.11）依然成立。

各向异性介质的情况就大不相同了。如前所述，渗透系数的值和渗透方向有关，渗透系数就不再是一个标量了。渗流速度与水头梯度的方向一般是不一致的（水头梯度方向与渗透张量的主方向一致时，渗流速度与水头梯度方向一致）。因此，渗流速度和水头梯度之间就不能简单地用式（1.11）来表达了。由于渗流方向对空间三个任意选取的、相互垂直的坐标平面来说，可以是任意的，因此，无法简单地用坐标轴上的三个分量来定义空间一个点上的渗透系数，必须像表示空间一个点上的应力那样，采用双下标格式，用它的九个分量来表示。因此，对于各向异性介质，渗透系数为一个张量，即**渗透张量**，用指标符号 K_{ij} 表示，其中 i，j 为直角坐标轴方向。

考虑多孔介质的各向异性时，单相流体渗流的达西定律，可以用张量的形式表示为

$$v_i = -K_{ij}\left(\frac{p}{\rho g} + z\right)_{,j} \tag{1.15}$$

其中，K_{ij} 为**渗透张量**；ρ 为流体的密度；g 为重力加速度；z 是基于一个参考平面的高程；下标 i，$j=1$，$\cdots$，D 是笛卡儿直角坐标系的轴标，D 是空间维度（1，2 或 3）；下标里的逗号是求偏导数符号，重复指标表示求和（指标符号表示法参见附录）。

渗透张量是元素为实数的对称张量，$K_{ij} = K_{ji}$，根据线性代数理论，元素为实数的对称矩阵，其特征值也是实数。也就是说特征方程组

$$(K_{ij} - K\delta_{ji})n_j = 0 \qquad (1.16)$$

存在实根。方程的特征值就是主方向的渗透系数，特征向量 n_j 是渗透张量的主方向。

若坐标轴方向与介质的渗透张量主方向一致，则该点渗透张量矩阵具有对角形式

$$K_{ij} = \begin{bmatrix} k_x & 0 & 0 \\ 0 & k_y & 0 \\ 0 & 0 & k_z \end{bmatrix} \qquad (1.17)$$

用这种形式表示的张量称为对角张量。

对于一般的流体，可以用渗透率张量代替渗透张量，在这种情况下达西定律的推广形式为

$$v_i = -\frac{K'_{ij}}{\mu}(p + \rho gz)_{,j}, \quad i, j = 1, 2, 3 \qquad (1.18)$$

其中，K'_{ij} 为渗透率张量；μ 为流体的黏性系数。

渗透张量理论是 20 世纪 60 年代在解决裂隙含水介质的渗透各向异性问题时，由美国学者 Snow（1966，1969）和苏联学者 Pomm 提出的。裂隙介质的空隙由岩块的孔隙和分割岩块的裂隙（缝隙）构成。岩石裂隙的空间结构是可以度量的。通常以隙面法向的方向余弦表示裂隙的方向，以隙宽表示它的张开程度，以隙间距或裂隙密度表示它的疏密。一般把裂隙的方位、隙宽、密度等几何参数作为裂隙的水力参数。利用裂隙的水力参数计算岩体渗透系数或渗透张量的方法称为裂缝测量法。

立方定律是研究裂隙渗透率的基本定律，它引自流体力学中两块光滑平行板间液体层流流动的理论公式，在裂隙水动力学中占有极其重要的地位。它用隙宽为 b 的窄缝模拟单个裂隙。按裂隙系统的个体结构特征，可假定隙缝的另外方向上的长度是无限延伸的。其流量的表达式为

$$Q = \frac{gb^3}{12\mu}J \qquad (1.19)$$

其中，Q 为单宽流量；g 为重力加速度；b 为裂隙隙宽；J 为水力坡降；μ 为流体的黏性系数。

流体在介质中的渗流量与裂隙的隙宽三次方成正比，而只与裂隙密度的一次方成正比。这表明，隙宽是决定流体渗透速度的最重要的水力参数。如岩体中发育 N 组裂隙，假设各组裂隙的水流互不干扰，则总的渗透张量就是各组渗

透张量的叠加。

1.5 非达西渗流

所有的气体和简单的液体一般是牛顿流体（切应力与速度梯度成正比的流体称为牛顿流体）。聚合物溶液、悬浮液、水泥浆、浆糊等都是非牛顿流体。非牛顿流体一般是微可压缩性流体。唯一已知的明显可压缩非牛顿流体是泡沫流。

非牛顿流体的渗流一般不符合达西渗流规律。牛顿流体在低速或高速流动时有时也不满足达西渗流规律（1.4.2 节已述及）。

石油在低渗特低渗介质中具有启动压力梯度，近似满足如下的低速非线性运动方程：

$$v = \begin{cases} -\dfrac{k'}{\mu}\nabla(p+\rho gz)\left[1-\dfrac{G}{|\nabla(p+\rho gz)|}\right], & \text{当} |\nabla(p+\rho gz)| \leqslant G \\ 0, & \text{当} |\nabla(p+\rho gz)| > G \end{cases} \qquad (1.20)$$

其中，v 为渗流速度向量；G 为启动压力梯度；k' 为渗透率；∇ 为哈密尔顿算子，"$\| \|$" 表示向量的模。直角坐标系下

$$\nabla = \frac{\partial}{\partial x}\boldsymbol{i} + \frac{\partial}{\partial y}\boldsymbol{j} + \frac{\partial}{\partial z}\boldsymbol{k} \qquad (1.21)$$

石油在裂隙溶洞型介质中流动时，遵循高速非线性定律，常用下述运动方程描述：

$$v^n = -\frac{k'}{\mu}\nabla(p+\rho gz), \quad 1 < n < 2 \qquad (1.22)$$

参 考 文 献

陈钟祥，1974. 渗流力学的近况动向和展望（续）. 力学学报，17（2）：94-103，55.

陈钟祥，1974. 渗流力学的近况动向和展望. 力学学报，17（1）：21-29.

葛家理，2003. 现代油藏力学原理（上）. 北京：石油工业出版社.

葛家理，2003. 现代油藏力学原理（下）. 北京：石油工业出版社.

孔祥言，1999. 高等渗流力学. 安徽：中国科学技术大学出版社.

李晓平，2007. 地下油气渗流力学. 北京：石油工业出版社.

罗焕炎，陈雨孙，等，1988. 地下水运动的数值模拟. 北京：中国建筑工业出版社.

钱家欢，殷宗泽，1980. 土工原理与计算. 北京：中国水利水电出版社.

王晓冬，2006. 渗流力学基础. 北京：石油工业出版社.

吴梦喜，宋世雄，吴文洪，2021. 拉哇水电站上游围堰渗流与应力变形动态耦合仿真分析. 岩土力学，2021（4）：613-623.

吴梦喜，宋世雄，于永军，等，2022. 某矿石堆场深厚软土地基加固处理方案研究. 地基处理，2022（06）：479-489.

吴梦喜，余挺，张琦，2017. 深厚覆盖层潜蚀对大坝应力变形影响的有限元模拟. 岩土力学，38（7）：2087-2095.

薛禹群，1986. 地下水动力学原理. 北京：地质出版社.

张建国，杜殿发，侯健，等，2010. 油气层渗流力学. 青岛：中国石油大学出版社.

张有天，2005. 岩石水力学与工程. 北京：中国水利水电出版社.

左键，温庆博，2009. 工程地质及水文地质. 北京：中国水利水电出版社.

Barenblatt G I，Zheltov Y P，Kochina I N，1960. Basic concepts in the theory of seepage of homogeneous liquids in fissured rocks. Journal of Applied Mathematics，24（5）：852-864.

Bear J，1972. Dynamics of fluids in porous media. American Elsevier Pub. Co. DOI：10.1097/00010694-197508000-00022.

Boussinesq J，1904. Recherches theoriques sur l'ecoulement des nappesd'eau infihrees dans le sol et sur le debitdessources. Journalde Math PuresAppl，5（10）：5-78.

Buckley S E，Leverett M C，1942. Mechanism of fluid displacement in sand. AIME，146：107-116.

Darcy H，1856. Les Fontaines publiques de la Ville de Dijon（The public fountains of the city of Dijon）. Dalmont，Paris.

Dupuit J，1863. Etudes Theoriques et pratiques sur le Mouvementdes Eaux dans les Canaux de Couverts et Traversles Terrains Permeables，2nd ed.，Dunod，Paris.

Forchheimer，1901. Wasserbewegung durch Boden，Ph.：Z. Ver，Deutsch，Ing. 45，1781-1788.

Leverett M C，1939. Flow of oil-water mixtures through unconsolidated sands.

Transactions of the AIME，132（4）：149-171. DOI：10.2118/939149-G.

Leverett M C，Lewis W B，1941. Steady flow of gas-oil-water mixtures through unconsolidated sands. Transactions of the Aime，142（01）：107-116.

Meinzer O E，1928. Compressibility and elasticity of artesian aquifers. Economic Geology，23（3）：263-291.

Snow D T，1966. Three-hole pressure test for anisotropic foundation permeability. Felsmechaik and Ingenieurgeolgie，4（4）：198-314.

Snow D T，1969. Anisotropic permeability of fractured media. Water Resources Research，5（6）：1273-1289.

Theis C V，1935. The relationship between the lowering of piezometric surface and rate and duration of discharge of wells using ground-water storage，Trans.，AGU II，519.

Wyckoff R D，Botset H G，1936 .The flow of gas and liquid mixtures through unconsolidated sands. Physics，7（9）：325-345.

本 章 要 点

1. 渗流力学的发展历史。
2. 渗流力学的应用范围。
3. 多孔介质的基本特性。
4. 石油的组分和相态变化及相关的概念。
5. 渗流的基本定律。
6. 渗透张量产生的原因及其物理意义。
7. 孔隙流体的基本特性。

复习思考题

1. 地下水渗流领域的发展历史大致是什么样的？地下水渗流的应用范围包括哪些？有哪些工业应用方面的地下水渗流问题尚需要进一步发展？你期望通过渗流力学课程的学习搭建什么样的地下水渗流力学知识体系？

2. 油气渗流领域的发展历史大致是什么样的？油气渗流领域的渗流力学能解决什么样的问题？你期望通过渗流力学课程的学习搭建什么样的油气渗流力

学知识体系？

3. 从渗流力学的起源和发展，谈谈新知识是如何产生的？

4. 什么是多孔介质？它有哪些特点？

5. 什么是连续介质方法？

6. 渗流的概念及基本定律是什么？渗流速度与流动的真实速度的定义是什么，请说明它们之间的关系。

7. 什么是渗流的驱动势？有的文献中渗流速度计算公式中速度与压力梯度成正比，这种表述隐含了什么假定？渗流速度与压力梯度成正比在什么条件下才成立？

8. 各向异性介质中渗流的方向为什么一般与水力梯度的方向不一致？

9. 什么是单裂隙渗流的立方定律？

10. 什么是非线性渗流定律？什么条件下应该采用非线性渗流定律进行渗流分析？

第2章　单相流体渗流的基本数学模型

综合表达流体渗流过程中全部力学现象和物理与化学现象的内在联系和运动规律的方程或方程组，称为流体渗流的数学模型。一个完整的数学模型包括两部分：渗流的偏微分方程以及定解条件（边界条件和初始条件）。建立数学模型是求解渗流问题的第一步，这是个基础性的工作。本章主要叙述如何把一定地质条件下的渗流问题转变为数学模型的建立和求解问题。

2.1　建立渗流数学模型的一般原则

2.1.1　建立渗流数学模型的基础

建立渗流的数学模型，是用数学方程来描述一定地质条件下流体渗流的物理、力学和化学过程，即把渗流过程中的各种力学、物理、化学现象和规律，用微分方程或微分方程组综合地表达，然后求解，再联系应用场景的实际条件回到实际中去的一个完整的过程。不同形态和类型的渗流所遵循的力学规律有所差异，渗流过程中出现的物理、化学现象也不尽相同，所以描述它们的渗流数学模型也多种多样。

渗流数学模型并不是凭空臆想出来的，而是从对客观世界的认识中抽象出来的，因此，要进行以下的基础工作。

● 地质基础

譬如油气渗流，它是在具有一定空隙结构和地质构造的储集层中进行的，显然这些外部赋存条件必然对渗流现象及规律产生一定的影响。只有基于对油气层的空隙结构的正确认识和描述，才能建立合乎实际的数学模型，只有正确地描述油气层的几何形状、介质特征、参数分布、边界性质，才能给出正确的参数和边界条件。

● 实验基础

建立渗流数学模型的核心任务是用数学方程合理描述渗流过程中的力学现象，而进行科学实验则是认识物理现象和检验求解数学方程获得的渗流力学规律性认识的基础。因此，进行渗流物理的基础实验是建立数学模型的关键。

● 科学的数学方法

一套科学的数学方法是建立渗流数学模型的手段。建立数学模型一般常用无穷小单元体分析法，即在地层中抽出一个无穷小单元体作为分析对象，根据在这个单元体中发生的物理及力学现象建立数学模型。通常根据单元体中空间上和时间上的物质守恒定律（如质量守恒定律、动量守恒定律）或微小单元体中的渗流特征来建立微分方程。

2.1.2　渗流数学模型的一般结构

油气渗流数学模型体现了在渗流过程中需要研究的流体力学、物理学和化学问题的总和，并且还要描述这些现象的内在联系。因此，建立综合油气渗流数学模型要考虑下列内容：

（1）运动方程（所有数学模型必须包括的组成部分，如达西渗流定律）；

（2）状态方程（流体可压缩或多孔介质可压缩时需要）；

（3）质量守恒方程（综合联系描述渗流过程各个侧面的诸类方程又称连续性方程，是数学模型的必要部分）；

（4）能量方程（非等温渗流问题研究时用到）；

（5）其他附加的特性方程（如两相渗流中的相压力差与相饱和度关系，相渗透系数与相饱和度关系，物理化学渗流中的扩散方程等）；

（6）有关的边界条件和初始条件（是渗流数学模型的必要部分）。

上述（1）、（2）、（3）所说的三类方程和定解条件（6）是地下水和油气渗流数学模型的基本组成部分，是本课程讲解的基本内容。

2.1.3　建立渗流数学模型的步骤

建立渗流的数学模型，包括以下五个步骤。

1. 确定建立数学模型的目的和要求，确定渗流发生的区域

首先根据建立数学模型的目的，确定微分方程要解决什么问题，即确定方

程的未知量（因变量）是什么？自变量又是什么？此外，还有哪些物理量（或物理参数）起作用。

在渗流力学研究中，要求数学模型解决的问题大体上有五种：

（1）压力 p（或水头 H）的分布；

（2）速度 v 的分布（包括求流量）；

（3）饱和度 s 的分布；

（4）两相分界面的移动规律；

（5）渗透坡降的分布（研究渗透稳定性）。

根据上面的要求，渗流数学模型的因变量（求解的未知数）一般是压力（或相当于压力的压力函数）、速度 v 及饱和度 s。一般问题的未知量是压力 p 和速度 v，两相或多相渗流问题还包括求解饱和度的分布；在分界面移动理论中是求解时间与分界面坐标的函数关系。渗流力学数学模型中的自变量，一般是空间坐标和时间两个物理量。

在渗流数学模型中，除了因变量和自变量之外，还会出现一些系数，其中有地层物性参数（如多孔介质的渗透率、孔隙率、弹性压缩系数等）和流体的物性参数（如黏度、密度、压缩系数等），它们又可根据是否随压力、温度或其他物性参数变化而分为常系数和变系数两种。地层和流体的物性参数中的变系数（参数是其他物理量的函数），往往是体现和评估耦合效应的关键内容，因此要在数学模型的建立时特别注意。常系数也是相对的，在一种情况下某系数可以看成是常系数，而在另外的情况下可能必须要看成是变系数。

建立数学模型的最终目的是要求得到因变量和自变量之间的函数关系。

2. 研究各物理量的条件和情况

对参加渗流过程的各物理量要逐个研究它们的条件和情况。具体来讲是研究四个方面的条件和情况。

（1）过程状况：是等温过程还是非等温过程；多孔介质的孔隙空间及其渗透性是否随着外荷载或流体的压力变化，流体的密度是否随着压力变化。

（2）系统类别：是单组分系统还是多组分系统，或是凝析系统。

（3）相态情况：是单相还是多相或是混相。

（4）渗流规律：是遵循线性渗流规律还是非线性渗流规律，是牛顿流体还是非牛顿流体，是否包含传质与扩散过程。

通过这样的分析，对数学模型中选用哪些运动方程、守恒方程以及是否需要状态方程和附加特性方程，就会有一个全面的估计。

3. 确定未知数（因变量）和其他物理量之间的关系

根据上面分析，确定物理量之间的几个关系：

（1）运动方程；

（2）状态方程；

（3）连续性方程；

（4）伴随渗流过程发生的其他物理化学作用的函数关系。

4. 推导数学模型所需的综合微分方程组

上面所述的各个方程式只是分别孤立地描述了渗流过程中各物理现象的侧面，因此还需要一定的综合方程把这几方面的物理现象的内在联系统一表达出来。从以上各个方面的物理量函数关系的分析来看，只有质量守恒方程（连续性方程）表达了确定未知量和空间坐标及时间的函数关系，它反映了建立数学模型的根本目的（对于两相流，包含饱和度与空间坐标和时间的关系）。因此，我们就选用连续性方程作为综合方程，把其他方程都代入质量守恒方程中，最后得到描述渗流过程全部物理现象的统一微分方程或微分方程组。

5. 给出问题的边界条件和初始条件

微分方程或方程组给出后，还需要给出问题的边界条件和初始条件（对于不随时间变化的定常问题，不需要初始条件），才构成定解问题。

上述五个步骤完成后，问题到此并没有完结，因为我们对通过上述步骤建立起来的模型是否能切实代表所研究的地质体还没有把握，模型中出现的参数一般也不能确切地给出。所建立的模型还需要通过试用检验，把模型预测的结果与室内或现场试验（如油气开采中的试井，地下水中的抽水或注水试验，弥散试验等）对油气层或含水层施加某种影响后所得到的实际观测结果进行比较，看模拟结果与测量结果是否基本一致。若不一致，则要分析造成差异的原因。首先分析是否是介质参数或定解条件的问题；其次分析是否是基本方程中诸如未将关键的特性描述包含进来的问题。据此对模型进行校正，包括修正偏微分方程和定解条件，直至模型预测与试验结果满意地拟合为止。这一步骤称为识别模型或校正模型。

经过校正满意后的模型说明它确实能模拟所研究的地质体中的渗流过程，因而可以根据需要来运用这个模型，相应地进行计算或预测。例如，预测矿床疏干时的涌水量，进行供水水源地开采方案比较，进行地下水污染情况预测等。此外，模拟实际问题的数学模型还应满足下列基本条件：

(1) 满足微分方程和定解条件的解是存在的（存在性）；

(2) 解是唯一的（唯一性）；

(3) 这个解对原始数据是连续依赖的（稳定性）。

要求所提问题的解存在和唯一是不言而喻的。稳定性的要求是指当参数或定解条件发生微小变化时，所引起的解的变化也是很微小的。有了这条保证，当参数和定解条件的数据有某些误差时，所求得的解才能仍然接近于真解，否则解是不可信的。也就是说，不满足稳定性条件的数学模型是有缺陷的。实际工作中，原始数据不可避免地存在某种误差，所以这个条件至关重要。

满足上述三个条件的问题称为适定问题，只要有一条不满足就是不适定问题。本书中所述及的问题都是适定的，读者没有必要再去证明了。

2.2　单相渗流的运动方程

渗流的运动方程一般指渗流速度与渗流的驱动势梯度之间的关系。

渗流服从线性规律时，其运动方程就是达西定律。地下水由于黏度变化不大，多孔介质的渗透性一般用渗透系数（一般是指20℃时的值，其他温度时应依据水在对应温度的黏性系数来换算）来表征，运动方程形式上不包含黏性系数。在油气渗流领域，由于流体的黏度差异很大，因此，多孔介质的渗透性一般用渗透率来表征，运动方程形式上包含黏性系数。

与液体的渗流相类似，当气体在渗流过程中处于层流状态时，其流动规律仍可由达西定律表示。由于气体的位置势一般相对于压力势而言随空间变化很小，因而常常可以忽略气体重力作用对渗流的影响。对于均质介质，描述气体渗流的广义达西定律可以写成如下的形式：

$$v_i = -\frac{K'_{ij}}{\mu} p_{,j} \tag{2.1}$$

其中，K'_{ij} 为渗透率张量，$i, j = 1, 2, 3$；μ 为气体的黏性系数（黏度）。

与液体渗流相似，当气体的渗流速度增加到一定程度之后，紊流和惯性的影响明显增强。此时，气体渗流速度与压力梯度之间不再呈线性关系，即渗流不满足达西线性渗流定律。压力梯度与渗流速度之间符合以下关系：

$$\frac{\mathrm{d}p}{\mathrm{d}L} = -\left(\frac{\mu}{K'}v + \beta\rho v^2\right) \tag{2.2}$$

其中，L 为渗流路径；K' 为渗透率；β 为影响紊流和惯性阻力的孔隙结构特征参数。

在高速流动下，岩石孔隙结构及表面粗糙程度对紊流和惯性阻力的影响是不可忽略的。式（2.2）就是气体渗流过程中有紊流和惯性阻力存在时的动力学规律，称为非线性二项式运动方程。式中右端第一项表示黏滞阻力，与渗流速度一次方成正比；第二项表示惯性阻力，与渗流速度平方成正比。当流动速度较小时，惯性阻力的影响可以忽略，此时，式（2.2）描述的就是达西渗流过程。而当渗流速度增加时，紊流和惯性的影响也随之增加，从而使渗流过程逐渐偏离达西定律，最后过渡到惯性力起主要作用。试验表明，从单纯的层流过渡到完全的紊流的流速范围很宽，而气体向井流动过程中的渗流特征多在这一范围内。

实际上，式（2.2）是一个广义的运动方程，而达西定律是它的一种特殊情况。将式（2.2）整理成如下的习惯形式，即可得到多维渗流空间中气体的渗流定律，即

$$v_i = -\delta\frac{K'_{ij}}{\mu}p_{,j} \tag{2.3}$$

其中，δ 为层流–惯性–紊流修正系数，简称紊流修正系数，可由下式计算：

$$\delta = 1/(1 + \beta\rho K'\sqrt{v_{ii}}/\mu) \tag{2.4}$$

而达西定律则是式（2.4）在 $\delta = 1.0$ 时的特例。

气体渗流的速度与压力梯度的关系，与液体在形式上是一致的。由于气体的质量密度与气体的压力成正比、与温度成反比，因此，式（2.3）表示的体积流速一般应与气体的压力和温度情况联系在一起，才能描述气体的质量流速。

油气开采中，经常出现两相（油气、油水、气水）流体同时渗流的现象。地下水包气带的孔隙中也同时含有水和空气两相，包气带的渗流为典型的两相流体渗流。在两相不相容混的流体渗流中，由于两相界面之间存在表面张力，界面的两侧之间存在相压力差。对两相渗流中的任意一相而言，另一相可以看成是地层骨架的增加，因此孔隙率缩小，阻力增大，渗透率减小。

2.3 液体的状态方程

所谓状态方程是指描述多孔介质（岩土体等）的孔隙率、流体（液体和气

体）的密度等状态参数随着压力、温度等物理量变化规律的数学方程。渗流是一个状态参数不断随时间和空间变化的过程。由于和渗流有关的岩土体孔隙、液体或气体都有压缩性，所以岩土体孔隙率、液体和气体的密度均随压力而变化。岩土体和流体还具有热膨胀性，因而这些状态还和温度有关。由于液体和气体的压缩性差异很大，液体一般是微可压缩流体，而气体具有高压缩性。多孔介质包括孔隙介质、裂隙介质等复杂的情况。本节仅阐述液体的状态方程，将气体和多孔介质的状态方程另各列一节阐述。

由于液体具有压缩性，随着压力降低，体积发生膨胀，密度减小。等温条件下液体的压缩特性可以用下式描述：

$$\mathrm{d}\rho = C_L \rho \mathrm{d}p \tag{2.5}$$

其中，C_L 为流体的压缩系数。当流体的压缩系数基本不变时，C_L 可取常数，并设 $p = p_0$ 时，$\rho = \rho_0$，积分上式可得

$$\rho = \rho_0 \mathrm{e}^{C_L(p-p_0)} \tag{2.6}$$

其中，p_0、ρ_0 分别为流体初始状态时的压力和质量密度。

液体为微可压缩流体，上式按一阶泰勒级数展开，可得到已有足够精度的等温条件下液体的状态方程：

$$\rho = \rho_0[1 + C_L(p - p_0)] \tag{2.7}$$

对于不可压缩流体，其状态方程为

$$\frac{\mathrm{d}\rho}{\mathrm{d}p} = 0 \tag{2.8}$$

可得 $\rho = c$，其中 c 为常数。

2.4 　气体的性质与状态方程

气体与液体渗流理论的区别主要是气体的压缩性远远大于液体，不能对气体应用"微可压缩假设"。只有认识到气体压缩性大和黏滞系数小的特点，才能正确地应用液体渗流的相应结果。

气体渗流理论，其主要应用在天然气开采领域。由于天然气的压缩性很大，因而在谈到天然气的体积时必须同时标明该气体所处的温度和压力。目前统一规定 0℃和一个标准大气压（0.101325MPa）作为计量天然气体积的标准状态，并规定以 20℃及 0.101325MPa 的压力作为计量天然气的正常状态（工程标准状态）。

2.4.1　气体相关的基本概念与性质

描述气体的物理性质需要用到以下基本概念。

摩尔：物质的量的单位，科学上把含有 6.02×10^{23} 个分子的集合体作为一个单位，称为摩尔（mol）。1 摩尔任何物质的质量称为**摩尔质量**，以 g/mol 为单位，数值上等于该种原子的相对原子质量或相对分子质量（是一个定值），如氢气（H_2）的相对分子质量为 2，其摩尔质量为 2g/mol。标准状况下 1mol 任何气体（包括单一物质气体和多种物质混合气体）的体积均为 22.4L。

气体物质的量：气体物质的量（用 n 表示，单位为 kmol）是气体的质量除以其摩尔质量，即

$$n = m / M \tag{2.9}$$

其中，m 为气体的质量，单位为 kg；M 为摩尔质量，单位为 g/mol。

混合气体的摩尔分数：某组分气体物质的量（n_i）与系统总摩尔数（$\sum n_i$）之比，用 y_i 表示，即

$$y_i = n_i / \sum n_i \tag{2.10}$$

混合气体的摩尔质量：用气体摩尔分数和对应的单组分气体的摩尔质量的乘积加权求得

$$M_a = \sum y_i M_i \tag{2.11}$$

干燥空气的摩尔质量为 28.9634g/mol。

标准状况下气体的密度用如下公式计算：

$$\rho_g = M_a / 22.4 \tag{2.12}$$

其单位为 kg/m³，标准状况下空气的密度为 1.293kg/m³。

天然气的比密度：标准状况下天然气的密度与空气密度之比称为天然气的比密度，其实质就是天然气的摩尔质量与空气的摩尔质量之比。

临界状态：是指纯物质的气、液两相平衡共存的极限热力状态（热力学中称热力系统在某一瞬间所处的某种宏观物理状态为热力状态）。在此状态时，液体和气体的**热力状态参数**（定量描述热力系统在平衡条件时的热力状态的宏观物理量称为状态参数，如温度、密度、压力）相同，气液之间的分界面消失，因而没有表面张力，且**气化潜热**（常压下单位质量的物质在一定温度下由液态转换成气态所需的热量）为零。处于临界状态的温度、压力和**比容**（也称为比体积，单位质量的物质所占有的容积，是密度的倒数），分别称为**临界温度**、**临**

界压力和临界比容。

饱和液体/饱和气体：是指气液共存处于临界状态的液体/气体。此时气、液的温度相同，称为饱和温度 t_0，蒸汽压力称为饱和压力 P_0。饱和温度一定时，饱和压力也一定。若温度升高，则气化速度加快，空间的蒸气密度亦将增加。当增加到某一确定数值时，液体和蒸气又将重新建立动态平衡。此时的液体/气体称为新的温度下的饱和液体/气体。

泡点：是指给定压力条件下，液体沸腾时的温度，也称为饱和温度。严格地说，是液体的饱和蒸汽压等于环境压力时的温度。

露点：是指给定压力条件下，气体凝结时的温度。

临界温度：液体能维持液相的最高温度叫临界温度，用 T_c 表示。高于临界温度，无论加多大压力都不能使气体液化。

临界压力：在临界温度时，使气体液化所必需的最低压力叫临界压力，用 p_c 表示。

临界体积：临界状态时，液态的比容与气态比容相同。处于临界状态的比容，称为临界比容，用 V_c 表示。

临界参数：自然界中的各种物质都存在临界状态，此时其液态的比容与气态比容相同。临界状态的状态参数称为临界参数，如临界压力、临界体积、临界温度，分别用 p_c、V_c、T_c 表示。

对应态原理：又称**对比态原理**，不同物质如果具有相同的对比压（压力与临界压力之比）和对比温度（温度与临界温度之比），就是处于对应态，这时它们的各种物理性质都具有简单的对应关系。对应态原理是受临界点时各种气体的压缩因子近似相等这一事实的启发而实现的。

对比参数：假如用压力、比容和温度与临界压力、临界比容和临界温度的比值来衡量物质的压力、比容和温度，这些量称为对比参数。对比参数均是无量纲量，它表明物质所处的状态离开其本身临界状态远近的程度。并令

$$p_r = p/p_c \qquad (2.13)$$

$$V_r = V/V_c \qquad (2.14)$$

$$T_r = T/T_c \qquad (2.15)$$

式中 p_r、V_r、T_r 分别称为**对比压力**、**对比比容**、**对比温度**。

如果两种或几种物质的状态具有相同的对比参数，表明它们离开其各自的临界状态的程度相同，则称这些物质处于对应状态。在临界状态，任何物质的对比参数都相同，且都等于 1。

拟临界参数：是假想混合气体所具有的临界常数（如临界温度、临界压力等）的总称，其数值与混合气体中各组分的性质和组成有关。混合物真实临界温度和压力的计算是一个复杂的过程，应用对比态原理对混合物性质进行关联的参比点，不是真实临界点而是另一种临界点，即 Kay（1936）提出的所谓"虚拟临界点"。Kay 指出，此临界点处在由泡点线和露点线形成的相界曲线之内。按 Kay 规则，混合物的虚拟临界性质是纯组分的临界性质与其摩尔分数乘积的和，拟临界参数是对应组分值的摩尔平均值。混合气体的拟临界物理量可以由以下公式计算：

$$p_{pc} = \sum y_i p_{ci} \tag{2.16}$$

$$T_{pc} = \sum y_i T_{ci} \tag{2.17}$$

$$V_{pc} = \sum y_i V_{ci} \tag{2.18}$$

p_{pc}、T_{pc}、V_{pc} 分别为混合气体的拟临界压力、拟临界温度和拟临界比容；式中的下标 i 表示分项物质编号，y_i 表示分项物质的摩尔分数。

依据拟临界参数，可以计算混合气体的拟对比参数。

拟临界参数的计算方法是"理想平均规则"，与真实的相包络线略有偏差，但能够满足工程领域的精度要求。

气体的黏性系数：一般天然气的黏性系数（黏度）随系统压力的增加而增大，只有压力非常低时，气体的黏度才基本上与压力无关。气体的黏度也是温度的函数，温度升高气体黏度增大，这是因为随温度的升高，气体分子变得更加活跃。一种混合气体的黏度取决于温度、压力及混合气体的组成，即

$$\mu = f(y_1, y_2, \cdots, y_N, p, T) \tag{2.19}$$

其中，y_i 为第 i 分项物质的摩尔分数。

天然气是多组分混合物，由于产地及管输、液化等加工处理工艺的不同，组分、温度和压力差异较大，且有相态变化。由于黏度计算涉及的理论较为复杂，天然气的黏度数据十分缺乏，天然气黏度计算往往采用拟合的经验、半经验公式。低压天然气的黏度计算较为准确的算法有 Chung 法和 Lucas 法，高压天然气的计算则要考虑压力对气体黏度的影响，对上述算法进行修正或采用剩余黏度法计算（朱刚等，2000）。

天然气混合气体黏度的计算公式如下（孙维清等，2000）：

$$\mu = \sum_{i=1}^{n} y_i \sqrt{M_i} \mu_i(p,T) \bigg/ \sum_{i=1}^{n} y_i \sqrt{M_i} \tag{2.20}$$

其中，M_i 为分项物质的摩尔质量；$\mu_i(p,T)$ 为分项物质的黏度，是绝对压力和绝

对温度的函数。

以临界点参数为基准，物质的黏度可通过对比参数表示。根据对应态原理，如果一组物质中所有物质的对比黏度与对比比容和对比压力的函数关系均相同，则仅需要组内一个组分的详细黏度数据，其他组分的黏度以此为参比可很容易求出。

2.4.2　气体的状态方程

气体的压缩性比液体大得多。描述气体的体积随温度、压力和组分变化关系的方程，称为气体的状态方程。

理想气体是不考虑气体分子的体积和分子之间的作用力的气体。理想气体的状态方程为

$$pV = nRT \qquad (2.21)$$

其中，p 为气体的绝对压力（在地下水渗流计算中，水的压力常用以大气压力为基数的相对压力），V 为气体的体积，n 为气体物质的量（单位为 mol），T 为绝对温度（热力学温度），R 为摩尔气体常数，R 值等于 8.31451J/（mol·K）。摩尔气体常数与气体的性质和状态无关，故也称之为通用气体常数。

1873 年荷兰物理学家 van der Waals（范德瓦耳斯）提出了考虑气体分子的大小和分子之间的作用力的状态方程，以便更好地描述气体的宏观物理性质，称为范德瓦耳斯方程，简称范氏方程。具体形式为

$$\left(p + a\frac{n^2}{V^2}\right)(V - nb) = nRT \qquad (2.22)$$

式中，a、b 分别为对气体压力和体积校正的相关常量，称为范德瓦耳斯常量。每种气体的 a、b 都有各自的特定值。如表 2.1 所示（熊双贵等，2011；王致勇，1983）。

表 2.1　某些气体的范德瓦耳斯常量

气体	$a/（\times10^{-1}\mathrm{Pa}\cdot\mathrm{m}^6\cdot\mathrm{mol}^{-2}）$	$b/（\times10^{-4}\mathrm{m}^3\cdot\mathrm{mol}^{-1}）$
He	0.03457	0.2370
H_2	0.2476	0.2661
Ar	1.363	0.3219
O_2	1.378	0.3183
N_2	1.408	0.3913
CH_4	2.283	0.4278

续表

气体	$a/(\times10^{-1}\mathrm{Pa}\cdot m^6\cdot mol^{-2})$	$b/(\times10^{-4}m^3\cdot mol^{-1})$
CO_2	3.640	0.4267
HCl	3.716	0.4081
NH_3	4.225	0.3707
NO_2	5.354	0.4424
H_2O	5.536	0.3049
C_2H_6	5.562	0.6380
SO_2	6.803	0.5636
C_2H_5OH	12.18	0.8407
O_3	3.592	0.4903
Cl_2	6.579	0.5622
H_2S	4.490	0.4287
HBr	4.510	0.4431

范氏方程对气-液临界温度以上流体性质的描写优于理想气体方程。对温度稍低于临界温度的液体和低压气体也有较合理的描述。但是，当描述对象处于状态参量空间（p, V, T）中的气液相变区（即正在发生气液转变）时，对于固定的温度，气相的压强恒为所在温度下的饱和蒸汽压，即不再随体积 V（严格地说应该是单位质量气体占用的体积，即比容）变化而变化，所以这种情况下范氏方程不再适用（汪志诚，1993）。

定义系统某一压力和温度条件下，同一摩尔气体的真实体积和理想状态下体积的比值为气体的偏差因子 Z（俗称**压缩因子**）。引入 Z 后，真实气体状态方程可以用下式表示：

$$pV = Z\cdot nRT \tag{2.23}$$

Z 为气体的偏差因子，是压力和温度的函数，且与气体的组分有关。

式（2.9）代入式（2.23）可得

$$pV = Z\frac{m}{M}RT \tag{2.24}$$

根据密度的定义（单位体积的质量）和上式，可得

$$\rho = \frac{m}{V} = \frac{pM}{ZRT} = \frac{Z_{sc}T_{sc}}{p_{sc}}\cdot\frac{p}{ZT}\cdot\rho_{sc} \tag{2.25}$$

其中，ρ 为质量密度；下标 sc 表示工程标准状态（293.15K，0.101325MPa），Z_{sc}、T_{sc}、p_{sc} 分别为标准状态下的偏差因子、温度和压力。

定义**体积系数**为气体在给定温度和压力条件下的体积与其在标准条件下体积的比值，用 B 表示，则体积系数的计算公式如下：

$$B(p,T) = \frac{p_{sc}}{Z_{sc}T_{sc}} \cdot \frac{ZT}{p} \quad\quad (2.26)$$

当压力的单位采用 MPa 时，将工程标准状态的温度和压力代入上式（标准状态下 Z_{sc}=1.0），B 可以用下式表示：

$$B(p,T) = \frac{0.101325}{1.0 \times 293.15} \frac{ZT}{p} = 3.456 \times 10^{-4} \frac{ZT}{p} \quad\quad (2.27)$$

在连续性方程的体积守恒式中，将用到体积系数。引入体积系数后，气体密度的计算公式可以简写为

$$\rho = \rho_{sc} / B(p,T) \quad\quad (2.28)$$

天然气的计量常用体积来表征，其体积是指标准状态下的体积。给定状态的体积与标准状态的体积的换算公式为

$$V = B(p,T) \cdot V_{sc} = \frac{p_{sc}}{p} \cdot \frac{ZT}{Z_{sc}T_{sc}} \cdot V_{sc} \quad\quad (2.29)$$

天然气在井筒的流量是温度和压力的函数，与工程标准流量有如下关系：

$$q(p,T) = B(p,T) \cdot q_{sc} \quad\quad (2.30)$$

其中，q 为井筒流量；q_{sc} 是工程标准状态下的流量。

在进行井筒流量计算时，可根据式（2.30）计算当地流量。

2.4.3 气体的偏差因子

理想气体状态方程是处理低压气体的方便而有效的工具，对于常压情形（一个标准大气压），误差为 2%～5%，对于高压情形，误差可高达 500%，由此必须进行修正（王晓冬，2006）。

偏差因子的影响因素有压力、温度和组分。几种不同组分的天然气的偏差因子与压力的关系如图 2.1 所示（郑文龙，2019；汪周华等，2004）。不同压力条件下，偏差因子变化较大。低压条件下，气体分子间作用力主要以引力为主，气体体积更易压缩，偏差因子随压力的变化较小，压力较低时的气体偏差因子随压力升高而减小。高压条件下，气体分子间作用力以斥力为主，气体更容易膨胀，压力越高，气体偏差因子越大。不同的天然气井压力与偏差因子曲线拐点的位置略有不同。综合来看，图 2.1 中偏差因子大约在 15MPa 前后曲线形态发生变化，处于曲线的最低点位置，此时天然气偏差因子最小；随着压力的升高，偏差因子逐步增大。图 2.1（b）中可见温度对偏差因子也有较大影响。图 2.1 中可见组分对偏差因子也有重要影响。据郑文龙（2019）介绍，温度

对偏差因子的影响规律取决于压力。如对于某组分天然气，当压力在 48MPa 以上时，相同压力条件下，温度越高，偏差因子越小；压力在 48MPa 以下时，相同压力条件下，偏差因子与温度正相关；当压力等于 48MPa 时，不同的温度变化下偏差因子几乎相同，此压力下温度对偏差因子影响最小。因此，偏差因子与温度、压力和组分的关系是很复杂的。

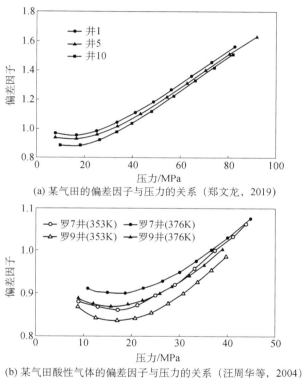

(a) 某气田的偏差因子与压力的关系（郑文龙，2019）

(b) 某气田酸性气体的偏差因子与压力的关系（汪周华等，2004）

图 2.1　天然气偏差因子与压力的关系

偏差因子与温度、压力和组分的关系，可以由试验测定，也有基于已有测试数据的理论与经验算法。不同的计算方法均有一定的适用范围，且与实际测定存在一定的误差。因此，实际应用中，天然气计量时一般需要有针对性的测试以建立起测量对象比较准确的偏差因子与温度和压力的关系。

由式（2.9）和比容的定义（$v=V/m$），将对比参数的表达式代入偏差因子的定义，可得

$$Z = pV / (nRT) = \frac{M p_{\mathrm{c}} v_{\mathrm{c}}}{RT_{\mathrm{c}}} \cdot \frac{p_{\mathrm{r}} v_{\mathrm{r}}}{T_{\mathrm{r}}} = Z_{\mathrm{c}} \frac{p_{\mathrm{r}} v_{\mathrm{r}}}{T_{\mathrm{r}}} \qquad （2.31）$$

由于多数气体的压缩因子值相差不大，因此上式意味着处在相同的对应状态的气体，其压缩因子值相近。大部分物质的 Z_c 为 0.2～0.3，并不是个常数。

国家标准 GB/T 17747—2011《天然气压缩因子的计算》规定了天然气压缩因子的两种计算方法。其一为用已知气体的详细摩尔组成计算压缩因子的方法，也称为 AGA8-92DC 计算方法；其二为用包括可获得的高位发热量、相对密度、CO_2 含量和 H_2 含量等非详细分析数据计算压缩因子的方法，又称为 SGERG-88 计算方法。标准中给出了两种方法的全部公式和参数。

两种计算方法应用于输气和配气条件范围内的管输干气（通常操作温度为 263～338K，操作压力不超过 12MPa）的计算准确度很高，如果不计包括相关压力和温度等输入数据的不确定度，预期不确定度大约为 0.1%。AGA8-92DC 也适用于更宽的温度范围和更高的压力下，包括湿气和酸性气在内的更宽类别的天然气，如在储气层或地下储气条件下，但不确定度增加。SGERG-88 计算方法适用于 N_2、CO_2 和 C_2H_6（乙烷）含量高于管输气中常见含量的气体。该方法也可应用于更宽的温度和压力范围，但不确定度增加。注意气体温度在水露点（在一定压力条件下，天然气中析出第一个水滴时对应的温度）和烃露点之上才是有效的。

气体混合物的容量性质可直接从分子与分子发生作用（碰撞）的数目和类型推导出，从这个意义上讲，能够清楚地判明混合物中每种分子的成分及其在整个混合物的比例的方法，在某种程度上比其他方法更为重要。GB/T 17747.2 给出的 AGA8-92DC 计算方法要求对摩尔分数超过 0.00005 的所有气体组分进行详细的摩尔组成分析。

GB/T 17747.3 给出的 SGERG-88 计算方法用高位发热量和相对密度两个特征的物理性质及 CO_2 的含量作为输入数据，该计算方法尤其适用于无法得到完全的气体摩尔组成的情况。

2.5　多孔介质的状态方程

多孔介质包括裂隙介质和孔隙介质。流体的赋存环境一般可分为岩体（油气和地下水）和土体（地下水）两类。

2.5.1　岩体的状态方程

油气资源一般赋存于岩体之中。地下水同时存在于土体和岩体之中。

流体赋存于岩体之中，岩体的应力状态因流体压力的改变而变化，因而引起岩体的体积发生改变，其状态方程可以描述为

$$\mathrm{d}V_p = C_p V_p \mathrm{d}p \tag{2.32}$$

其中，p 为流体的压力；V_p 为岩体的体积；C_p 为岩体的压缩系数。由于岩体的固体颗粒不可压缩，其体积变化等于孔隙的体积变化，即

$$\mathrm{d}\phi = C_\phi \phi \mathrm{d}p \tag{2.33}$$

其中，C_ϕ 为孔隙压缩系数。按一阶泰勒级数展开上式，可得到有足够精度的岩体的状态方程：

$$\phi = \phi_0 (1 + C_\phi (p - p_0)) \tag{2.34}$$

其中，ϕ_0、p_0 分别为初始孔隙率和初始压力。

岩体的压缩性对流体有两方面的影响：一是压力变化会引起孔隙大小的变化，即孔隙率是压力的函数；二是孔隙大小变化会引起渗透率的变化。

实际岩体渗流问题中，岩体的渗透率随压力的变化，一般情况下考虑比较少，但在有些情况下（如拱坝坝基岩体的渗透率随压力的变化对高拱坝坝基渗流场的影响不可忽略），岩体的渗透率的变化对渗流场的影响也是很大的，需要考虑。

2.5.2　土体的状态方程

由于油气的赋存环境是岩石，因而油气的开采问题很少涉及土体。岩体和土体均是地下水的赋存空间。土体渗流对于地下水资源、水利水电工程、交通工程、农田水利、土木建筑和地质灾害研究都十分重要。土体的孔隙率与土体应力之间的关系比较复杂，土体的应力–应变的关系称为土的本构关系。

土体的本构关系具有非线性、弹塑性等性质，异常复杂。描述土体本构关系的数学模型称为土体的本构方程或本构模型。根据大量实验数据建立本构方程时，所建立的关系应符合下列原理：①坐标不变性原理；②物质客观性原理；③物质同构性原理；④相容性原理；⑤量纲不变性原理。

本构关系的具体内容请参见有关土力学著作。

2.6　单相流体渗流的质量守恒方程

用质量守恒定律建立连续性微分方程的方法有两种：一种是微分法；另一种是积分法，又称为矢量场法。微分法在许多力学教材或专著中都有介绍，本

书从略。积分法因其简洁、严谨和具有普适性，本书详细介绍。

流体在多孔介质中流动，遵守质量守恒定律，满足质量守恒的方程即为连续性方程。在控制体 Ω 上，任取一体元 $\mathrm{d}\Omega$，如图 2.2 所示，其表面积为 σ，$\boldsymbol{n}$ 为边界面的外法线向量。

单位时间内通过表面的流体质量为 $\oiint_\sigma \rho v_i n_i \mathrm{d}\sigma$，其中 ρ 为流体的质量密度，v 为流体的渗流速度。

由于非稳态渗流引起密度随时间变化，设介质的孔隙率为 ϕ，引起 $\mathrm{d}\Omega$ 内的质量增加量为 $\dfrac{\partial(\rho\phi)}{\partial t}\mathrm{d}\Omega$，故整个 Ω 内的质量增加量为 $\int_\Omega \dfrac{\partial(\rho\phi)}{\partial t}\mathrm{d}\Omega$。

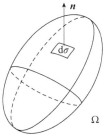

图 2.2　微元体

若控制体内有源（汇）分布，单位时间单位体积内产生的流体体积为 q（称为源的强度），则单位时间 $\mathrm{d}\Omega$ 内产生的流体质量为 $\rho q \mathrm{d}\Omega$，则总质量为 $\int_\Omega \rho q \mathrm{d}\Omega$。

由质量守恒定律可得积分形式的连续性方程

$$\int_\Omega \frac{\partial(\rho\phi)}{\partial t}\mathrm{d}\Omega = \int_\Omega \rho q \mathrm{d}\Omega - \oiint_\sigma \rho v_i n_i \mathrm{d}\sigma \tag{2.35}$$

其中，ρ 为流体的质量密度；ϕ 为介质的孔隙率；q 为源的强度；Ω 为介质的渗流区域；t 为时间；v_i 为流体的渗流速度向量；n_i 为边界外法线方向向量。

由散度定理（矢量场通过任意闭合曲面的通量，等于该曲面所包围的体积内矢量场的散度的积分）$\oiint_\sigma (\rho v)_i n_i \mathrm{d}\sigma = \int_\Omega (\rho v)_{i,i}\mathrm{d}\Omega$，可得

$$\int_\Omega \left[\frac{\partial(\rho\phi)}{\partial t} + (\rho v)_{i,i} - \rho q\right]\mathrm{d}\Omega = 0 \tag{2.36}$$

由于上式对任意积分区域成立，可得

$$\frac{\partial(\rho\phi)}{\partial t} + (\rho v)_{i,i} = \rho q \tag{2.37}$$

对于可压缩流体，其质量守恒方程可以表示为

$$\frac{\partial(\rho\phi)}{\partial t} + \rho_{,i}v_i + \rho v_{i,i} = \rho q \tag{2.38}$$

此即为单相流体的质量守恒方程，也称为单相流体的连续性方程。将运动方程代入，即可获得单相流体的综合偏微分方程。对于单相液体，运动方程可采用式（1.15）（地下水）或式（1.18）。由于气体黏度比液体小一个数量级以上，在油气开采中气体渗流过程中的惯性力一般不可忽略，气体低速流动符合达西线性定律而后随着速度的增加逐渐偏离，近似符合二项式流动（Forchheimer，1901）规律，最后至湍流状态。因此，气体的运动方程宜用考虑非线性的式（2.3）。

2.7　单相微可压缩流体渗流的偏微分方程

在油气开采中，无其他荷载变化时岩体孔隙率的变化仅受流体压力变化的影响，对于岩体中的单相液体渗流，孔隙流体的体积计算由式（2.7）和式（2.34）可得

$$\rho\phi = \rho_0\phi_0[(1 + C_L(p - p_0)) \cdot (1 + C_\phi(p - p_0))] \tag{2.39}$$

设 $C_t = C_L + C_\phi$，C_t 为流体和骨架的综合压缩率，忽略高阶分量，则

$$\rho\phi = \rho_0\phi_0(1 + C_t(p - p_0)) \tag{2.40}$$

单相流体的连续性方程式中的第一项可改写为

$$\frac{\partial(\rho\phi)}{\partial t} = \rho_0\phi_0 C_t \frac{\partial p}{\partial t} \tag{2.41}$$

将式（2.41）、（2.7）代入式（2.38），并约掉 ρ_0，则考虑骨架体积变形的微可压缩流体的单相渗流偏微分方程可表示为

$$\phi_0 C_t \frac{\partial p}{\partial t} + C_L p_{,i} v_i + (1 + C_L(p - p_0))v_{i,i} = (1 + C_L(p - p_0))q \tag{2.42}$$

将微可压缩流体的运动方程代入上式，即可获得包含骨架和流体压缩在内的渗流的综合偏微分方程

$$\phi_0 C_t \frac{\partial p}{\partial t} - C_L p_{,i} \frac{K'_{ij}}{\mu}(p + \rho gz)_{,j} - (1 + C_L(p - p_0))\frac{K'_{ij}}{\mu}(p + \rho gz)_{,j,i} = (1 + C_L(p - p_0))q$$

$$\tag{2.43}$$

由于流体是微可压缩的，上式右端中的源汇项 q 中的体积，是随压力 p 变化的，作为已知条件输入时，则应换算为标准状态下的体积。将其代入上式，可得

$$\phi_0 C_t \frac{\partial p}{\partial t} - C_L p_{,i} \frac{K'_{ij}}{\mu}(p+\rho gz)_{,j} - (1+C_L(p-p_0))\frac{K'_{ij}}{\mu}(p+\rho gz)_{,j,i} = (1+C_L(p_{sc}-p_0))q_{sc}$$

$$(2.44)$$

其中 p_{sc} 和 q_{sc} 分别为标准状态下的压力和单元体积内产生的流体换算体积。

2.8 　单相气体渗流的偏微分方程

气体的密度与压力和绝对温度的比值成正比，因此是时空变化的。将气体密度的表达式（2.25）代入式（2.37）中，并去掉各项中的相同乘数因子 $\frac{Z_{sc}T_{sc}\rho_{sc}}{p_{sc}}$，可得气体等温渗流的连续性微分方程：

$$\frac{\partial\left(\phi\dfrac{p}{ZT}\right)}{\partial t} + \left(\frac{p}{ZT}v\right)_{i,i} = \frac{p}{ZT}q \qquad (2.45)$$

由于 $\left(\dfrac{p}{ZT}v\right)_i = \dfrac{p}{ZT}v_i$，将普通气体的达西公式代入上式有

$$\frac{\partial\left(\phi\dfrac{p}{ZT}\right)}{\partial t} - \left(\delta\frac{p}{ZT}\frac{K'_{ij}}{\mu}p_{,j}\right)_{,i} = \frac{p}{ZT}q \qquad (2.46)$$

其中，q 为源汇项，即单位时间单位体积内产生的气体体积增加量；δ 为紊流修正系数，按式（2.4）计算。

源汇项可以表征固体物质分解（如固体水合物分解）、页岩气的解附等。若源汇项采用工程标准状态的气体体积量计算，即用 q_{sc} 表示，则需要将此体积乘以按式（2.26）计算的体积系数 B，转化为方程中任一点所对应的温度和压力情况下的体积量

$$\frac{\partial\left(\phi\dfrac{p}{ZT}\right)}{\partial t} - \left(\delta\frac{p}{ZT}\frac{K'_{ij}}{\mu}p_{,j}\right)_{,i} = \frac{p_{sc}}{Z_{sc}T_{sc}}q_{sc} \qquad (2.47)$$

式（2.47）是单相气体的平衡微分方程。

由于气体的压缩性较大，在油气开采的绝大部分情况下，孔隙压缩对气体平衡方程的影响远小于温度和压力随时间变化对平衡方程的影响，因而一般可以忽略孔隙率随时间变化对气体质量的影响。忽略孔隙率随时间的变化，单相气体渗流的平衡微分方程可以简化为

$$\frac{\phi \cdot \partial \left(\dfrac{p}{ZT} \right)}{\partial t} - \left(\delta \frac{p}{ZT} \frac{K'_{ij}}{\mu} p_{,j} \right)_{,i} = \frac{p_{sc}}{Z_{sc} T_{sc}} q_{sc} \tag{2.48}$$

以 p^2 作为求解变量时，可以得到形式上和单相液体的平衡微分方程基本一致的气体平衡微分方程

$$\frac{\phi}{p} \frac{\partial \left(\dfrac{p^2}{ZT} \right)}{\partial t} - \left(\delta \frac{K'_{ij}}{\mu} \frac{1}{ZT} p^2_{,j} \right)_{,i} = 2 \frac{p_{sc}}{Z_{sc} T_{sc}} q_{sc} \tag{2.49}$$

是以 p^2 作为变量并忽略孔隙率随时间变化项的单相气体的平衡微分方程。

对于理想气体，等温条件下的单相气体的平衡微分方程则可以简化为

$$\frac{\phi}{p} \frac{\partial p^2}{\partial t} - \left(\delta \frac{K'_{ij}}{\mu} p^2_{,j} \right)_{,i} = 2 \frac{p_{sc}}{T_{sc}} T \cdot q_{sc} \tag{2.50}$$

上式即为等温条件下单相理想气体的平衡微分方程。

2.9　定解条件

一个定解问题由微分方程和定解条件构成。非恒定（与时间有关）问题的定解条件，包括初始条件和边界条件。对于恒定问题，则只需要知道边界条件即可求解。

2.9.1　初始条件

在初始时刻，变量在整个定义域中的值称为初始条件。一般用压力 p 作为变量，则压力 p 满足

$$p(x, y, z)|_{t=0} = f_0(x, y, z) \tag{2.51}$$

其中，$f_0(x, y, z)$ 为已知函数。

2.9.2　边界条件

边界条件通常可以分为三类。

压力边界条件：待求的函数在边界上是已知的，这类边界条件，称为第一类边界条件，又称狄利克雷（Dirichlet）条件，即

$$p(x, y, z)|_{\Gamma} = f(x, y, z, t) \tag{2.52}$$

其中，$f(x,y,z,t)$ 为已知函数。

流量边界条件：给定流量边界条件，可描述介质边界上的流量变化状态。对于流量边界条件，实际上就是待求的函数的梯度在边界上已知，这类边界条件，称为第二类边界条件，又称为诺伊曼（Neumann）条件，即

$$\frac{\partial p}{\partial n}\Big|_\Gamma = f(x,y,z,t) \qquad (2.53)$$

线性边界条件：待求的函数的梯度与函数的线性组合关系已知，这类边界条件称为第三类边界条件，或称混合边界条件，即

$$\left(\frac{\partial p}{\partial n} + hp\right)\Big|_\Gamma = f(x,y,z,t) \qquad (2.54)$$

其中，h 为系数。

实质上，所有的边界都是一个流量边界。其他的边界条件，是确定边界流量的一个已知条件。而在处理边界条件时，对于给定的压力边界条件，因其是待求基本变量的值，因而可以不计算边界流量，而采用直接给出边界结点的值取代对应组合而成的对应结点的有限元方程的办法处理这些边界条件。

地下水相关的渗流问题中，流量边界既有降雨、水体向地质体渗流的流量补给边界，又有逸出面、地质体向水体渗流的排泄流量边界。而油气资源的开采问题中，没有外界向地质体进行油气的补给边界（注气驱中，有注入气体的流量边界），只有排泄流量边界。

对于某一类型的问题，应列出与之对应的常见的边界条件，在研究求解方法时，将这些边界条件都纳入进去，以便获得针对某一类型的定解问题的通用算法。

参 考 文 献

葛家理，2003. 现代油藏力学原理（上）. 北京：石油工业出版社.

冀光，夏静，罗凯，等，2008. 超高压气藏气体偏差因子的求取方法. 石油学报，29（5）：734-737，741.

李晓平，2008. 地下油气渗流力学. 北京：石油工业出版社.

孙维清，王建中，2000. 流量测量节流装置设计手册. 北京：化学工业出版社.

汪志诚，1993. 热力学·统计物理. 2 版. 北京：高等教育出版社.

汪周华，郭平，周克明，等，2004. 罗家寨气田酸性气体偏差因子预测方法对比. 天然气工业，24（7）：86-88，95.

王晓冬，2006. 渗流力学基础. 北京：石油工业出版社.

王致勇，1983. 无机化学原理. 北京：清华大学出版社.

熊双贵，高之清，2011. 无机化学. 武汉：华中科技大学出版社.

张建国，杜殿发，侯健，等，2010. 油气层渗流力学. 东营：中国石油大学出版社.

郑文龙，2019. 天然气偏差因子变化规律及影响因素分析. 中国化工贸易，11（34）：240.

中华人民共和国国家质量监督检验检疫总局，中国国家标准化管理委员会，2011. GB/T 17747—2011 天然气压缩因子的计算.

朱刚，顾安忠，王向阳，2000. 统一粘度模型预测天然气粘度. 石油与天然气化工，29（3）：107-109.

weixin_39628180，2020-12-10. 混合气体拟临界压力与拟临界温度计算工具. https://blog.csdn.net/weixin_39628180/article/details/111699822.

本 章 要 点

1. 描述气体性质和状态相关的基本概念及参数、气体的状态方程。

2. 依据质量守恒定律，采用积分法推导渗流连续性微分方程的方法；用散度定理将封闭曲面上的矢量的面积分转换为封闭曲面所围成实体内的矢量的散度的体积分。

3. 给出了单相微可压缩流体的连续性微分方程。

4. 推导单相气体渗流的连续性微分方程的方法。

5. 如何确定渗流的定解问题。

复习思考题

1. 建立渗流数学模型需要依据哪些定律？如何建立复杂渗流问题求解的数学模型？

2. 渗流数学模型的定解条件有哪些？油气渗流领域有哪些类型的典型边界条件？

3. 气体的流量边界条件应该如何表示？

4. 地下水渗流领域有哪些类型的边界条件？能否写出通用表达公式以适合编程应用？

第3章　两相渗流理论

第2章介绍了单相流体渗流的基本理论，本章介绍两相流体渗流的理论。无论是地下水还是油气渗流，两相渗流是普遍存在的。

就地下水而言，地下水包气带中的孔隙流体，同时包含液态水和空气两相。孔隙空间全部被水充满的区域称为饱和区，孔隙空间中同时含有水和空气的区域称为非饱和区。自由水面以下的潜水（埋藏在地表以下、第一个稳定隔水层之上、具有自由表面的重力水）和承压水（承压含水层是指埋藏在两个稳定隔水层或弱透水层之间的含水层）一般是饱和的，自由面以上的区域常常是非饱和的（自由水面以上的包气带中，可能存在暂态饱和区；沿高程方向含有两个相对不透水层时，也有可能存在两个自由水面）。地下水渗流问题，常常既包含饱和区，又包含非饱和区。非饱和区的孔隙流体，同时包含水和空气两相。

地下水包气带也常称为非饱和区。含有气体的岩土体称为非饱和土。包含非饱和区的地下水渗流就是水气两相渗流。降雨入渗、土壤水分迁移、堤坝非稳定渗流等的研究，一般都要考虑非饱和区的渗流。

在油气开采过程中，不管是水压驱动、气顶驱动还是溶解气驱动的渗流过程中，单相渗流只表现在整个渗流过程中的局部区域或某一阶段。在地层压力高于饱和压力的情况下，水驱油的过程中油和水在性质上是有差别的，必然存在油水两相共渗的混合区。油水黏度差和重度差以及毛管力，必然影响两相共渗混合区的范围及其阻力变化规律。在地层压力低于饱和压力的情况下，溶解在油中的轻质组分首先要从油中分脱出来，形成油、气两相的混合流动。在有气顶存在的情况下，还伴随着气顶的膨胀作用，使渗流问题更加复杂化。

因此，进一步深入分析油、水或油、气两相共渗的问题，对于正确掌握复杂情况下的渗流规律，采取有效措施，控制含水量的变化，保证水线均匀推进，延长高产稳产时间，保持地层压力平稳下降，充分利用地层能量，提高油田采收率，都具有极其重要的意义。

3.1　包含非饱和区的地下水渗流的数学模型

　　包含非饱和区域的气水两相渗流，其数学模型除了平衡微分方程以外，还包括两相的压力差与相饱和度的关系方程、相渗透系数与饱和度的关系方程。

3.1.1　水气两相孔隙中的相压力差

　　表面张力：对于两相或多相流体渗流，若不同流体是互不溶混的，则多孔介质中不同相流体之间存在明显的分界面，这个分界面可以称之为相界面。相界面是不同相之间的边界，其厚度一般最多也只有几个分子厚。流体分子间存在与分子距离成反比的引力。由于同相分子间的引力大于异相分子间的引力，在相界面之间就表现出平行于界面的单位长度上的力，称之为表面张力，其单位可为 mN/m。表面张力使流体表面收紧，表面张力低则容易混相。表面张力，保持最低表面能。是多相流体混相性的一种度量，反映界面的基本热力学特性。

　　毛管力：毛细管中能使润湿其管壁的液体（润湿相）自然上升的作用力。此力指向液体凹面所朝向的方向，其大小与该液体的表面张力成正比，与毛管半径成反比。在地层毛细孔隙中常表现为两相不混溶液体（如气和水、油和水）弯曲界面两侧的压力差。毛管力是重要的渗流驱动力，在水润湿的条件下，在毛细管力作用下水相自动地从较大和较粗的孔隙和喉道中进入小孔隙和较细的喉道，实现将油相由小孔隙和细喉道向较大、较粗的孔隙和喉道内驱替。

　　土体的饱和度小于 1 时，由于孔隙中同时存在孔隙水和气体两种流体，流体界面之间存在表面张力，所以土体中产生吸力，自动地将大孔隙空间中的水分迁移到细小的孔隙空间之中。吸力是非饱和孔隙水压力与孔隙气压力差的相反值。由于土体中的孔隙大小不一，当饱和度降低时，重力水首先从大的孔隙中排出。因此，饱和度降低，水和气界面的孔隙半径也减小，因而吸力增加。

　　当岩土孔隙中的湿相流体为水，非湿相流体为空气时，我们用**毛管水头**来表示这种压力差，毛管水头即表示为水头高度的孔隙气压力与水压力之差：

$$h_c = \frac{2\sigma \cos \alpha}{\rho_w g r} \tag{3.1}$$

其中，h_c 为毛管水头；σ 为表面张力；ρ_w 为水的密度；r 为毛细管的半径。

　　各种土体的毛管水头高度如表 3.1 所示。

表 3.1　各种土体的毛管水头高度

土体	毛管水头/m
砂	0.03～0.1
细砂	0.1～0.5
黏质砂	0.5～2.0
黄土	2.0～5.0
黏质土	5.0～10.0

3.1.2　非饱和岩土体的渗透性和吸力与饱和度的关系

地下水渗流是由水头梯度驱动的，常常用压力水头来代表压力的大小：

$$\psi = \frac{p}{\rho g} \tag{3.2}$$

其中，ψ 为压力水头，具有长度的量纲。

饱和度或含水量与孔隙水压力之间的关系也称之为土水特征关系，有很多经验公式来描述。如下式所示的 van Genuchten 模型（简称 VG 模型）（van Genuchten，1980）

$$\theta(\psi) = \begin{cases} \theta_r + (\theta_s - \theta_r)(1 + |\alpha\psi|^n)^{-m}, & \psi < 0 \\ \theta_s, & \psi \geqslant 0 \end{cases} \tag{3.3}$$

其中，α 和 n 为形状参数，$m = 1 - 1/n$。

图 3.1 为某黏壤土（clay loam）的土水特征曲线。饱和含水量为 0.38，残余含水量为 0.15，$\alpha = 1.82$，$n = 2.43$。

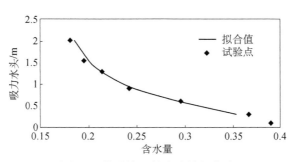

图 3.1　某黏壤土的土水特征曲线

相比于饱和土，非饱和土中由于水连通的孔隙通道减小，因而水相的渗透性也随之降低。定义土体非饱和时土的渗透系数与饱和渗透系数之比为相对渗透系数。相对渗透系数可以用与 VG 公式配套的 Mualem（1976）公式描述

$$k_r(s_e) = s_e^{1/2}[1 - (1 - s_e^{1/m})^m]^2 \tag{3.4}$$

其中，s_e 为有效饱和度。

图 3.2 为某黏壤土的渗透系数和含水量的关系。

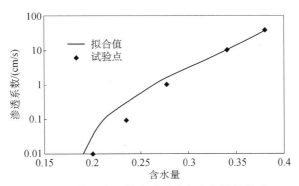

图 3.2　某黏壤土的渗透系数和含水量的关系

有效饱和度与非饱和孔隙水压力之间的关系由下式表达：

$$s_e(\psi) = \frac{\theta(\psi) - \theta_r}{\theta_s - \theta_r} \tag{3.5}$$

其中，s_e 为有效饱和度；θ_r 和 θ_s 分别为残余含水量和饱和含水量。

依据 van Genuchten（1980）公式、Mualem（1976）公式，即可根据压力水头确定土体的含水量和相对渗透系数。

值得注意的是，当土体的含水量低于残余含水量 θ_r 时，由于土体中不存在重力水，因此，土体中不存在水的渗流，也没有水气界面，也不存在吸力，水相的渗透系数也是没有意义的。经验公式在有效饱和度较低时计算出来的吸力和渗透系数，一般情况下都是不符合实际的。

3.1.3　地下水渗流的偏微分方程

对于水和空气在岩土中的两相渗流，一般情况下不关注空气这一相渗流，只关注其中水相的渗流问题。地下水渗流中，多孔介质中同时存在空气和水的区域，称为非饱和区。一般情况下，常假定非饱和区的空气处于连通状态，且假定孔隙气压力与大气压力相等。

多孔介质中不同饱和度时孔隙水的运动方程可以用下式表示：

$$v_i = -K_{ij}k_r(s)h_{,j} = -K_{ij}k_r(s)(\psi + z)_{,j} \tag{3.6}$$

其中，v 为渗流速度向量；h 为水头；$k_r(s)$ 为相对渗透系数，假定为饱和度的标量函数，饱和度等于 1 时为 0，饱和度小于 1 时小于 1；ψ 是具有长度量纲的压力水头；K 是饱和介质的渗透张量。

假定地下水非饱和区的气相是连通的，且假定其与外部环境中的大气压力相等，则饱和度与压力之间有式（3.5）所示的一一对应关系。可以将式（3.6）的地下水渗流的运动方程改写为只有孔隙水压力一个自变量的公式，即

$$v_i = -K_{ij} k_r(\psi)(\psi + z)_{,j} \qquad (3.7)$$

其中，$k_r(\psi)$ 为相对渗透系数，是孔隙水压力的函数。

忽略流体和骨架的压缩性（流体的密度不随时空变化，孔隙率不随时间变化），依据式（3.7）和质量守恒定律，可得到包含非饱和区域地下水渗流的平衡微分方程，即 Richards（1931）方程：

$$\frac{\partial \theta(\psi)}{\partial t} - [K_{ij} k_r(\psi)(\psi + z)_{,j}]_{,i} = Q \qquad (3.8)$$

其中，θ 是土体的体积含水量；Q 是源/汇项。

偏微分方程（3.8）与非饱和渗流补充方程（3.3）、（3.4）和（3.5），加上定解条件就构成了地下水渗流的定解问题。

3.2 油水两相渗流的数学模型

常规石油开采主要包括自流井、抽油机和水驱三种方式。当地下油藏中存在天然气或边水压力时，原油可以通过自流井直接涌出。抽油机通过机械装置将地下原油抽上地面。水驱是指通过向地层注入水来增加地下油藏中的压力，从而将原油推向井口。由于水的注入会导致地下油藏中的油水界面移动，形成油水两相渗流。油水两相渗流一直是渗流力学研究的一个重要问题。20 世纪 30 年代以前认为水驱油是一个活塞式的推进过程，即油水接触面始终垂直于流线，并均匀地向井排推进，水渗入油区后将孔隙中可以流动的原油全部驱替干净，含水区和含油区是截然分开的，如图 3.3 所示。实际上，由于存在毛细管现象、油水容重差异、黏度差异和油层介质的非均匀等因素，水渗入到油区后，不可能维持油水界面的均匀推进，即会出现一个油水两相同时混合流动的渗流区，这种驱动方式称为非活塞式驱油。如图 3.4 所示，非活塞式驱油时存在水区、混合区和油区三个区域。

图 3.3 活塞式驱油示意图   图 3.4 非活塞式驱油示意图

3.2.1 油水两相渗流中的相压力差

当多孔介质的孔隙中有两种不溶混的流体接触时，两种流体之间的压力存在不连续性。这种压力突变值的大小，称为相压力差，取决于该点处界面的曲率。这个相压力差 p_c 也称为毛细压力。

润湿性：当两相不混溶流体与固体表面接触时，其中一相流体被该表面吸附的程度往往超过另一相流体，吸附程度大的这一相流体就是润湿相，另一相是非润湿相。两相的界面为一个凹面指向非润湿相的弯液面。界面的表面张力的合力就是毛管力，其方向指向非润湿相。在水驱油的情况下，渗流过程中若岩石亲水，则毛细管力表现为动力，如图 3.5（a）所示；若岩石亲油则表现为阻力，如图 3.5（b）所示。

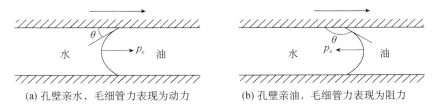

(a) 孔壁亲水，毛细管力表现为动力   (b) 孔壁亲油，毛细管力表现为阻力

图 3.5 两相压力差示意图

$$p_c = p_{nw} - p_w \tag{3.9}$$

其中，p_{nw} 为非润湿相中的压力；p_w 为润湿相中的压力。

单个毛细管压力的理论公式为

$$p_c = \frac{2\sigma \cos \alpha}{r} \tag{3.10}$$

其中，σ 为油水界面张力，N/m；α 为润湿角；r 为毛管半径，m。

岩心的参考半径（Eward，1996）为

$$r_{ref} = \frac{\cos \alpha}{\sqrt{\tau}} \cdot r_{ave} = 2 \cos \alpha \sqrt{k / \phi} \tag{3.11}$$

其中，r_{ref} 为毛管参考半径，μm；r_{ave} 为岩心平均半径；τ 为岩心毛管迂回度；k 为渗透率；ϕ 为孔隙率。

把参考孔隙半径对应的毛管压力作为岩心的参考毛管压力

$$p_{\text{ref}} = \frac{\sigma}{\sqrt{k/\phi}} \tag{3.12}$$

油水两相渗流的相压力差是有效饱和度的函数

$$p_{\text{c}} = f(s_{\text{wd}}) \tag{3.13}$$

其中，s_{wd} 为水相的有效饱和度，可由以下公式计算：

$$s_{\text{wd}} = \frac{s_{\text{w}} - s_{\text{wr}}}{1 - s_{\text{or}} - s_{\text{wr}}} \tag{3.14}$$

其中，s_{w} 为水相的饱和度；s_{wr} 为水相的残余饱和度，也称束缚水饱和度；s_{or} 为油相残余饱和度。

Leverett 把两相渗流中实测岩心毛管压力与参考毛管压力的比值定义为岩心的毛管压力 J 函数，通过对大量试验数据的数值分析得到了半经验的函数表达式为

$$J(s_{\text{wd}}) = \frac{p_{\text{c}}}{\sigma}\sqrt{\frac{k}{\phi}} \tag{3.15}$$

$J(s_{\text{wd}})$ 函数确定的 J 与水相有效饱和度的关系曲线，也称为岩心的毛管压力曲线，可由试验测定。

依据式（3.15），可以得到相压力差与水相有效饱和度的关系

$$p_{\text{c}}(s_{\text{wd}}) = J(s_{\text{wd}}) \cdot \sigma \cdot \sqrt{\phi/k} \tag{3.16}$$

Brooks-Corey 模型因为其准确性而得到了广泛的应用，依据该模型，J 函数可以用幂函数表示

$$J(s_{\text{wd}}) = a \cdot s_{\text{wd}}^{-1/\lambda} \tag{3.17}$$

其中，a 为系数，λ 为孔隙大小分布指数。

多孔介质亲油和亲水两种情况水驱油的油水混合区的流动情况是不同的。毛细管亲油的情况如图 3.6 所示。由于毛细管力的方向指向界面的水一侧，毛细管力是阻力，较粗的毛细管道中的阻力较小因而油水界面在流动方向上超前于较细的毛细管道；相反毛细管亲水的情况，毛细管力为动力，较细的毛细管中的油水界面在流动方向上超前于较粗的毛细管，如图 3.7 所示。

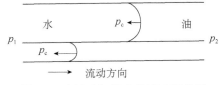

图 3.6　亲油毛细管中的流动示意图

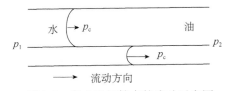

图 3.7　亲水毛细管中的流动示意图

混合区的流动态势还受到油水容重差的影响。一般情况下，水的容重比油的容重大，因此油水相遇时，水向下，油向上，形成上油下水的态势。但一般只在油水容重差很大，油层很厚，液流速度不大时，这种分离作用才比较明显，而在一般情况下容重差对混合区的影响不大。

混合区的流动态势还受到黏度差异的影响。水的黏度一般为 1mPa·s，而油的黏度一般为 3~10mPa·s 甚至更高，流动过程中在外来压力差的作用下，大孔道断面大、阻力小，因而水首先进入大孔道，同时由于水的黏度比油小，故使得大孔道中的阻力越来越小，在大孔道中的水窜就会越来越快，形成严重的驱替前缘成指状穿入被驱替相的现象（指进现象）。

3.2.2　油水两相渗流的相渗透率

两相渗流时，一相流体只占有多孔介质孔隙的部分空间，其中某一相流体在多孔介质中所占据的孔隙空间所对应的渗透率就称为该相流体的相渗透率或有效渗透率。实践证明，对于两相渗流而言，各自渗透率之和小于单相渗流时的渗透率，即

$$K_1 + K_2 < K \tag{3.18}$$

其中，K_1、K_2 分别为第 1 相和第 2 相的渗透率；K 为介质的渗透率。

相渗透率与相饱和度之间的关系曲线称为相渗透率曲线。相渗透率曲线是进行多相渗流计算的基础。由于相渗透率（以下简称相渗）随着相饱和度而变化，为数学描述方便起见，定义相渗透率与总的渗透率的比值为相对渗透系数 k_r，它无量纲，是相饱和度的函数。如油水两相渗流，可用 o 与 w 作为下标，分别表示油相和水相。油水两相的相渗，可以依据经验公式来计算。其中 Willhite 模型应用比较广泛（高文君等，2014；王东琪等，2017）。

Willhite 模型中，油相和水相的相渗，均表示为水相有效饱和度的函数。油相的相渗按油相的有效饱和度的指数计算，即

$$k_{ro}(s_{wd}) = k_{ro}(s_{wr})(1 - s_{wd})^n \tag{3.19}$$

其中，k_{ro} 为油相的相渗；$k_{ro}(s_{wr})$ 为油相在水相的束缚水饱和度时的相渗；n 为油相的相渗指数参数。

一般情况下 $k_{ro}(s_{wd})$ 的值为 1.0。由于在油相饱和渗透率测量时，往往采用干燥的岩体作为测试试样，如此一来，测量所得的饱和渗透率，大于水的饱和度为残余饱和度时的值。由于相渗定义为相渗透率与饱和渗透率的比值，因

此，在相渗公式中，将水相残余饱和度时的油相的相渗作为系数出现在公式的右端，以消除测量方式带来的系统误差。

同样，水相的相渗，按水相的有效饱和度的指数计算

$$k_{rw}(s_{wd}) = k_{rw}(s_{or})s_{wd}^m \tag{3.20}$$

其中，k_{rw} 是水相的相渗；$k_{rw}(s_{or})$ 为油相残余饱和度时（$s_{wd}=1.0$）的水相的相渗；m 为指数参数。

Willhite 模型的特点是束缚水端水相的相对渗透率为 0，油相的相对渗透率为 $k_{ro}(s_{wr})$；残余油端油相的相对渗透率为 0，水相的相对渗透率为 $k_{rw}(s_{or})$。模型中将相对渗透率两个端点的油、水相渗作为参数，很好地解决了相对渗透率两个端点的油、水相渗问题。同时，油、水相对渗透率曲线变化主要与油相、水相指数大小相关，指数越大，曲线越陡，相渗随含水饱和度变化越快（高文君等，2014；王东琪等，2017）。

Willhite 模型对快速获取储集层渗透率随含水饱和度的变化特征十分便捷。然而在多数低渗油田中发现，试验岩心相渗数据点在中高含水饱和度处比较集中，此时若利用 Willhite 模型进行数据拟合，往往出现较大的偏差（高文君等，2014）。高文君等（2014）对 Willhite 模型相渗公式中的指数从常参数修改为了水相有效饱和度的函数以提高模型的适应性。以如下公式代替式（3.19）和（3.20）：

$$k_{ro}(s_{wd}) = k_{ro}(s_{wr})(1-s_{wd})^{n+as_{wd}^b} \tag{3.21}$$

$$k_{rw}(s_{wd}) = k_{rw}(s_{or})s_{wd}^{m+cs_{wd}^d} \tag{3.22}$$

其中，a、b、c、d 为增加的参数。

根据油藏的实测数据，可以对 Willhite 模型相渗的指数参数的函数表达式进行修改，也可以直接利用试验数据，对相渗进行指数型函数插值来计算。

3.2.3　油水两相渗流的运动方程

不相溶混的油水两相渗流的运动方程，可以参考单相流体的运动方程表示为

$$(v_o)_i = -k_{ro}(s_{wd})\frac{K'_{ij}}{\mu_o}(p_{o,j}+\rho_o gz_{,j}) \text{（油相）} \tag{3.23}$$

$$(v_w)_i = -k_{rw}(s_{wd})\frac{K'_{ij}}{\mu_w}(p_{w,j}+\rho_w gz_{,j}) \text{（水相）} \tag{3.24}$$

其中，v_o、v_w 分别表示为油相和水相的渗流速度；k_{ro} 和 k_{rw} 分别为油和水两相

的相对渗透系数，是有效含水饱和度 s_{wd} 的函数；p_o 和 p_w 分别为油相和水相的压力。指标符号 i，j 表示坐标轴，i，j=1，2，3。

3.2.4　油水两相渗流的数学模型

对于两相不溶混的渗流，以油和水两相为例，下标 o 和 w 分别表示油相和水相，并用 ρ 表示密度，s 表示相饱和度，则油相和水相的连续性方程分别为

$$\begin{cases} \dfrac{\partial(\rho_o s_o \phi)}{\partial t} + (\rho_o v_o)_{i,i} = \rho_o q_o \\ \dfrac{\partial(\rho_w s_w \phi)}{\partial t} + (\rho_w v_w)_{i,i} = \rho_w q_w \end{cases} \qquad （3.25）$$

其中，q_o 和 q_w 分别表示油相和水相的源；s_o 和 s_w 分别为油相和水相的饱和度，相饱和度之间满足方程 $s_o + s_w = 1$。

用 p 表示压力，将达西定律代入式（3.25）得到：

$$\begin{cases} \dfrac{\partial(\rho_o s_o \phi)}{\partial t} - (\rho_o k_{ro}(s_{wd}) \dfrac{K'_{ij}}{\mu_o}(p_{o,j} + \rho_o g z_{,j}))_{,j} = \rho_o q_o \\ \dfrac{\partial(\rho_w s_w \phi)}{\partial t} - (\rho_w k_{rw}(s_{wd}) \dfrac{K'_{ij}}{\mu_w}(p_{w,j} + \rho_w g z_{,j}))_{,j} = \rho_w q_w \end{cases} \qquad （3.26）$$

其中，k_{ro} 和 k_{rw} 分别为油和水的相渗；K'_{ij} 为介质的绝对渗透率张量。

微分方程中的油压力 p_o、水压力 p_w 为待求的未知量。相压力差的计算，若岩石亲水则 $p_c = p_o - p_w$，若岩石亲油则 $p_c = p_w - p_o$。相压力差与水相有效饱和度的关系，可按式（3.16）计算。

3.3　油气两相渗流的数学模型

如果没有活跃的边、底水或气顶等外来能量的补充，地层势能在开发过程中将不断降低，表现为地层压力不断下降。生产井处的势能是地层势能的最低点。对于地层起伏不大的油藏，生产井处油层上部的压力是地层压力的最低点。当油层压力低于饱和压力时原油中的溶解气就会分离出来，发生油气两相渗流。如果地层的平均压力低于饱和压力，则泄流区范围内的大部分地层都将发生油气两相渗流，这时溶解气以气泡形态从原油中逸出并膨胀是油流入井的主要驱动能量，这种开采方式叫作溶解气驱。

溶解气驱是最古老的驱动方式。世界上许多油藏发生过溶解气驱，而其中多数的溶解气驱油藏又伴有底水。溶解气驱油藏的采收率较低，范围一般在5%～30%，平均采收率为15%～17%，裂缝性碳酸岩油藏低于15%（王晓冬，2006）。一般来说，当油藏原始地层压力低于或接近原油饱和压力，油层无边水或气顶，渗透性较差又不宜注水的油藏，可以采用这种开采方式。由于溶解气驱的采收率低，一般这种开发方式仅在开发过程的某一阶段采用。应用油气两相渗流理论和计算方法，对溶解气驱油过程进行模拟分析，有助于我们合理控制溶解气驱过程，以便获得更高的油气采收率。

3.3.1 油气两相渗流的物理过程

油气两相渗流物理现象：对于油藏原始压力高于原油泡点压力的情形，开采伊始，地层中不存在自由气。系统压力的下降引起油、岩石和束缚水膨胀，在地层压力高于或等于泡点压力前，处于弹性能驱油阶段。当油藏的局部地层压力下降到泡点压力时，油相开始脱气，分离出少量的自由气，小气泡以分散的方式存在于油相中。小气泡降低了油相的黏度，实际上降低了油相的渗流阻力，但气相渗透率为零。随着脱气程度增加，气泡逐渐聚集，形成连续的气相，随之产生气液两相渗流。

气相的渗透率随着气相的饱和度增加。气体由于黏度小、渗流阻力小而将会超前流动，使生产的气油比迅速上升，同时由于气体脱出而使原油黏度增大、渗流阻力增大，为保持连续流动将会消耗更多的弹性能，因而地层压力急剧下降（势能变化示意见图3.8）；最后，原油中的溶解气渐渐脱尽，地层中的自由气量急剧减少，气油比下降突然，油相流动变缓，地层压力下降又趋于平缓，直至衰竭。

一个严格的描述多相流动的数学模型应当考虑系统中每个组分的空间分布及其随时间的变化关系，其各种关系式错综复杂，不便于初学者掌握。这里采用不太严格的方法，在"黑油模型"意义下阐述油气两相渗流问题。

黑油模型：能够溶解部分天然气，但假定油不能挥发和汽化，油和气只发生一种相转换，即油可以脱气但不能汽化。

3.3.2 油气两相渗流的运动方程

与油水两相渗流相同，由于相渗透率随着相饱和度而变化，为数学描述方

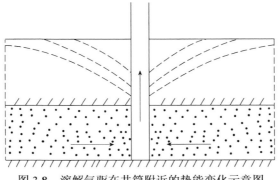

图 3.8　溶解气驱在井筒附近的势能变化示意图

便起见，定义一个无量纲的相对渗透系数 k_r，它是相饱和度的函数。油气两相渗流，可用 o 与 g 作为下标，分别表示油相和气相，则油气两相渗流的运动方程为

$$v_{o_i} = - k_{ro}(s_o)\frac{K'_{ij}}{\mu_o}(p_{o,j} + \rho_o gz_{,j})\quad（油相）\tag{3.27}$$

$$v_{g_i} = - k_{rg}(s_g)\frac{K'_{ij}}{\mu_g}p_{g,j}\quad（气相）\tag{3.28}$$

其中，k_{ro} 和 k_{rg} 分别为油、气两相的相对渗透系数，是相饱和度的函数；p_o 和 p_g 分别为油和气的压力；s_o 和 s_g 分别为油和气的相饱和度；指标符号 i，j 表示坐标轴，i，j=1，2，3。

　　由于地层中气体的位置势差相对于压力差是小量，因而在运动方程中忽略了气体的重力势。

3.3.3　油气两相渗流的数学模型

　　对于油气两相不溶混的渗流，下标 o 和 g 分别表示油相和气相，并用 ρ 表示密度，s 表示相饱和度，则有油相和气相的连续性方程分别为

$$\begin{cases} \dfrac{\partial(\rho_o s_o \phi)}{\partial t} + (\rho_o v_o)_{i,i} = \rho_o q_o \\ \dfrac{\partial(\rho_g s_g \phi)}{\partial t} + (\rho_g v_g)_{i,i} = \rho_g q_g \end{cases}\tag{3.29}$$

其中，$s_o + s_g = 1$。

　　用 p 表示压力，将达西定律代入联立得到：

$$\begin{cases} \dfrac{\partial(\rho_o s_o \phi)}{\partial t} - \left(\rho_o k_{ro}(s_o) \dfrac{K'_{ij}}{\mu_o} (p_{o,j} + \rho_o g z_{,j}) \right)_{,i} = \rho_o q_o \\[4mm] \dfrac{\partial(\rho_g s_g \phi)}{\partial t} - \left(\rho_g k_{rg}(s_w) \dfrac{K'_{ij}}{\mu_w} p_{g,j} \right)_{,i} = \rho_g q_g \end{cases} \qquad (3.30)$$

其中，k_{ro} 和 k_{rg} 分别为油和气的相对渗透系数（实际渗透系数与饱和渗透系数之比），K'_{ij} 为介质的绝对渗透率。

微分方程中的油压力 p_o、气压力 p_g 为待求的未知量，相饱和度 s_o 和 s_g 通过相压力差 p_c（$p_c = p_o - p_g$）来计算，介质的相饱和度 s_o 或 s_g 与相压力差 p_c 的关系可以通过试验测定。相饱和度之间满足方程 $s_o + s_g = 1$。q_o 和 q_g 分别为油相和气相的源或汇，表示单位时间内单位体积中气相溶解进入油相或油相脱气进入气相的体积量，是温度和压力的函数，气体增加的质量与液体减少的质量相等，即 $\rho_o q_o + \rho_g q_g = 0$。$\rho_o$ 和 ρ_g 分别为油相和气相的质量密度，是温度和压力的函数。

式（3.30）即油气两相的连续性微分方程。补充饱和度与相压力差之间的关系、源汇项公式、相渗与饱和度关系公式等方程中的系数项等的表达式，加上初始条件和边界条件，即构成了油气两相渗流的数学模型。由于气体的压缩性大，气体的状态方程在气相的渗流计算中扮演十分重要的角色，其中气体的压缩因子是组分、温度和压力的函数。气体的黏度也是组分、温度和压力的函数。因此，气相微分方程需要参照单相气体的微分方程进一步推导。采用气相压力的平方作为基本变量，气相渗流的微分方程可表示为

$$\frac{1}{p_g} \frac{\partial\left(\phi s_g \dfrac{p_g^2}{ZT} \right)}{\partial t} - \left(\delta \frac{1}{ZT} \frac{K'_{ij}}{\mu_g} p_{g,j}^2 \right)_{,i} = 2 \frac{p_{sc}}{Z_{sc} T_{sc}} q_{gsc} \qquad (3.31)$$

其中，气体的压缩因子 Z、黏度 μ_g 均为压力和温度的函数，且与气体的组分有关；q_{gsc} 为按工程标准状态计算体积的气体的源项。

参 考 文 献

高文君，姚江荣，公学成，等，2014. 水驱油田油水相对渗透率曲线研究. 新疆石油地质，35（5）：552-557.

葛家理，2003. 现代油藏力学原理（上）. 北京：石油工业出版社.

李晓平，2008. 地下油气渗流力学. 北京：石油工业出版社.

王东琪，殷代印，2017. 水驱油藏相对渗透率曲线经验公式研究. 岩性油气藏，29（3）：159-164.

王晓冬，2006. 渗流力学基础. 北京：石油工业出版社.

张建国，杜殿发，侯健，等，2010. 油气层渗流力学. 北京：中国石油大学出版社.

Brooks R H，Corey A T，1964. Hydraulic properties of porous media. Colorado State University：Hydrology Papers，72-80.

Leverett M，1940. Capillary behavior in porous solids. Trans Am Inst，142（1）：152-169.

Leverett M，Lewis W，True M，1942. Dimensional-model studies of oil-field behavior. Trans AIME，146（1）：175-193.

Mualem Y，1976. A new model for predicting the conductivity of unsaturated porous media. Water Resources，12：513-522.

Pittman E D，1996. Relationship of porosity and permeability to various parameters derived from mercury injection-capillary pressure curves for sandstone. AAPG，76（2）：191-198.

Richards L A，1931. Capillary conduction of liquids through porous mediums. Physics，1：318-333.

Rose W，Bruce W，1949. Evaluation of capillary character in petroleum reservoir rock. Journal of Petroleum Technology，1（5）：127-142.

van Genuchten M T，1980. A closed-form equation for predicting the hydraulic conductivity of unsaturated soils. Soil Science Society of America Journal，（44）：892-898.

本 章 要 点

1. 两相不相容混流体渗流的基本特性。

2. 相对渗透系数与相饱和度之间的关系。

3. 非饱和地下水渗流的物理过程，掌握地下水饱和-非饱和渗流的数学模型。

4. 油水两相渗流的物理过程，掌握油水两相渗流的数学模型及其推导方法。

5. 油气两相渗流的物理过程，掌握油气两相渗流的数学模型及其推导方法。

复习思考题

1. 如何建立复杂的地下水渗流的数学模型？

2. 如何建立油水两相渗流的数学模型？

3. 如何建立油气两相渗流的数学模型？

4. 请尝试建立油、气、水三相的数学模型。

5. 两相渗流有什么特征？什么是相压力差？润湿相是什么意思？相压力差与多孔介质中的孔隙特征有什么联系？相压力差与相饱和度是什么关系？

6. 多相渗流中的一相的相对渗透率与相饱和度之间的关系是什么？为什么多相的相渗透率之和不大于 1？

7. 为什么相渗透率的降低程度要远快于相饱和度的减小幅度？

第4章　渗流的理论计算方法

关于渗流的理论计算方法，一般只能基于某些假定，给出等温条件下单相流体一维、二维或三维轴对称与均质、各向同性情况下的理论解（或称为解析解）。虽然仅能对一些简单的渗流情况进行计算，但是这些方法还是很有用的。

为表述简便起见，以地下水渗流为例，对渗流的理论方法进行介绍。

4.1　裘布依假定与二维潜水渗流的计算

裘布依（Dupuit，1863）研究地下水缓变流动时，由于渗流自由面的坡度很小，认为可以假定沿深度方向的铅直线是等势线，即测压管水头 h=常数，以简化问题。如图 4.1 所示的二维稳定渗流问题，自由面是一条流线，正确的等势线及流速分布如图 4.1（a）所示。按照达西定律，沿自由面上任意点的流速应为

$$v_s = -k\frac{\mathrm{d}h}{\mathrm{d}s} = -k\frac{\mathrm{d}z}{\mathrm{d}s} = -k\sin\theta \qquad (4.1)$$

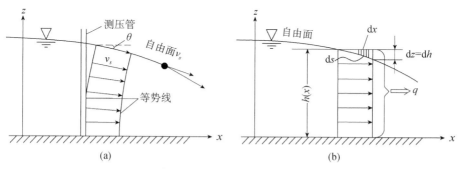

图 4.1　裘布依假定的说明

因为水平倾斜角 θ 很小，裘布依建议用 $\tan\theta = \dfrac{\mathrm{d}h}{\mathrm{d}x}$ 代替 $\sin\theta$，也就是相当于假定等势线是铅直线，即流速是水平向的，如图 4.1（b）所示。孔隙水压力在

铅垂线上具有静水压力分布。基于这种假定时，渗流速度按下式计算：

$$v = -k\frac{\mathrm{d}h}{\mathrm{d}x} \tag{4.2}$$

单宽流量按下式计算：

$$q = -kh\frac{\mathrm{d}h}{\mathrm{d}x} = -\frac{k}{2}\frac{\mathrm{d}h^2}{\mathrm{d}x} \tag{4.3}$$

裘布依假定能使原来问题的 2 个独立变量（x，z）减为 1 个，以 $h(x)$ 代替了 $h(x,z)$，在式中 z 不再以独立变量出现而使问题变为一维水流问题。

裘布依假定实际上是略去了剖面上的垂直流速分量 v_z，在水平不透水底面上 $v_z = 0$，到自由面上为 $v_z = -k\dfrac{\partial h}{\partial z} = -k\dfrac{\partial h}{\partial s}\dfrac{\partial s}{\partial z} = -k\sin^2\theta$（等势线与流线正交，$\dfrac{\partial s}{\partial z}$ 代表流线长度对 z 坐标的偏导数，$\dfrac{\partial s}{\partial z} = \sin\theta$）。因此自由面变化很陡的地方将产生大的误差。

应用裘布依假定与水平不透水层上的缓变无压渗流，如图 4.2（a）所示，用差分代替式中的微分，可得裘布依公式

$$q = \frac{k(h_1^2 - h_2^2)}{2L} \tag{4.4}$$

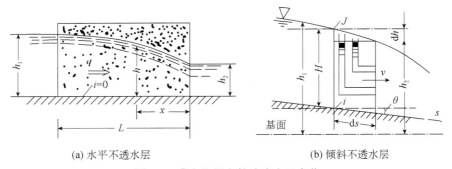

(a) 水平不透水层　　　　　　　　　　(b) 倾斜不透水层

图 4.2　裘布依假定的渗流水深变化

或写成

$$q = \frac{k(h^2 - h_2^2)}{2x} \tag{4.5}$$

式中，h_1、h_2 为上下游水深；h 为从下游起任意距离 x 处的水深（注意不是水头）。由上式可解得任意距离 x 处的水深

$$h = \left[h_2^2 + (h_1^2 - h_2^2)\frac{x}{L}\right]^{1/2} \tag{4.6}$$

若不透水底面不是水平面而是倾斜面，如图 4.2（b）所示，按照裘布依假定，任一铅直线上的平均流速为

$$v = -k\frac{\mathrm{d}h}{\mathrm{d}s} = kJ \qquad (4.7)$$

这里，J 为自由面上的水力坡降。若以 H 表示倾斜面的水深，并考虑到测压管水头 h 与水深 H 的关系 $h = H + z$，z 为不透水底面的纵坐标，以及底坡 $i = -\dfrac{\mathrm{d}z}{\mathrm{d}s}$，则得

$$J = -\frac{\mathrm{d}h}{\mathrm{d}s} = i - \frac{\mathrm{d}H}{\mathrm{d}s} \qquad (4.8)$$

及

$$q = Hv = kH\left(i - \frac{\mathrm{d}H}{\mathrm{d}s}\right) \qquad (4.9)$$

最后需要指出，渗流自由面流出下游边界面时常高出下游水面而存在一段自由渗出高度（此范围也叫渗流逸出面），如图 4.3 中虚线为矩形土坝和井的实际自由面位置（有限元数值计算结果与此一致）。与裘布依假定的曲线比较，可知在出渗边界附近局部急变区渗流自由面位置发生较大误差。

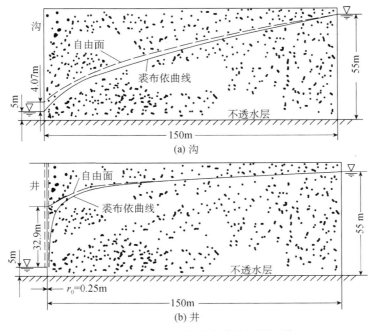

图 4.3   裘布依假定在急变流区的误差

4.2　二维承压水渗流的计算

如图 4.4 所示的厚度变化的承压含水层，其承压水非均匀流的计算式为

$$q = k \frac{M_1 + M_2}{2} \frac{H_1 - H_2}{L} \tag{4.10}$$

式中，M_1、M_2 分别为上、下游断面处承压含水层的厚度；H_1、H_2 分别为上、下游断面处承压含水层的水头。

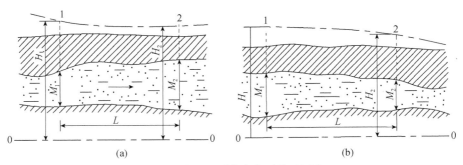

图 4.4　含水层厚度变化时的承压水

在某些地下水水头梯度较大的区域，有时会出现上游是承压水，下游由于水头降至隔水顶板以下而成为潜水的情况，如图 4.5 所示。这种情况可以分段计算，根据流量连续来连接两段的计算公式。

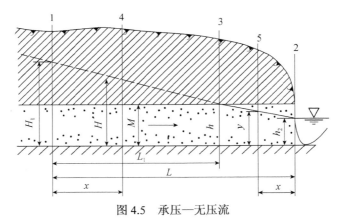

图 4.5　承压—无压流

4.3　潜水完整井的渗流计算

从井中定量抽水，经过一段时间的非稳定运动后，降落漏斗扩散到边界，

如果周围补给量等于抽水量，则地下水呈稳定运动。

　　通过以井为中心轴，半径为 r（$r > r_0$）的柱面的流量，等于井的流量，对于图 4.6 所示的潜水完整井，可得

$$Q = 2\pi r k h \frac{\mathrm{d}h}{\mathrm{d}r} \tag{4.11}$$

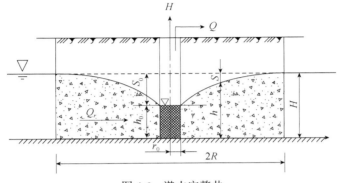

图 4.6　潜水完整井

其中，Q 为流量；h 为水深；r 为到井中心的半径。上式变形可得

$$2h\mathrm{d}h = \frac{Q}{\pi k} \frac{\mathrm{d}r}{r} \tag{4.12}$$

积分得

$$h^2 = \frac{Q}{\pi k} \ln r + C \tag{4.13}$$

　　当 $r \to R$，$h \to H$ 时

$$C = H^2 - \frac{Q}{\pi k} \ln R \tag{4.14}$$

则可得出裘布依稳定井流潜水完整井出水量计算公式：

$$Q = \pi k \frac{H^2 - h_0^{\,2}}{\ln \dfrac{R}{r_0}} \tag{4.15}$$

也可得出裘布依稳定井流潜水完整井的水深计算公式：

$$h^2 = H^2 + (H^2 - h_0^{\,2}) \ln \frac{r}{R} \Big/ \ln \frac{R}{r_0} \tag{4.16}$$

4.4　承压水完整井的渗流计算

对于图 4.7 所示的含水层厚度为 M 的承压完整井，可得

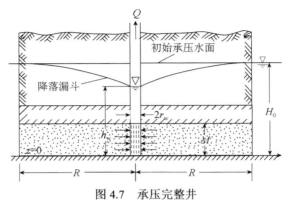

图 4.7　承压完整井

$$Q = 2\pi Mkr\frac{\mathrm{d}h}{\mathrm{d}r} \tag{4.17}$$

其中，Q 为流量；h 为承压水的水头；r 为到井中心的半径。上式变形可得

$$\mathrm{d}h = \frac{Q}{2\pi Mk}\frac{\mathrm{d}r}{r} \tag{4.18}$$

积分得

$$h = \frac{Q}{2\pi Mk}\ln r + C \tag{4.19}$$

当 $r \to R$，$h \to H_0$ 时

$$C = H_0 - \frac{Q}{2\pi Mk}\ln R \tag{4.20}$$

则可得出裘布依稳定井流承压完整井出水量计算公式：

$$Q = 2\pi Mk(H_0 - h_\mathrm{w})/\ln\frac{R}{r_\mathrm{w}} \tag{4.21}$$

也可得出裘布依稳定井流潜水完整井以底面为参考平面的水头计算公式：

$$h = H_0 - (H_0 - h_\mathrm{w})\ln\frac{R}{r}/\ln\frac{R}{r_\mathrm{w}} \tag{4.22}$$

4.5　求解线性定解问题的叠加原理

线性定解问题解的叠加原理，对于求定解井群问题和边界附近的井流问题

用处很大。当多孔介质的渗透张量为球张量时，承压水稳定运动的微分方程和非稳定运动的微分方程以及边界条件（以第三类边界为代表，一、二类边界条件看作其特例）可以写为

$$\left(\frac{\partial^2}{\partial x^2}+\frac{\partial^2}{\partial y^2}+\frac{\partial^2}{\partial z^2}\right)H=0 \tag{4.23}$$

$$\left(\frac{\partial^2}{\partial x^2}+\frac{\partial^2}{\partial y^2}+\frac{\partial^2}{\partial z^2}-\frac{\mu_t}{K}\frac{\partial}{\partial t}\right)H=0 \tag{4.24}$$

$$\left(\frac{\partial}{\partial n}+\alpha\right)H=\beta \tag{4.25}$$

以上三式中的左端括号内部分，代表一个运算符号，它对水头 H 进行某种运算，称为算子。通常用一个符号 L 来表示。如果对于水头 H 的任意两个解 H_1 和 H_2 的线性组合 $C_1H_1+C_2H_2$，恒有

$$L\left(C_1H_1+C_2H_2\right)=C_1L\left(H_1\right)+C_2L\left(H_2\right) \tag{4.26}$$

则称 L 为线性算子。式中 C_1、C_2 为任意常数。式（4.23）～式（4.25）都是线性算子。利用线性算子，可把线性偏微分方程的定解问题用下面的简单表达式表示：

$$L(H)=0,\ 在\ D\ 内 \tag{4.27}$$

$$B(H)=g,\ 在\ \Gamma\ 上 \tag{4.28}$$

上式中 B 为边界条件的线性算子；D 为渗流域；Γ 为渗流域的边界。方程中没有包含与水头 H 无关的项，方程是齐次的，边界条件式（4.28）是非齐次的。如果偏微分方程中包含了与水头无关的项，则方程是非齐次的，表示为

$$\begin{cases} L(H)=f,\ 在\ D\ 内 \\ B(H)=g,\ 在\ \Gamma\ 上 \end{cases} \tag{4.29}$$

叠加原理可以表述如下：设 L（H）$=0$ 是关于水头 H 的线性齐次偏微分方程，H_1 和 H_2 是它的两个解，C_1 和 C_2 是两个任意常数，则线性组合

$$H=C_1H_1+C_2H_2 \tag{4.30}$$

也是该方程的解。因为

$$\begin{aligned} L\left(H\right)&=L\left(C_1H_1+C_2H_2\right) \\ &=C_1L\left(H_1\right)+C_2L\left(H_2\right) \\ &=C_1\cdot 0+C_2\cdot 0 \\ &=0 \end{aligned} \tag{4.31}$$

更一般地说，如 H_i（$i=1$，2，$\cdots$，n）是方程 $L(H)=0$ 的特解，则

$$H = \sum_{i=1}^{n} C_i H_i \qquad (4.32)$$

也是该方程的解，式中 C_i 为任意常数。

用式（4.31）或式（4.32）表示的水头函数还应当满足边界条件。以式（4.31）为例，如果 $B(H_1)=g_1$，$B(H_2)=g_2$，则

$$\begin{aligned} B(H) &= B(C_1 H_1 + C_2 H_2) \\ &= C_1 B(H_1) + C_2 B(H_2) \\ &= C_1 \cdot g_1 + C_2 \cdot g_2 \\ &= g \end{aligned} \qquad (4.33)$$

由此可以确定常数 C_1 和 C_2。

如果方程是非齐次的，即 $L(H)=f$，设 H_0 为该非齐次方程的特解，H_1 和 H_2 为相应的齐次方程的两个解，则

$$H = H_0 + C_1 H_1 + C_2 H_2 \qquad (4.34)$$

也是该非齐次方程的解。

为了更好地理解叠加原理，下面举几个例子。

例一　具有第一类边界条件的稳定流。

设渗流域 D 的边界 Γ 由两条河流和一条渠道组成，在这三段边界中，每一段都具有定水头 [图 4.8（a）]，即 $H=H^{(i)}=$ 常数，在 $\Gamma^{(i)}$ 上（$i=1$，2，3）。区域 D 内的流动满足拉普拉斯（Laplace）方程

$$\nabla^2 H \equiv \frac{\partial^2 H}{\partial x^2} + \frac{\partial^2 H}{\partial y^2} = 0 \qquad (4.35)$$

式中 ∇^2 为 Laplace 算子，令 $H_1 = H_1(x, y)$ 是上述方程的解，它满足的边界条件为 [图 4.8（b）]

$$H_1 = H^{(1)} \neq 0, \quad 在 \Gamma^{(1)} 上$$
$$H_1 = 0, \qquad\quad 在 \Gamma - \Gamma^{(1)} 上$$

类似地，$H_2 = H_2(x, y)$ 和 $H_3 = H_3(x, y)$ 也满足方程，并分别有边界条件 [图 4.8（c）和（d）]

$$H_2 = H^{(2)} \neq 0, \quad 在 \Gamma^{(2)} 上 \quad\text{和}\quad H_3 = H^{(3)} \neq 0, \quad 在 \Gamma^{(3)} 上$$
$$H_2 = 0, \qquad\quad 在 \Gamma - \Gamma^{(2)} 上 \qquad\quad H_3 = 0, \qquad\quad 在 \Gamma - \Gamma^{(3)} 上$$

很容易证明 $H=H_1+H_2+H_3$ 就是原定解问题的解。这样把一个边界条件复杂的定解问题，化为三个边界条件较为简单的亚问题来求解。这一例子很容易推广到边界由 n 段组成以及第二类边界的情况，在此就不一一列举了。这一例子告诉

我们，一个边界条件的存在，并不影响其他边界条件存在时所得到的结果，即在不同边界条件所引起的结果之间并不发生相互影响。因此，对于比较复杂的边界条件，可以把它分解为若干简单边界条件，分别求解，然后把这些解相加，即得到原定解问题的解。

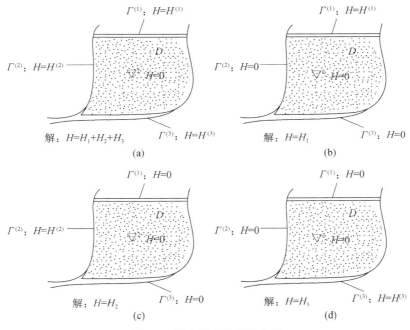

图 4.8　稳定流动问题的分解

例二　渗流区内有开采井的稳定流。

位于河湾处的渗流区的边界由河流和渠道组成，为第一类边界。渗流区内有两口井位于 P_1 和 P_2 点，分别以流量 $Q=A$ 和 $Q=B$ 抽水 [图 4.9（a）]。当到达稳定流时，地下水流满足 Laplace 方程。根据叠加原理，该问题可分解为三个亚问题。首先是边界条件和原定解问题相同，但渗流区没有井，此时的解为 $H=H_t(x, y)$，其次假定在 P_1 点以单位流量 $Q=1$ 抽水，而在 P_2 点没有抽水 $Q=0$，在所有边界上边界条件均为零，即在 $\Gamma^{(1)}+\Gamma^{(2)}$ 上水头 $H=0$，此时的解为 $H_2=H_2(x, y)$。再假定 P_1 点 $Q=0$，P_2 点以单位流量 $Q=1$ 抽水，同时在边界 $\Gamma^{(1)}+\Gamma^{(2)}$ 上水头 $H=0$，其解为 $H_3=H_3(x, y)$。因此，得到 $H=H_1+AH_2+BH_3$ 为原定解问题的解。为了证明这一点，只要把这个解代入 Laplace 方程和定解条件

$$\nabla^2 H = \nabla^2 \left(H_1 + AH_2 + BH_3 \right)$$
$$= \nabla^2 H_1 + A\nabla^2 H_2 + B\nabla^2 H_3$$
$$= 0+0+0$$
$$= 0$$

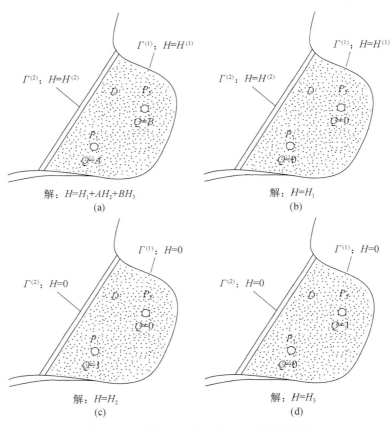

图 4.9 渗流区内有井的稳定流问题的分解

原问题的解在边界 $\Gamma^{(1)}$ 上，应有 $H=H^{(1)}$；在边界 $\Gamma^{(2)}$ 上，应有 $H=H^{(2)}$；在 P_1 点，应有 $\lim\limits_{r \to 0} \left(r\dfrac{\partial H}{\partial r} \right) = \dfrac{A}{2\pi T}$；在 P_2 点，应有 $\lim\limits_{r \to 0} \left(r\dfrac{\partial H}{\partial r} \right) = \dfrac{B}{2\pi T}$，把这个解代入

在 $\Gamma^{(1)}$ 上：

$$B\left(H_1 + AH_2 + BH_3 \right)$$
$$= B\left(H_1 \right) + A \cdot B\left(H_2 \right) + B \cdot B\left(H_3 \right)$$
$$= H^{(1)} + 0 + 0$$
$$= H^{(1)}$$

在 $\Gamma^{(2)}$ 上：

$$B\left(H_1 + AH_2 + BH_3\right)$$
$$= B\left(H_1\right) + A \cdot B\left(H_2\right) + B \cdot B\left(H_3\right)$$
$$= H^{(2)} + 0 + 0$$
$$= H^{(2)}$$

在 P_1 点：

$$\lim_{r \to 0}\left(r\frac{\partial H}{\partial r}\right) = \lim_{r \to 0}\left[r\frac{\partial}{\partial r}\left(H_1 + AH_2 + BH_3\right)\right]$$
$$= \lim_{r \to 0}\left(r\frac{\partial H_1}{\partial r}\right) + A \cdot \lim_{r \to 0}\left(r\frac{\partial H_2}{\partial r}\right) + B \cdot \lim_{r \to 0}\left(r\frac{\partial H_3}{\partial r}\right)$$
$$= 0 + A\frac{1}{2\pi T} + 0$$
$$= \frac{A}{2\pi T}$$

在 P_2 点：

$$\lim_{r \to 0}\left(r\frac{\partial H}{\partial r}\right) = \lim_{r \to 0}\left(r\frac{\partial H_1}{\partial r}\right) + A \cdot \lim_{r \to 0}\left(r\frac{\partial H_2}{\partial r}\right) + B \cdot \lim_{r \to 0}\left(r\frac{\partial H_3}{\partial r}\right)$$
$$= 0 + 0 + B\frac{1}{2\pi T}$$
$$= \frac{B}{2\pi T}$$

由此可知，$H = H_1 + AH_2 + BH_3$ 既满足 Laplace 方程，又满足全部边界条件，故为原定解问题的解。

这一例子可以推广到有好几段边界以及有若干口抽水井或注水井（流量取负值）的情况。本例子介绍的叠加原理，在地下水已开发的地区是非常有用的。设某一地区，已开采地下水若干年，已形成稳定流场，出现下降漏斗。现在要扩大开采，再打几口井，求扩大开采后各点的地下水水头。此时只要计算当边界上水头为零时新打的各井在某点的降深值 s_i，把该点的原来的水头减去扩大开采后的 $\sum s_i$，即得该点在扩大开采后的水头。

例三　定水头边界的非稳定流。

现在考虑垂直方向上无水量交换并且边界水头是常数（和时间无关）的非稳定问题。此时的定解问题可表达如下：

$$\nabla^2 H = \frac{\partial^2 H}{\partial x^2} + \frac{\partial^2 H}{\partial y^2} = \frac{\mu^*}{T}\frac{\partial H}{\partial t}, \quad \text{在}D\text{内}$$
$$H = f(x,y), \qquad \qquad \text{当}t=0\text{时，在}D\text{内} \qquad (4.36)$$
$$B(H) = g(x,y), \qquad \qquad \text{当}t \geq 0\text{时，在}\Gamma\text{上}$$

式中，B 为边界条件的算子。

该定解问题可以分解为下列两个亚问题：

(a)
$$\nabla^2 H = \frac{\partial^2 H}{\partial x^2} + \frac{\partial^2 H}{\partial y^2} = 0, \quad \text{当}t \geq 0\text{时，在}D\text{内}$$
$$B(H) = g(x,y), \qquad \text{当}t \geq 0\text{时，在}\Gamma\text{上} \qquad (4.37)$$

即边界条件和原问题相同的稳定流问题，其解为 $H = H_1(x,y)$。

(b)
$$\nabla^2 H = \frac{\partial^2 H}{\partial x^2} + \frac{\partial^2 H}{\partial y^2} = \frac{\mu^*}{T}\frac{\partial H}{\partial t}, \quad \text{当}t \geq 0\text{时，在}D\text{内}$$
$$H = f(x,y) - H_1(x,y), \qquad \text{当}t \geq 0\text{时，在}D\text{内} \qquad (4.38)$$
$$B(H) = 0, \qquad \qquad \text{当}t \geq 0\text{时，在}\Gamma\text{上}$$

即边界条件为齐次的非稳定流问题，且解为 $H = H_2(x,y,t)$。亚问题解的和，即

$$H = H_1(x,y) + H_2(x,y,t) \qquad (4.39)$$

为原定解问题的解。

将式（4.39）代入式（4.36）的方程中：

$$\text{左端} = \nabla^2(H_1+H_2) = \nabla^2 H_1 + \nabla^2 H_2$$
$$= 0 + \frac{\mu^*}{T}\frac{\partial H_2}{\partial t}$$
$$\text{右端} = \frac{\mu^*}{T}\frac{\partial}{\partial t}(H_1+H_2) = \frac{\mu^*}{T}\frac{\partial H_1}{\partial t} + \frac{\mu^*}{T}\frac{\partial H_2}{\partial t}$$
$$= 0 + \frac{\mu^*}{T}\frac{\partial H_2}{\partial t}$$

因此左端等于右端，表示 $H = H_1 + H_2$ 是满足原方程的解［方程（4.37）为稳定渗流方程，$\frac{\partial H_1}{\partial t} = 0$］。因为函数 $g(x,y)$ 仅仅在边界 Γ 上有值，而在区域 D 内则为零，可以证明 $H = H_1 + H_2$ 也满足初始条件和边界条件。

例四 垂直方向有水量交换的非稳定流。

该定解问题为

$$\left.\begin{array}{ll} T\dfrac{\partial^2 H}{\partial x^2} + T\dfrac{\partial^2 H}{\partial y^2} + W(x,y,t) = \dfrac{\mu^*}{T}\dfrac{\partial H}{\partial t}, & \text{当}\,t \geqslant 0\,\text{时，在}\,D\,\text{内} \\[3mm] H = f(x,y), & \text{当}\,t = 0\,\text{时，在}\,D\,\text{内} \\[2mm] B(H) = g(x,y), & \text{当}\,t \geqslant 0\,\text{时，在}\,\Gamma\,\text{上} \end{array}\right\} \quad (4.40)$$

W 为垂直方向的水交换量，假设与水头 H 无关。这是关于 H 的一个非齐次方程。前面已经提及，非齐次方程的解为该非齐次方程的一个特解加上相应的齐次方程的解。因此该定解问题可以化为如下两个亚问题：

$$(\text{a}) \quad \left.\begin{array}{ll} T\dfrac{\partial^2 H}{\partial x^2} + T\dfrac{\partial^2 H}{\partial y^2} = \dfrac{\mu^*}{T}\dfrac{\partial H}{\partial t}, & \text{当}\,t \geqslant 0\,\text{时，在}\,D\,\text{内} \\[3mm] H = f(x,y), & \text{当}\,t = 0\,\text{时，在}\,D\,\text{内} \\[2mm] B(H) = g(x,y), & \text{当}\,t \geqslant 0\,\text{时，在}\,\Gamma\,\text{上} \end{array}\right\} \quad (4.41)$$

这是一个定解条件和原问题相同的齐次方程的定解问题，解为 $H = H_1(x,y,t)$。问题（a）还可以进一步像例三那样分解为两个亚问题。

$$(\text{b}) \quad \left.\begin{array}{ll} T\dfrac{\partial^2 H}{\partial x^2} + T\dfrac{\partial^2 H}{\partial y^2} + W(x,y,t) = \dfrac{\mu^*}{T}\dfrac{\partial H}{\partial t}, & \text{当}\,t \geqslant 0\,\text{时，在}\,D\,\text{内} \\[3mm] H = 0, & \text{当}\,t = 0\,\text{时，在}\,D\,\text{内} \\[2mm] B(H) = 0, & \text{当}\,t \geqslant 0\,\text{时，在}\,\Gamma\,\text{上} \end{array}\right\} \quad (4.42)$$

这是具体齐次定解条件的非齐次方程，其解为 $H = H_2(x,y,t)$。很容易证明

$$H = H_1(x,y,t) + H_2(x,y,t) \quad (4.43)$$

为原定解问题的解。这样就把垂直水量交换的影响和边界条件及初始条件的影响分离开来，然后再叠加。这在解决实际问题中是非常有用的。下面举一水井抽水的例子，如图 4.10 所示。设在承压含水层中打了 A、B 两口井，天然地下水头本来就在下降，水井抽水后造成水头更大的下降。这一问题可分解为两个亚问题，首先求出由于边界条件的影响而不存在水井时 t 时刻的水头；然后假设初始水头和边界水头均为零（即 $H = 0$），算出由于抽水造成的 t 时刻的降深（即负的水头值，如图中的 a 和 $b+c$ 等）；在 t 时刻的天然水头减去该降深（即加上负的水头值），得到在水井影响下 t 时刻的水头。

如果垂直方向的水量交换不均匀，则可把渗流区域划分成若干个区 $D^{(1)}$，$D^{(2)}$，$\cdots$，$D^{(n)}$，每个区有 $W^{(1)}$，$W^{(2)}$，$\cdots$，$W^{(n)}$。即在 $D^{(i)}$ 区内 $W^{(i)} \neq 0$，而在 $D - D^{(i)}$ 内 $W^{(j)} = 0$，$j = 1$，2，$\cdots$，n（$j \neq i$）。亚问题（b）又可以划分为 n 个小问题，相应的解为 $H_2^{(1)}$，$H_2^{(2)}$，$\cdots$，$H_2^{(n)}$。那么

$$H_2 = H_2^{(1)} + H_2^{(2)} + \cdots + H_2^{(n)} \quad (4.44)$$

叠加原理只适用于线性方程。潜水含水层的基本微分方程为一非线性的微

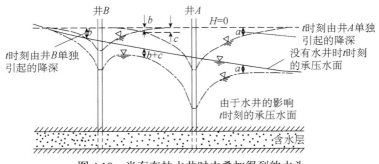

图 4.10　当存在抽水井时由叠加得到的水头

分方程，不能应用叠加原理。但当把描述潜水运动的微分方程线性化后，仍可应用叠加原理。如应用第二种线性化方法，形成以后出现的线性化方程时，只要定解条件对 h^2 也是线性的，对 h^2 也可应用叠加原理。

参 考 文 献

葛家理，2003. 现代油藏力学原理（上）. 北京：石油工业出版社.
薛禹群，1986. 地下水动力学原理. 北京：地质出版社.

本 章 要 点

1. 基于裘布依假定的二维渗流理论计算方法。
2. 潜水完整井、承压水完整井的渗流计算方法。
3. 线性定解问题的叠加原理。
4. 利用叠加原理，分析边界条件较复杂情况下的线性定解问题的方法。

复习思考题

1. 什么是裘布依假定？该假定对于地下水渗流问题求解的意义何在？裘布依假定在求解哪些典型的渗流问题时，哪些方面会存在较大的误差？
2. 渗流问题的求解中，一般应给出哪些结果？
3. 如何基于裘布依求解二维渗流问题？请给出潜水完整井和承压水完整井的渗流场求解的理论公式。
4. 线性定解问题的叠加原理应该怎样结合非饱和土两相渗流问题进行理解？有哪些岩土工程方面的问题属于线性定解问题？

第5章　流体渗流的有限元方法

5.1　有限元等参单元相关基础知识

　　有限元法（finite element analysis，FEA），是 20 世纪中叶随着电子计算机的发展而兴起的数值计算方法。20 世纪 50 年代，在分析飞机结构的静力和动态特性中出现了这种数值方法。随后该方法很快广泛地应用于求解固体力学、热传导、电磁场、流体力学等连续性问题，成为几乎所有的科学技术领域偏微分方程的数值求解法。有限元法的基本求解思想是把计算域划分为有限个互不重叠的单元，在每个单元内，微分方程中的变量用选定的插值函数和变量所在的单元的结点值构成的表达式代替，将微分方程转化为积分方程，并借助于变分原理或加权余量法，得到一组以变量在离散点的值为未知量的方程组进而求解的一种数值方法。

　　从微分方程到有限元方程，经典的方法有以伽辽金（Galerkin）法为代表的加权余量法和以里茨（Ritz）法为代表的通过建立一个标量泛函求极值的变分法。也有本书介绍的通过乘以任意函数获得微分方程的等效积分形式，再经过分部积分和散度定理从积分方程中分离出边界条件，对变量和任意函数在离散单元内取相同的插值后，取任意函数在一个离散点（结点）上的值为 1，其他点上的值为 0 的一组基向量代入标量方程，得到有限元方程的一般变分法。固体力学中还可以基于平衡微分方程通过虚功原理建立有限元方程。本节参考朱伯芳编写的《有限单元法原理与应用》，介绍形函数、等参单元、坐标变换、高斯积分等有限元法的基础知识。

5.1.1　形函数

　　空间变量在单元内任意一点的值，通过单元中每个节点的值与该节点的权函数 N_i 相乘累加后获得的计算值，就是这个变量的离散插值。这个权函数的值随空间坐标变化，称之为形函数。每个节点均有形函数计算公式，第 i 个节点的形函数用 N_i 表示。有限单元法中，当单元形状和相应的形函数确定以后，剩下的运算可以依照标准的步骤和普遍公式进行，比较简单。

形函数是定义于单元内部的、坐标的连续函数，它应满足下列条件：

（1）i 点的形函数 N_i，坐标在结点 i 处 $N_i = 1$，在其他结点处 $N_i = 0$；

（2）能保证用它插值的变量在相邻单元之间的连续性；

（3）应满足单元中任意点的所有结点形函数的值之和等于 1：$\sum N_i = 1$。

用单元形函数和变量在单元结点上的值，可以定义包括整体坐标变量在内的任意变量，如：

$$x = N_i x_i, \quad p = N_i p_i \tag{5.1}$$

式中，x 为整体坐标；p 为任意变量；x_i 和 p_i 分别为单元中第 i 个结点上的坐标值和变量值。

形函数的阶次越高，单元的形状适应能力就越强，变量的插值精度就越高。

有限元的空间维度分为一维、二维和三维。在实际计算对象中，一维单元往往和二维或三维单元同时出现在一个连续介质中。例如，钢筋混凝土结构中的钢筋、地下水渗流问题中的排水孔、油气开采中的注水井和采油井，均可以作为一维单元，它与其他二维或三维单元共同作用，在这种情况下，可采用统一的方法进行分析。

如图 5.1 所示，采用一维局部坐标 ξ，所用单元是直线：$-1 \leqslant \xi \leqslant 1$。定义域为[−1, 1]的局部坐标，也称为自然坐标。图 5.1 所示的单元称为母单元，形函数公式是用母单元的自然坐标作为自变量表示的。可通过下文所述的坐标变换在整体坐标系（x，y，z）中得到不同长度和性状的直线或曲线单元。坐标变换后所得的单元称为子单元。

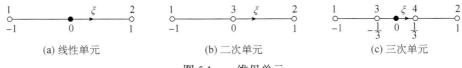

(a) 线性单元　　　　　　(b) 二次单元　　　　　　(c) 三次单元

图 5.1　一维母单元

1. 一维单元的形函数

1）线性单元（2 结点）

$$N_1 = \frac{1-\xi}{2}, \quad N_2 = \frac{1+\xi}{2} \tag{5.2}$$

2）二次单元（3 结点）

$$N_1 = -\frac{(1-\xi)\xi}{2}, \quad N_2 = \frac{(1+\xi)\xi}{2}, \quad N_3 = 1 - \xi^2 \qquad （5.3）$$

3）三次单元（4 结点）

$$N_1 = \frac{(1-\xi)\left(9\xi^2 - 1\right)}{16}, \quad N_2 = \frac{(1+\xi)\left(9\xi^2 - 1\right)}{16}$$

$$N_3 = \frac{9\left(1-\xi^2\right)(1-3\xi)}{16}, \quad N_4 = \frac{9\left(1-\xi^2\right)(1+3\xi)}{16} \qquad （5.4）$$

值得注意的是，形函数的计算公式，与母单元的节点编码顺序有关。图 5.1
（b）中 3 个节点的顺序 1–3–2，若改成 1–2–3，形函数实质上相同，形式上式
（5.3）中的 N_2 和 N_3 需要替换。以下二维和三维的形函数公式，也是同样的情形。

2. 二维单元的形函数

二维单元包括三角形单元和四边形单元。三角形单元的形函数见下文中的
面积坐标与体积坐标。

二维四边形单元的母单元是如图 5.2 所示的 (ξ,η) 平面中坐标原点位于单元
形心上的 2×2 的正方形，单元边界是 4 条直线：$\xi = \pm 1$，$\eta = \pm 1$。

四边形单元的结点数目应与形函数阶次相适应，以保证用形函数定义的未
知量在相邻单元之间的连续性。因此，对于线性、二次、三次形函数，单元每
边应分别有 2、3、4 个结点。除了 4 个角点外，其他结点放在各边的二等分或
三等分点上，如图 5.2 所示。

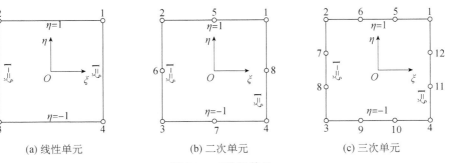

| (a) 线性单元 | (b) 二次单元 | (c) 三次单元 |

图 5.2　二维母单元

二维线性单元（4 结点）的形函数公式如下：

$$N_1 = \frac{(1+\xi)(1+\eta)}{4}, \quad N_2 = \frac{(1-\xi)(1+\eta)}{4}, \quad N_3 = \frac{(1-\xi)(1-\eta)}{4}, \quad N_4 = \frac{(1+\xi)(1-\eta)}{4}$$

$$（5.5）$$

引用定义如下的新变量：

$$\xi_0 = \xi_i \xi, \quad \eta_0 = \eta_i \eta \tag{5.6}$$

式中，ξ_i、η_i 为结点 i 的坐标，下标 i 为图 5.2 中所示结点的编号。

于是形函数可合并表示为

$$N_i = \frac{(1 + \xi_0)(1 + \eta_0)}{4}, \quad i = 1, 2, 3, 4 \tag{5.7}$$

显然，在单元的 4 条边界上，形函数是线性插值的。

二维二次单元（8 结点）的形函数公式如下：

角点：

$$N_i = \frac{1}{4}(1 + \xi_0)(1 + \eta_0)(\xi_0 + \eta_0 - 1), \quad i = 1, 2, 3, 4 \tag{5.8}$$

边中点：

$$N_i = \frac{1}{2}(1 - \xi^2)(1 + \eta_0), \quad i = 5, 7$$
$$N_i = \frac{1}{2}(1 - \eta^2)(1 + \xi_0), \quad i = 6, 8 \tag{5.9}$$

在单元的 4 条边上，形函数是二次插值函数。

二维三次单元（12 结点）的形函数公式如下：

角点：

$$N_i = \frac{1}{32}(1 + \xi_0)(1 + \eta_0)\left[9(\xi^2 + \eta^2) - 10\right], \quad i = 1, 2, 3, 4 \tag{5.10}$$

边三分点：

$$N_i = \frac{9}{32}(1 + \xi_0)(1 - \eta^2)(1 + 9\eta_0), \quad i = 7, 8, 11, 12$$
$$N_i = \frac{9}{32}(1 + \eta_0)(1 - \xi^2)(1 + 9\xi_0), \quad i = 5, 6, 9, 10 \tag{5.11}$$

在单元的 4 条边上，形函数是三次函数。

3. 三维形函数

三维单元一般包括四面体、三棱柱和六面体单元，有的软件还采用一个面为四边形、面上方仅有一个节点的金字塔形五面体单元。四面体和三棱柱单元的形函数见下文中的面积坐标与体积坐标。

三维六面体单元的母单元是 (ξ, η, ζ) 坐标系中边长为 2 的正六面体，其中 $-1 \leqslant \xi \leqslant +1$，$-1 \leqslant \eta \leqslant +1$，$-1 \leqslant \zeta \leqslant +1$。如图 5.3 所示，坐标原点放在单元形心上，单元边界是 6 个平面：$\xi = \pm 1, \eta = \pm 1, \zeta = \pm 1$。单元结点放在角点及各棱的等

分点上。

三维线性单元（8 结点）的形函数公式为

$$N_i = \frac{1}{8}\left(1+\xi_0\right)\left(1+\eta_0\right)\left(1+\zeta_0\right) \tag{5.12}$$

三维二次单元（20 结点）的形函数公式为

角点：

$$N_i = \frac{1}{8}\left(1+\xi_0\right)\left(1+\eta_0\right)\left(1+\zeta_0\right)\left(\xi_0+\eta_0+\zeta_0-2\right) \tag{5.13}$$

典型边中点：$\xi_i = 0,\quad \eta_i = \pm1,\quad \zeta_i = \pm1$

$$N_i = \frac{1}{4}\left(1-\xi^2\right)\left(1+\eta_0\right)\left(1+\zeta_0\right) \tag{5.14}$$

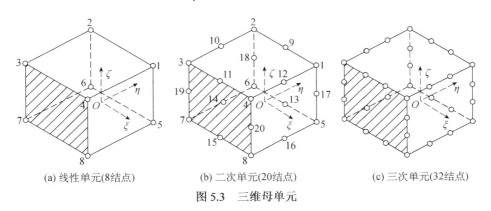

(a) 线性单元(8结点)　　(b) 二次单元(20结点)　　(c) 三次单元(32结点)

图 5.3　三维母单元

5.1.2　面积坐标与体积坐标

二维三角形单元、三维四面体单元和三棱柱单元的形函数，采用面积坐标和体积坐标可以简化公式。

1. 面积坐标

对于高次三角形单元，如仍采用直角坐标定义形函数，则关于刚度矩阵的公式将十分复杂，改用面积坐标以后，公式可得到简化。

如图 5.4 所示，三角形单元 123 中，任意一点 P 的位置，可以用下列 3 个比值来规定：

$$L_1 = \frac{A_1}{A},\quad L_2 = \frac{A_2}{A},\quad L_3 = \frac{A_3}{A} \tag{5.15}$$

式中，L_1，L_2，L_3 称为 P 点的面积坐标分量；A 为三角形 123 的面积；A_1，A_2，A_3

分别为三角形 $P23$，$P31$，$P12$ 的面积。

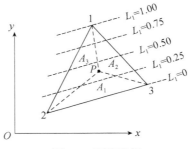

图 5.4　面积坐标

显然，三个面积坐标并不独立，由于 $A_1 + A_2 + A_3 = A$，因此

$$L_1 + L_2 + L_3 = 1 \tag{5.16}$$

不难看出，三个结点的面积坐标：结点 1，$L_1=1$，$L_2=L_3=0$；结点 2，$L_2=1$，$L_3=L_1=0$；结点 3，$L_3=1$，$L_1=L_2=0$。

三角形单元的形函数用面积坐标表示。例如，对于 3 结点三角形单元的形函数，可表示如下：

$$N_i = L_i, \quad i = 1, 2, 3 \tag{5.17}$$

式中，L_i 为面积坐标。

各种平面单元的形函数见表 5.1。

表 5.1　各种平面单元的形函数 $(\xi_0 = \xi_i \xi, \eta_0 = \eta_i \eta)$

单元名称	单元（母单元）形态	形函数	单元特性
3 结点三角形平面元		$N_1 = L_1$ $N_2 = L_2$ $N_3 = L_3$ （L_i 为面积坐标）	单元计算简单，可适应有尖角的复杂几何形状
6 结点三角形平面元		$N_1 = (2L_1-1)L_1, \; N_2 = 4L_1L_2$ $N_3 = (2L_2-1)L_2, \; N_4 = 4L_2L_3$ $N_5 = (2L_3-1)L_3, \; N_6 = 4L_3L_1$	边界可弯曲，可适应带尖角的复杂几何形状
4 结点平面等参元		$N_i = \dfrac{1}{4}(1+\xi_0)(1+\eta_0)$ $(i=1,2,3,4)$	计算简单

续表

单元名称	单元（母单元）形态	形函数	单元特性
8 结点平面等参元		$N_i=\dfrac{1}{4}$（$1+\xi_0$）（$1+\eta_0$）（$\xi_0+\eta_0-1$） （$i=1,3,5,7$） $N_i=\dfrac{1}{2}$（$1-\xi^2$）（$1+\eta_0$）（$i=2,6$） $N_i=\dfrac{1}{2}$（$1-\eta^2$）（$1+\xi_0$）（$i=4,8$）	边界可弯曲

2. 体积坐标

用于空间问题的高次四面体单元，如采用体积坐标可简化计算公式。如图 5.5 所示，在四面体单元 1234 中，任意一点 P 的位置用下列比值来确定：

$$L_1=\frac{V_1}{V}, \quad L_2=\frac{V_2}{V}, \quad L_3=\frac{V_3}{V}, \quad L_4=\frac{V_4}{V} \tag{5.18}$$

$$V=\frac{1}{6}\begin{vmatrix} 1 & 1 & 1 & 1 \\ x_1 & x_2 & x_3 & x_4 \\ y_1 & y_2 & y_3 & y_4 \\ z_1 & z_2 & z_3 & z_4 \end{vmatrix} \tag{5.19}$$

式中，V 为四面体 1234 的体积；V_1, V_2, V_3, V_4 分别为四面体 $P234$，$P341$，$P412$，$P123$ 的体积；L_1, L_2, L_3, L_4 为 P 点的体积坐标。

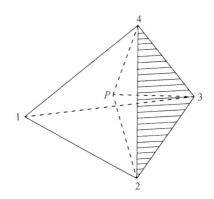

图 5.5　体积坐标

由于 $V_1+V_2+V_3+V_4=V$，因此

$$L_1+L_2+L_3+L_4=1 \tag{5.20}$$

直角坐标与体积坐标之间，符合下列关系：

$$\begin{Bmatrix} 1 \\ x \\ y \\ z \end{Bmatrix} = \begin{bmatrix} 1 & 1 & 1 & 1 \\ x_1 & x_2 & x_3 & x_4 \\ y_1 & y_2 & y_3 & y_4 \\ z_1 & z_2 & z_3 & z_4 \end{bmatrix} \begin{Bmatrix} L_1 \\ L_2 \\ L_3 \\ L_4 \end{Bmatrix} \tag{5.21}$$

1）四面体单元

四面体单元的形函数可用体积坐标表示。例如，4 结点线性四面体单元的形函数可表示如下：

$$N_i = L_i, \quad i = 1,2,3,4 \tag{5.22}$$

式中，L_i 为体积坐标。

2）三棱柱单元

为了表示三棱柱单元的形函数，在平行于棱边的方向用坐标 ζ，在垂直于棱边的三角形平面内用面积坐标 L_i，详见表 5.2。

表 5.2　各种空间单元的形函数 ($\xi_0 = \xi_i\xi, \eta_0 = \eta_i\eta, \zeta_0 = \zeta_i\zeta$)

单元名称	单元（母单元）形态	形函数	单元特性
8 结点空间等参元		$N_i = \dfrac{1}{8}(1+\xi_0)(1+\eta_0)(1+\zeta_0)$ $(i=1,2,\cdots,8)$	计算简单，适应复杂形状能力较差
20 结点空间等参元		$N_i = \dfrac{1}{8}(1+\xi_0)(1+\eta_0)(1+\zeta_0)$ $\times(\xi_0+\eta_0+\zeta_0-2)$ $(i=1,3,5,7,9,11,13,15,17,19)$ $N_i = \dfrac{1}{4}(1-\xi^2)(1+\eta_0)(1+\zeta_0)$ $(i=2,6,14,18)$ $N_i = \dfrac{1}{4}(1-\eta^2)(1+\xi_0)(1+\zeta_0)$ $(i=4,8,16,20)$ $N_i = \dfrac{1}{4}(1-\zeta^2)(1+\xi_0)(1+\eta_0)$ $(i=9,10,11,12)$	边界可为曲面
4 结点四面体元		$N_1=L_1$ $N_2=L_2$ $N_3=L_3$ $N_4=L_4$ (L_i 为面积坐标)	计算简单，可适应复杂几何形状，单元内应力为常量，精度较低

续表

单元名称	单元（母单元）形态	形函数	单元特性
10 结点四面体元		$N_1 = L_1(2L_1-1)$，$N_2 = 4L_1L_2$ $N_3 = L_2(2L_2-1)$，$N_4 = 4L_2L_3$ $N_5 = L_3(2L_3-1)$，$N_6 = 4L_3L_1$ $N_7 = 4L_1L_4$，$N_8 = 4L_2L_4$ $N_9 = 4L_3L_4$，$N_{10} = L_4(2L_4-1)$	边界可为曲面，可适应有尖角的复杂几何形状
6 结点三棱柱元		$N_i = \dfrac{1}{2}L_1(1+\zeta_0)$ $(i=1,4)$ $N_i = \dfrac{1}{2}L_2(1+\zeta_0)$ $(i=2,5)$ $N_i = \dfrac{1}{2}L_3(1+\zeta_0)$ $(i=3,6)$ （L_i 为面积坐标）	可适应带尖角的复杂几何形状
15 结点三棱柱元		$N_i = \dfrac{1}{2}L_1(2L_1-1)(1+\zeta_0)$ $\quad -\dfrac{1}{2}L_1(1-\zeta^2)$ $(i=1,10)$ $N_i = \dfrac{1}{2}L_2(2L_2-1)(1+\zeta_0)$ $\quad -\dfrac{1}{2}L_2(1-\zeta^2)$ $(i=3,12)$ $N_i = \dfrac{1}{2}L_3(2L_3-1)(1+\zeta_0)$ $\quad -\dfrac{1}{2}L_3(1-\zeta^2)$ $(i=5,14)$ $N_i = 2L_1L_2(1+\zeta_0)$ $(i=2,11)$ $N_i = 2L_2L_3(1+\zeta_0)$ $(i=4,13)$ $N_i = 2L_3L_1(1+\zeta_0)$ $(i=6,15)$ $N_7 = L_1(1-\zeta^2)$，$N_8 = L_2(1-\zeta^2)$ $N_9 = L_3(1-\zeta^2)$	边界可为曲面，可适应带尖角的复杂几何形状

5.1.3 坐标变换

通过坐标变换，可使 (ξ,η,ζ) 坐标系中形状简单的母单元，在 (x,y,z) 坐标系中变换为具有直/曲线（面）边界的形状复杂的单元，以适应实际研究对象几何形状的复杂性。变换后的单元称为子单元。子单元在几何上可以适应各种实际结构的复杂外形。经过这样处理，一方面，子单元的几何特征、荷载等，都来自实际结构，充分反映了实际情况；另一方面，大量计算工作可按照形状简单且规则的母单元外加一套标准的坐标变换方法计算。对所有单元进行循环，依据各子单元的结点坐标，对位置和形状不同的子单元进行公式相同的计算，将有限元计算，变成了一个标准的过程。

坐标系 (ξ, η, ζ) 称为局部坐标系，坐标系 (x, y, z) 称为整体坐标系。在有限单元法中利用形函数建立局部坐标和整体坐标之间的一一对应关系的过程，称之为坐标变换。

1. 平面坐标变换

在整体坐标系中，子单元任一点的坐标用形函数表示如下：

$$\begin{cases} x = N_i x_i \\ y = N_i y_i \end{cases} \tag{5.23}$$

式中，N_i 为用局部坐标 (ξ, η) 表示的结点 i 的形函数；(x_i, y_i) 为结点 i 的整体坐标。

式（5.23）即为二维平面结点 i 的坐标向整体坐标变换的公式。对于单元中整体坐标为 (x, y) 的任意一点，依据单元的结点坐标和形函数公式，也可以求出对应的局部坐标 (ξ, η)。

图 5.6 表示了一维单元的坐标变换。原来的直线分别变换成直线、二次曲线和三次曲线，这是因为式子中的形函数 N_i 分别是 ξ 的一次、二次和三次函数。

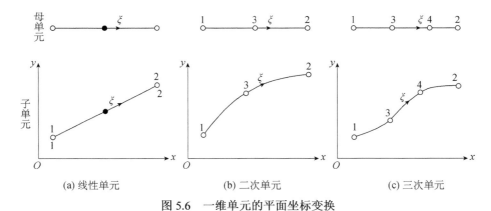

(a) 线性单元   (b) 二次单元   (c) 三次单元

图 5.6　一维单元的平面坐标变换

图 5.7 表示了二维线性单元的坐标变换。正方形的母单元可以变换为任意形状的四边形子单元。换句话说，整体坐标系下任意四边形的单元，均可以由正方形的母单元映射而来。

2. 空间坐标变换

图 5.8 表示了三维二次单元的空间坐标变换。母单元是立方体，子单元是曲面六面体。空间坐标变换公式如下：

$$\begin{cases} x = N_i x_i \\ y = N_i y_i \\ z = N_i z_i \end{cases} \qquad (5.24)$$

式中，N_i 为形函数；x_i, y_i, z_i 为结点 i 的整体坐标。

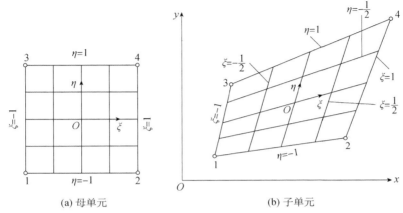

(a) 母单元　　　　　　　(b) 子单元

图 5.7　二维线性单元的平面坐标变换

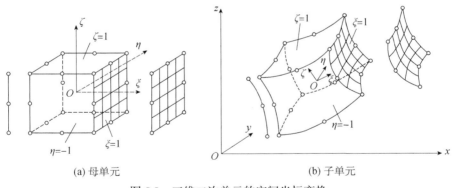

(a) 母单元　　　　　　　(b) 子单元

图 5.8　三维二次单元的空间坐标变换

5.1.4　形函数对坐标的导数

形函数对几何坐标的导数是有限元公式中必须要计算的函数项。形函数 $N_i(\xi, \eta, \zeta)$ 用局部坐标给出，显然形函数对局部坐标的导数依据形函数公式容易获得，根据偏微分法则，可知

$$\frac{\partial N_i}{\partial \xi} = \frac{\partial N_i}{\partial x}\frac{\partial x}{\partial \xi} + \frac{\partial N_i}{\partial y}\frac{\partial y}{\partial \xi} + \frac{\partial N_i}{\partial z}\frac{\partial z}{\partial \xi} \qquad (5.25)$$

同理可写出 $\dfrac{\partial N_i}{\partial \eta}$ 和 $\dfrac{\partial N_i}{\partial \zeta}$，集合起来，得到

$$\left\{\begin{array}{c}\dfrac{\partial N_i}{\partial \xi}\\[2mm]\dfrac{\partial N_i}{\partial \eta}\\[2mm]\dfrac{\partial N_i}{\partial \zeta}\end{array}\right\}=\left[\begin{array}{ccc}\dfrac{\partial x}{\partial \xi}&\dfrac{\partial y}{\partial \xi}&\dfrac{\partial z}{\partial \xi}\\[2mm]\dfrac{\partial x}{\partial \eta}&\dfrac{\partial y}{\partial \eta}&\dfrac{\partial z}{\partial \eta}\\[2mm]\dfrac{\partial x}{\partial \zeta}&\dfrac{\partial y}{\partial \zeta}&\dfrac{\partial z}{\partial \zeta}\end{array}\right]\left\{\begin{array}{c}\dfrac{\partial N_i}{\partial x}\\[2mm]\dfrac{\partial N_i}{\partial y}\\[2mm]\dfrac{\partial N_i}{\partial z}\end{array}\right\}=[J]\left\{\begin{array}{c}\dfrac{\partial N_i}{\partial x}\\[2mm]\dfrac{\partial N_i}{\partial y}\\[2mm]\dfrac{\partial N_i}{\partial z}\end{array}\right\}\qquad(5.26)$$

由于形函数公式的自变量是局部坐标，上式左端可根据 $N_i(\xi,\eta,\zeta)$ 的计算公式直接求出。另外，由坐标变换公式可求出矩阵$[J]$，此矩阵称为雅可比矩阵，即

$$[J]=\left[\begin{array}{ccc}\dfrac{\partial x}{\partial \xi}&\dfrac{\partial y}{\partial \xi}&\dfrac{\partial z}{\partial \xi}\\[2mm]\dfrac{\partial x}{\partial \eta}&\dfrac{\partial y}{\partial \eta}&\dfrac{\partial z}{\partial \eta}\\[2mm]\dfrac{\partial x}{\partial \zeta}&\dfrac{\partial y}{\partial \zeta}&\dfrac{\partial z}{\partial \zeta}\end{array}\right]=\left[\begin{array}{ccc}\dfrac{\partial N_i}{\partial \xi}x_i&\dfrac{\partial N_i}{\partial \xi}y_i&\dfrac{\partial N_i}{\partial \xi}z_i\\[2mm]\dfrac{\partial N_i}{\partial \eta}x_i&\dfrac{\partial N_i}{\partial \eta}y_i&\dfrac{\partial N_i}{\partial \eta}z_i\\[2mm]\dfrac{\partial N_i}{\partial \zeta}x_i&\dfrac{\partial N_i}{\partial \zeta}y_i&\dfrac{\partial N_i}{\partial \zeta}z_i\end{array}\right]\qquad(5.27)$$

对矩阵$[J]$求逆后，可得到形函数在整体坐标中的导数计算公式如下：

$$\left\{\begin{array}{c}\dfrac{\partial N_i}{\partial x}\\[2mm]\dfrac{\partial N_i}{\partial y}\\[2mm]\dfrac{\partial N_i}{\partial z}\end{array}\right\}=[J]^{-1}\left\{\begin{array}{c}\dfrac{\partial N_i}{\partial \xi}\\[2mm]\dfrac{\partial N_i}{\partial \eta}\\[2mm]\dfrac{\partial N_i}{\partial \zeta}\end{array}\right\}\qquad(5.28)$$

对于形函数中有面积坐标或体积坐标的情况，可以用同样的方法来推导相关的计算公式，读者可以自行推导。

5.1.5 数值积分

有限元法将微分方程转换为积分方程，在计算线性方程组的系数矩阵和右端项时，需要计算积分。被积函数 $G(\xi,\eta,\zeta)$ 一般是很复杂的，其积分通常难以用显式表示，所以一般采用数值积分方法计算其积分值，即在单元内选出几个代表性的点，称为积分点，求出被积函数 $G(\xi,\eta,\zeta)$ 在这些积分点的数值，然后根据这些数值加权累积得出积分值。

对于积分点的选择有两类方法，一类方法积分点是等间距的，如辛普森方法；另一类方法积分点是不等间距的，如高斯方法。有限单元法中的被积函数很复杂，高斯求积法由于可以用较少的积分点达到较高的精度，从而可节省存储空间和计算时间，因而被广泛采用。

1. 一维高斯积分

一维母单元在区间[-1，1]求下列积分值（图 5.9）：

$$I = \int_{-1}^{1} f(\xi)\mathrm{d}\xi \tag{5.29}$$

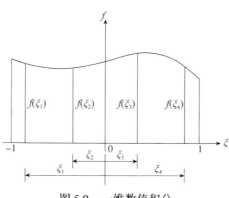

图 5.9　一维数值积分

选定积分点为 $\xi_1, \xi_2, \cdots, \xi_n$，然后由下式计算积分值：

$$I = \int_{-1}^{1} f(\xi)\mathrm{d}\xi = H_1 f(\xi_1) + H_2 f(\xi_2) + \cdots + H_n f(\xi_n) = \sum_{1}^{n} H_i f(\xi_i) \tag{5.30}$$

式中，H_i 是加权系数。

H_i 和 ξ_i 是以计算精度最高为原则而选定的，如表 5.3 所示。据论证，为了达到最高的计算精度，积分点 ξ_i 应是勒让德多项式 $L_n(\xi)$ 的根，而且加权系数 H_i 应按下式计算：

$$H_i = \frac{2}{\left(1 - \xi_i^2\right)\left[L_n'(\xi_i)\right]^2} \tag{5.31}$$

表 5.3　高斯求积公式的积分点坐标和加权系数

$\pm\xi_i$		H_i
0.5773502692	$n=2$	1.0000000000
0.7745966692 0.0000000000	$n=3$	0.5555555556 0.8888888889
0.8611363116 0.3399810436	$n=4$	0.3478548451 0.6521451549

续表

$\pm\xi_i$		H_i
0.9061798459		0.2369268851
0.5384693101	$n=5$	0.4786286705
0.0000000000		0.5688888889

2. 二维及三维高斯求积公式

二重积分有：

$$I = \int_{-1}^{1}\int_{-1}^{1} f(\xi,\eta)\mathrm{d}\xi\mathrm{d}\eta = \sum_{i=1}^{n}\sum_{j=1}^{n} H_i H_j f\left(\xi_j,\eta_i\right) \tag{5.32}$$

类似地，三重积分有：

$$I = \int_{-1}^{1}\int_{-1}^{1}\int_{-1}^{1} f(\xi,\eta,\zeta)\mathrm{d}\xi\mathrm{d}\eta\mathrm{d}\zeta = \sum_{m=1}^{n}\sum_{j=1}^{n}\sum_{i=1}^{n} H_i H_j H_m f\left(\xi_i,\eta_j,\zeta_m\right) \tag{5.33}$$

5.1.6 三角形、四面体与三棱柱曲边单元

为了更好地适应结构的不规则几何形状，如图 5.10 所示，可以通过坐标变换，得到边界为曲线或曲面的子单元。

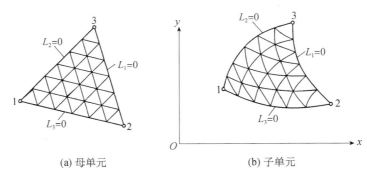

(a) 母单元   (b) 子单元

图 5.10 三角形曲边单元

坐标变换公式如下：

$$x = N_i x_i, \quad y = N_i y_i \tag{5.34}$$

式中，N_i 为用局部坐标表示的形函数；x_i, y_i 为结点 i 的整体坐标。

子单元的局部坐标是面积坐标。

同样四面体单元如图 5.11 所示，坐标变换公式为

$$x = N_i x_i, \quad y = N_i y_i, \quad z = N_i z_i \tag{5.35}$$

式中，N_i 为体积坐标表示的形函数。

在计算雅可比矩阵[J]时，必须注意到面积坐标和体积坐标不是互相独立的，以体积坐标为例，应满足 $L_1 + L_2 + L_3 + L_4 = 1$。为了解决这个问题，可令

$$\xi = L_1, \quad \eta = L_2, \quad \zeta = L_3, \quad 1 - \xi - \eta - \zeta = L_4 \tag{5.36}$$

根据偏微分法则：

$$\frac{\partial N_i}{\partial \xi} = \frac{\partial N_i}{\partial L_1}\frac{\partial L_1}{\partial \xi} + \frac{\partial N_i}{\partial L_2}\frac{\partial L_2}{\partial \xi} + \frac{\partial N_i}{\partial L_3}\frac{\partial L_3}{\partial \xi} + \frac{\partial N_i}{\partial L_4}\frac{\partial L_4}{\partial \xi} \tag{5.37}$$

则有：

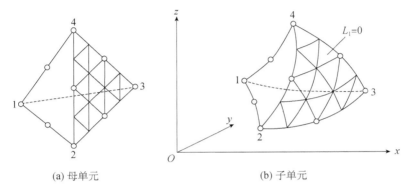

(a) 母单元　　　　　　　　　(b) 子单元

图 5.11　四面体曲面单元

$$\frac{\partial N_i}{\partial \xi} = \frac{\partial N_i}{\partial L_1} - \frac{\partial N_i}{\partial L_4} \tag{5.38}$$

对于曲边单元，刚度矩阵等难以用显式表达，需要利用数值积分。例如，对于三角形的积分，有

$$I = \int_0^1 \int_0^{1-L_1} f(L_1, L_2, L_3)\, \mathrm{d}L_1 \mathrm{d}L_2 = \Sigma W_i f(L_1, L_2, L_3) \tag{5.39}$$

权系数 W_i 及积分点见表 5.4。

表 5.4　三角形和四面体数值积分参数

阶次	示意图	误差	积分点	面积及体积坐标 L_1, L_2, L_3, L_4	权系数 W_i
线性		$0\,(h^2)$	a	1/3, 1/3, 1/3	1/2
二次		$0\,(h^3)$	a b c	1/2, 1/2, 0 0, 1/2, 1/2 1/2, 0, 1/2	1/6 1/6 1/6

阶次	示意图	误差	积分点	面积及体积坐标 L_1, L_2, L_3, L_4	权系数 W_i
三次		$0\,(h^4)$	a b c d e f g	1/3，1/3，1/3 1/2，1/2，0 0，1/2，1/2 1/2，0，1/2 1，0，0 0，1，0 0，0，1	27/120 8/120 3/120
线性		$0\,(h^2)$	a	1/4，1/4，1/4，1/4	1
二次		$0\,(h^3)$	a b c d	$\alpha,\ \beta,\ \beta,\ \beta$ $\beta,\ \alpha,\ \beta,\ \beta$ $\beta,\ \beta,\ \alpha,\ \beta$ $\beta,\ \beta,\ \beta,\ \alpha$ $\alpha=0.58541020$ $\beta=0.13819660$	1/4 1/4 1/4 1/4
三次		$0\,(h^4)$	a b c d e	1/4，1/4，1/4，1/4 1/3，1/6，1/6，1/6 1/6，1/3，1/6，1/6 1/6，1/6，1/3，1/6 1/6，1/6，1/6，1/3	4/5 9/20 9/20 9/20 9/20

　　有时还采用三棱曲面单元，如图 5.12 所示，在三角形内采用面积坐标 L_1, L_2, L_3，在高度方向采用 ζ。母单元是一个三棱体，其纵向三棱边的长度为 2，顶面和底面是垂直于纵向三棱边的相同的两个三角形。

　　子单元的 5 个表面都是曲面，坐标变换公式为

$$x=\sum_{i=1}^{15}N_i x_i,\quad y=\sum_{i=1}^{15}N_i y_i,\quad z=\sum_{i=1}^{15}N_i z_i \tag{5.40}$$

位移函数为

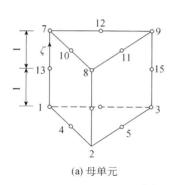 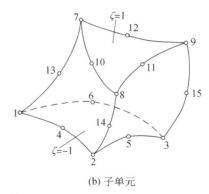

(a) 母单元　　　　　(b) 子单元

图 5.12　三棱曲面单元

$$u = \sum_{i=1}^{15} N_i u_i, \quad v = \sum_{i=1}^{15} N_i v_i, \quad w = \sum_{i=1}^{15} N_i w_i \qquad (5.41)$$

其中 N_i 为如下形函数：

下角点：

$$N_i = \frac{1}{2}(1-\zeta)(2L_1-1)L_1 - \frac{1}{2}L_1\left(1-\zeta^2\right) \quad (i=1,2,3) \qquad (5.42)$$

下棱中点：

$$N_i = 2L_1 L_2 (1-\zeta) \quad (i=4,5,6) \qquad (5.43)$$

上角点：

$$N_i = \frac{1}{2}(1+\zeta)(2L_1-1)L_1 - \frac{1}{2}L_1\left(1-\zeta^2\right) \quad (i=7,8,9) \qquad (5.44)$$

上棱中点：

$$N_i = 2(1+\zeta)L_1 L_2 \quad (i=10,11,12) \qquad (5.45)$$

侧棱中点：

$$N_i = L_1\left(1-\zeta^2\right) \quad (i=13,14,15) \qquad (5.46)$$

式中，L_i 为面积坐标。

这种三棱体曲面单元可以与 20 结点等参数单元匹配，混合使用，以便更好地贴合不规则边界。

三棱柱单元的高斯积分，则根据三角形以及六面体的积分有

$$I = \int_{-1}^{1}\int_{0}^{1}\int_{0}^{1-L_1} f(L_1,L_2,L_3,\zeta)\,dL_1 dL_2 d\zeta = \sum_{j=1}^{n}\sum W_i H_j f(L_1,L_2,L_3,\zeta) \qquad (5.47)$$

其中，W_i 代表三角形平面区域积分点的权重，H_j 代表棱方向（ζ 方向）一维积分点的权重，n 为棱方向的高斯点个数。

5.2 地下水渗流微分方程的有限元求解方法

以地下水渗流中的气水两相渗流为例，来介绍渗流微分方程的有限元求解方法。

地下水渗流包括孔隙流体全部为水的饱和区域渗流和孔隙流体同时包含水和空气的非饱和渗流两个区域。由于空气的黏度远远小于水，在气连通的情况下，空气的渗透系数远远大于水。在一般的地下水渗流场景下，渗流域中的孔隙气的压力在非恒定的瞬变渗流中，即使存在排气过程，其气压力梯度也是很小的。由于地下水渗流求解的问题，一般不关心孔隙气渗流的具体情况，因此，地下水渗流的计算分析，其实质上就是水气两相渗流中水相的渗流分析。就水相渗流分析而言，一般可以认为气相的压力与大气压力相等。如此一来，地下水的水气渗流，就简化为饱和区与非饱和区统一的单相变饱和度的瞬变渗流问题。若求解的问题与时间无关，则就退化为地下水的稳定渗流问题。

下面针对地下水的瞬变渗流问题，介绍微分方程的空间离散方法，即有限元空间求解方法。

假定孔隙气压力瞬时消散，即假定非饱和区域中气相的压力与大气压力相等，取为 0（水压力和气压力，其取值均是总的压力与大气压力之差）。则含水量与相压力之间的关系，退化为含水量与孔隙水压力之间的关系，含水量对时间的偏导数，可以用下式表示：

$$\frac{\partial \theta}{\partial t} = \frac{\partial \theta}{\partial \psi} \frac{\partial \psi}{\partial t} \tag{5.48}$$

前述式（3.8）表示的孔隙水渗流方程，是含水量和孔隙水压力混合表达的微分方程。为方便求解，依据式（5.48），变饱和度地下水渗流的偏微分方程常写成以下形式：

$$C\frac{\partial \psi}{\partial t} - [K_{ij}k_r(\psi)(\psi+z)_{,j}]_{,i} - Q = 0 \tag{5.49}$$

其中，C 为比容水度（the specific moisture capacity），$C = \partial\theta / \partial\psi$。$C$ 不是一个常数，实际上随饱和度而变化。

据式（5.49）可以推导地下水渗流的有限元公式（Wu，2010）。

5.2.1 空间有限元离散

令 Ω 为一个空间域，$\Omega \subset R^D$，其中 D 是空间维度。令 L 为 Ω 的边界，对于任意函数 v，微分方程（5.49）的弱形式可以写成

$$\int_\Omega \left\{ -[(\psi+z)_{,j} k_r(\psi) K_{ij}]_{,i} + C\frac{\partial \psi}{\partial t} - Q \right\} v \mathrm{d}\Omega = 0 \qquad (5.50)$$

由于 $(uv)_{,i} = u_{,i}v + uv_{,i}$，即 $-u_{,i}v = uv_{,i} - (uv)_{,i}$，$u$ 代表式（5.50）中的 $(\psi+z)_{,j} k_r(\psi) K_{ij}$，上式可以表示为

$$\int_\Omega (\psi+z)_{,j} k_r(\psi) K_{ij} v_{,i} \mathrm{d}\Omega - \int_\Omega [(\psi+z)_{,j} k_r(\psi) K_{ij} v]_{,i} \mathrm{d}\Omega + \int_\Omega \left[C\frac{\partial \psi}{\partial t} - Q \right] v \mathrm{d}\Omega = 0$$

$$(5.51)$$

依据散度定理，一个矢量场通过一个封闭表面的流通量等于这个矢量的散度在这个表面内体积上的积分，上式中的第二项是一个矢量的散度（括号内是一个矢量）在空间 Ω 上的积分，可以转换为这个矢量在封闭区域边界上的流通量，即 $-\oint_L [(\psi+z)_{,j} k_r(\psi) K_{ij} v] n_i \mathrm{d}L$，其中 L 为 Ω 的边界，n_i 是边界的外法线单位向量；令边界流量为 q_n，$q_n = -(\psi+z)_{,j} k_r(\psi) K_{ij} n_i$，则可以表示为

$$\int_\Omega (\psi+z)_{,j} k_r(\psi) K_{ij} v_{,i} \mathrm{d}\Omega + \int_\Omega C\frac{\partial \psi}{\partial t} v \mathrm{d}\Omega = \oint_L -q_n v \mathrm{d}L + \int_\Omega Q v \mathrm{d}\Omega \qquad (5.52)$$

从式（5.50）到式（5.52），实质上是通过散度定理，将流速矢量的体积分，转化为边界流量的面积分，从而可以将边界条件纳入方程中。这个过程，是从质量守恒原理出发，用任意微元体推导微分方程（采用散度定理将矢量在边界上的通量在封闭边界上的面积分，转换为一个散度在边界所封闭区域的体积分）的逆过程。

有限元中，连续的空间域 Ω 被一系列子区域 Ω_e（单元）所构成的半离散域 Ω^h 所代替。

$$\Omega \approx \Omega^h = \bigcup_e \Omega_e \qquad (5.53)$$

在任意单元域 Ω_e 中，未知变量和空间相关的系数均通过插值函数被连续的近似所取代，$\psi = N_I \psi_I$，$z = N_I z_I$，$v = N_I v_I$，其中 N_I 是基于单元结点的形函数，I 为单元中的结点编号。式（5.52）可写成

$$\sum_e \int_{\Omega_e} (\psi+z)_{,j} k_r(\psi) K_{ij} N_{J,j} N_{I,i} v_I \mathrm{d}\Omega + \sum_e \int_{\Omega_e} C N_J \frac{\partial \psi_J}{\partial t} N_I v_I \mathrm{d}\Omega$$
$$= \oint_L -q_n N_I v_I \mathrm{d}L + \sum_e \int_{\Omega_e} Q N_I v_I \mathrm{d}\Omega \tag{5.54}$$

上式对任意一组[v_1, v_2, ⋯, v_I]均成立，因此可得

$$\sum_e \int_{\Omega_e} N_{I,i} k_r(\psi) K_{ij} N_{J,j} \mathrm{d}\Omega \cdot (\psi+z)_J + \sum_e \int_{\Omega_e} C N_I N_J \mathrm{d}\Omega \cdot \frac{\partial \psi_J}{\partial t}$$
$$= \oint_L -q_n N_I \mathrm{d}L + \sum_e \int_{\Omega_e} Q N_I \mathrm{d}\Omega \tag{5.55}$$

其中，C 为比容水度，$C = \partial\theta/\partial\psi$；$L$ 为区域 Ω 的外表面；q_n 为边界流量，$q_n = -(\psi+z)_{,j} k_r(\psi) K_{ij} n_i$，$n_i$ 是边界的外法线单位向量。

式（5.55）中的第二项的系数矩阵称为质量矩阵项，为了避免求解过程中出现在入渗问题的湿润锋面附件产生数值振荡问题，对其进行对角化（质量凝聚）是很重要的（Celia et al.，1990，Neuman et al.，1999）。对质量矩阵进行对角化，式（5.55）改写为

$$\sum_e \int_{\Omega_e} N_{I,i} k_r(\psi) K_{ij} N_{J,j} \mathrm{d}\Omega \cdot (\psi+z)_J + \sum_e \int_{\Omega_e} C \frac{1}{l} \delta_{IJ} \mathrm{d}\Omega \cdot \frac{\partial \psi_J}{\partial t}$$
$$= \oint_L -q_n N_I \mathrm{d}L + \sum_e \int_{\Omega_e} Q N_I \mathrm{d}\Omega \tag{5.56}$$

其中，l 是单元中的结点数目；δ_{IJ} 是克罗内克（Kronecker）δ。

式（5.56）即为 Richards 方程的多维有限元空间离散方程组。

5.2.2 时间差分离散方案

地下水非饱和非稳定渗流中，虽然连续的微分方程质量是守恒的，由于式（5.49）中比容水度 C 是非饱和土孔隙水压力的高度非线性函数，如果像式（5.56）中的第二项一样，直接对式（5.49）进行时间离散，常常会出现质量不守恒问题。

正如 Milly（1985）指出的那样，如果含水量项能够合适地处理（Huang et al.，1996），质量守恒的解是可以得到的。吴梦喜和高莲士（1999）提出了一个基于压力表示的平衡方程的质量守恒且有效率的迭代方法（简称 MHB 法），表示为

$$\bar{C}(\psi^n) \frac{\beta(\psi^n)\psi^n - \beta(\psi^{n-1})\psi^{n-1}}{\Delta t} - [K_{ij} k_r{}^n (\psi^n + z)_{,j}]_{,i} = Q \tag{5.57}$$

其中，上标 n 是时间步，代表当前时刻 t，$n-1$ 代表前一个时刻 $t-\mathrm{d}t$；$\bar{C}(\psi^n)$ 是

含水量在非饱和孔隙水压力范围内（$[\psi^{n-1}, \min(0, \psi^n)]$ 或 $[\psi^n, \min(0, \psi^{n-1})]$）的割线斜率，$\beta$ 是如下所示的一个简单函数：

$$\beta(\psi) = \begin{cases} 1, & \psi < 0 \\ 0, & \psi \geqslant 0 \end{cases} \tag{5.58}$$

$$\bar{C}(\psi^n) = \begin{cases} \dfrac{\theta(\psi^n) - \theta(\psi^{n-1})}{\beta(\psi^n) \cdot \psi^n - \beta(\psi^{n-1}) \cdot \psi^{n-1}}, & |\beta(\psi^n) \cdot \psi^n - \beta(\psi^{n-1}) \cdot \psi^{n-1}| \geqslant 0.01 \\ \dfrac{\theta(\psi^n) - \theta(\psi^n - 0.01)}{0.01}, & |\beta(\psi^n) \cdot \psi^n - \beta(\psi^{n-1}) \cdot \psi^{n-1}| < 0.01 \end{cases}$$

$$\tag{5.59}$$

式（5.57）第一项，自动实现了一个时步内孔隙水压力在（0，$+\infty$）变化在孔隙率不变的条件下对含水量无影响的特征；并以孔隙水压力–含水量关系曲线的时步内割线梯度代替了切线梯度来计算比容水度。当孔隙水压力一次迭代过程中其变化跨越 0 压点，则求比容水度时孔隙水压力的最大值按 0 来取值，含水量只在 0 孔隙水压力的左侧发生变化。当迭代过程中孔隙水压力跨越 0 压点，正孔隙水压力的变化并不影响含水量变化值，因而既准确又易于迭代收敛。

式（5.57）可以写成

$$\frac{\bar{C}(\psi^n)}{\Delta t}\beta(\psi^n)\psi^n - [K_{ij}k_r^n(\psi^n + z)_{,j}]_{,i} = \frac{\bar{C}(\psi^n)}{\Delta t}\beta(\psi^{n-1})\psi^{n-1} + Q \tag{5.60}$$

式（5.60）可以用标准的迭代方式来求解，如 Picard 迭代或牛顿迭代。上式与一个空间离散相结合，可以得到 Richards 方程的数值求解方法。这个空间离散可以是有限差分法，也可以是有限单元法。式（5.60）与式（5.56）结合，可以得出

$$\sum_e \int_{\Omega_e} N_{I,i}K_{ij}N_{J,j}k_r(\psi^n)\mathrm{d}\Omega \cdot (\psi^n + z)_J + \sum_e \int_{\Omega_e} \frac{\bar{C}(\psi^n)}{\Delta t}\frac{1}{l}\beta(\psi^n)\delta_{IJ}\mathrm{d}\Omega \cdot \psi_J^n$$

$$= \oint_L -q_n N_I \mathrm{d}L + \sum_e \int_{\Omega_e} QN_I\mathrm{d}\Omega + \sum_e \int_{\Omega_e} \frac{\bar{C}(\psi^n)}{\Delta t}\frac{1}{l}\beta(\psi^{n-1})\delta_{IJ}\mathrm{d}\Omega \cdot \psi_J^{n-1}$$

$$\tag{5.61}$$

这就是改进的基于孔隙水压力表达的完全 Picard 迭代地下水渗流有限元方法（简称 MHB 法）。上式可以写成

$$[K_{IJ}(\psi) + O_{IJ}(\psi)] \cdot \psi_J^n = F_I(\psi) + \tilde{O}_{IJ}(\psi) \cdot \psi_J^{n-1} - K_{IJ}(\psi) \cdot z_J \tag{5.62}$$

其中，

$$K_{IJ}(\psi) = \sum_e \int_{\Omega_e} N_{I,i}k_r(\psi^{n,m-1})K_{ij}N_{J,j}\mathrm{d}\Omega \tag{5.63}$$

$$O_{IJ}(\psi) = \sum_e \int_{\Omega_e} \frac{1}{l} \frac{\overline{C}(\psi^{n,m-1})}{\Delta t} \beta(\psi^{n,m-1}) \delta_{IJ} \mathrm{d}\Omega \tag{5.64}$$

$$\tilde{O}_{IJ}(\psi) = \sum_e \int_{\Omega_e} \frac{1}{l} \frac{\overline{C}(\psi^{n,m-1})}{\Delta t} \beta(\psi^{n-1}) \delta_{IJ} \mathrm{d}\Omega \tag{5.65}$$

$$F_I(\psi) = \oint_L -q_n N_I \mathrm{d}L + \sum_e \int_{\Omega_e} Q N_I \mathrm{d}\Omega \tag{5.66}$$

与时间相关的项的离散还可以采用另外的方式，即基于这种孔隙水压力和含水量混合表达的方程，直接对含水量进行差分近似。用后向欧拉插值和完全的隐式 Picard 迭代方法对式（3.8）进行时间维的离散，可得

$$\frac{\theta^{n,m} - \theta^{n-1}}{\Delta t} - [K_{ij} k_r^{n,m-1}(\psi^{n,m} + z)_{,j}]_{,i} = Q \tag{5.67}$$

其中，n 指时间层；m 指迭代次数；θ 是土体的体积含水量；ψ^n 指 ψ 在第 n 时间步（$t = t^n$）的近似值；$\Delta t = t^n - t^{n-1}$ 是时间步长；k_r^n 是指用 ψ^n 估算的相对渗透系数，假定在时间层 $n-1$ 和时间层 n 时迭代层 $m-1$ 层的解是已知的。

Celia 等（1990）将 $\theta^{n,m}$ 按下式展开：

$$\theta^{n,m} = \theta^{n,m-1} + \frac{\partial \theta}{\partial \psi}\bigg|^{n,m-1} (\psi^{n,m} - \psi^{n,m-1}) + 0(\delta^2) \tag{5.68}$$

式中，等号右边的最后一项表示误差的二阶小量。

忽略式（5.68）中迭代误差高于一次的迭代项，并将其代入式（5.67），可得

$$\frac{1}{\Delta t} C^{n,m-1}(\psi^{n,m} - \psi^{n,m-1}) + \frac{\theta^{n,m-1} - \theta^{n-1}}{\Delta t} - [K_{ij} k_r^{n,m-1}(\psi^{n,m} + z)_{,j}]_{,i} = Q \tag{5.69}$$

上式就是改进的 Picard 迭代方法（Celia et al.，1990），这种迭代方式是质量守恒的，得到了广泛的应用。式（5.69）与式（5.56）组合可以得到

$$\sum_e \int_{\Omega_e} N_{I,i} K_{ij} N_{J,j} k_r(\psi^{n,m-1}) \mathrm{d}\Omega \cdot (\psi^{n,m} + z)_J + \sum_e \int_{\Omega_e} \frac{C(\psi^{n,m-1})}{\Delta t} \frac{1}{l} \delta_{IJ} \mathrm{d}\Omega \cdot \psi_J^{n,m}$$

$$= \oint_L -q_n N_I \mathrm{d}L + \sum_e \int_{\Omega_e} Q N_I \mathrm{d}\Omega + \sum_e \int_{\Omega_e} \frac{C(\psi^{n,m-1})}{\Delta t} \frac{1}{l} \delta_{IJ} \mathrm{d}\Omega \cdot \psi_J^{n,m-1}$$

$$- \sum_e \int_{\Omega_e} \frac{1}{l} \delta_{IJ} \frac{\theta_J^{n,m-1} - \theta_J^{n-1}}{\Delta t} \mathrm{d}\Omega$$

$$\tag{5.70}$$

这是不同饱和度非稳定渗流的完全隐式改进 Picard 迭代有限元法（简称MPI 法）。

5.2.3　边界条件的处理

微分方程一般有三种边界条件：

● 狄利克雷（Dirichlet）边界条件（已知边界上的值）。

● 诺伊曼（Neumann）边界条件（已知边界上的导数）。

● 柯西（Cauchy）边界条件（混合边界条件）。

对于渗流问题，已知孔隙水压力或水头的边界就是狄利克雷条件，已知流量的边界就是诺伊曼边界条件，逸出面边界孔隙水压力等于 0 且流量为正，可以归于柯西边界条件。

已知孔压边界用下式描述：

$$\psi_I = {}^t\psi_I \tag{5.71}$$

其中，${}^t\psi_I$ 是结点 I 已知的边界压力值。式（5.62）或式（5.70）中的第 I 个方程由上式代替即可。

流量边界条件由式（5.66）或式（5.70）右端第一项计算。对于不透水边界或边界流量等于 0 的边界，由于这一项等于 0，实际不必计算，自然满足。如果一个流量边界所关联的土单元是非饱和的且很干，若边界流量与土的非饱和渗透系数相比相对较大，边界流量的微小变化将导致渗透系数的急剧变化，可能引起迭代收敛问题。在此情况下，边界结点处的计算所得的渗透系数小于入渗量，要传递较大的渗流量必然引起一个很大的渗透坡降，得出一个不符合实际的很大的压力边界。要使计算所得的边界处的压力与物理状况相符，采用一个合适的反馈方法计算是必要的。这能解决收敛问题，但当模拟的入渗量小于实际流量时也引起了误差。这一误差能通过减小边界单元的厚度来减小。

逸出面边界是饱和区域边界外水位以上存在内部孔隙水向外渗透的边界，其孔隙水压力等于边界外的环境大气压力，常常设为相对压力 0。逸出面边界的范围一般事先是不知道的，需要在迭代求解过程中确定，构成了一个非线性的边界条件。逸出面边界的处理办法就是迭代求解过程中使 0 压力边界位于逸出面上，负压边界保持在逸出面外，且流量指向域外（Cooley，1983）。具体的迭代实施方案，可在迭代过程中，将水面以上孔隙水压力大于 0 的点在下次迭代计算时作为孔压为 0 的已知点（逸出面结点），而本次迭代过程中作为逸出点边界的结点，计算结点流量，如图 5.13 所示，流量为负的"逸出点"证伪，需要从逸出面结点中剔除（吴梦喜等，1999）。

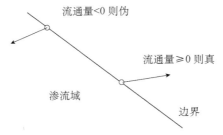

图 5.13　逸出面结点真伪判别示意图

逸出面结点的流量，利用式（5.62）已经计算集成的刚度矩阵，用以下公式来计算：

$$Q_I = -K_{IJ} \cdot (\psi + z)_J \tag{5.72}$$

其中，Q_I 是结点 I 的流量。如果 $Q_I > 0$，结点 I 是逸出面结点，否则不是（吴梦喜等，1999）。

5.2.4　算法验证与差分迭代方案比较

通过与三组已发表的作例证用的实验数据进行比较来检验算法的性能。每组实验数据都代表了不同的物理场景，通常用于验证算法。在第一个算例中，比较了 MHB 格式（改进的基于水头的格式）与 MPI 格式（改进的 Picard 迭代格式）在固定时间步长的少数情况下的精度、质量平衡特性和迭代效率。

算例 1：干土中的一维入渗。

第一个测试问题是 Warrick 等（1971）完成的现场的变饱和度入渗和溶质运移试验。土壤类型为黄黏壤土。试验坑大小为 6.1m×6.1m。试坑下土体的初始含水量在试坑表面 0.6m 以下均为 0.2，表面至深 0.6m 之间含水量由 0.15 沿深度线性增长到 0.2。在土体深度为 30cm、60cm、90cm、120cm、150cm、180cm 处设置有测含水量张力计。

试坑先用 0.2N 的 $CaCl_2$ 溶液浸润土体，使表面保持饱和状态，2.8h 后，单位面积上 7.62cm 高度的溶液完全渗入土中。之后立即使用纯水浸润并保持表面始终被水面刚好覆盖，再过 14.7h 后，单位面积上 22.9cm 高度的水完全渗入土中。入渗共历时 17.5h，单位面积入渗总水量 30.52cm。

土体的平均饱和含水量为 0.38，饱和渗透系数为 0.016m/h。图 5.14 为根据试验测定的含水量与孔隙水压力、含水量与渗透系数关系的数据，按照最小二乘方法回归出 van Genuchten 土体非饱和土水特征关系公式和 Mualem 非饱和相对渗透系数与饱和度关系函数的参数并列于表 5.5 中，理论值与试验值的对比。可见 VG（van Genuchten）与 M（Mualem）公式能较好地模拟该非饱和土的本构关系。

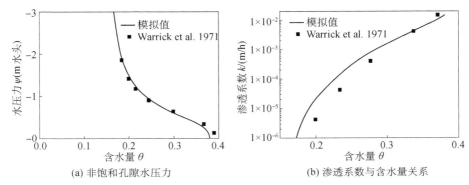

图 5.14 试验中按 van Genuchten 和 Mualem 函数拟合的非饱和孔隙水压力和渗透系数与含水量关系

表 5.5 算例 1—3 的模拟参数

算例编号	θ_r	θ_s	α / (1/m)	n	K_s / (m/h)
1	0.15	0.38	1.66	2.62	0.016
2	0.01	0.30	3.3	4.1	0.35
3	0.01	0.30	3.3	4.1	0.40

虽然此试验是一维入渗过程，使用较低维问题验证高维算法是一个常见的策略，Genuchten（1980）、Simpson（2003）和许多其他学者采用该试验检验算法的正确性和有效性。基于一个两侧为不透水边界的二维网格来模拟一维入渗条件。2m 的深度划分为 100 个高度为 0.02m 的二维四边形网格。收敛准则设为两次相邻迭代的水头差不超过 0.0001m。初始压力水头依据含水量用 VG 公式计算。试坑土的深度在 0～−0.6m 之间孔压介于−∞～−1.49m，−0.6m 以下为−1.49m。取上表面结点的初始孔压为−100m，其下部结点的初始孔压在−18.4～−1.49m 间变化。计算的边界条件，自始至终模型表面孔压取为 0m（饱和无压入渗），模型底部孔压为−1.49m。计算得到各时刻的结点孔隙水压力。

首先进行 MHB 法与 MPI 法的比较。图 5.15 表示两种方法时间步长分别取 0.002h、0.02h 和 0.1h 时的入渗速度和时间关系。两种计算方法的不同计算时间步长的曲线在入渗 0.3h 后几乎都重合。MHB 法中，时间步长 0.002h 的曲线在最初的 0.3h 内入渗速度波动。显然入渗峰上部土中的渗透坡降随时间减小，因为吸力对渗透坡降的影响随入渗深度的增加而减小。MPI 法中时间步长 0.002h

的入渗速度模拟是最精确的，该方案计算所得的总的入渗量为 0.3664m。表 5.6 为各方案总的累计入渗水量（m）及其与时间步长 0.002h 的 MPI 法结果的相对误差（括号中）。总的入渗量的最大差值为 1.61%。

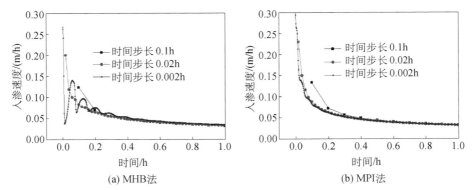

图 5.15　土表面的入渗速度

表 5.6　各方案总的累计入渗水量（m）及其与时间步长 0.002h 的 MPI 法结果的相对误差（括号中）

Δt_n /h	改进 Picard 迭代法	改进的基于水头方法
0.002	0.3664	0.3723（1.61%）
0.02	0.3665（0.03%）	0.3689（0.68%）
0.1	0.3666（0.05%）	0.3659（−0.14%）

图 5.16（a）、（b）分别为 MHB 法和 MPI 法计算得到的累计入渗量-时间关系曲线，显示两种方法中时间步长对累计入渗量的影响均很小。

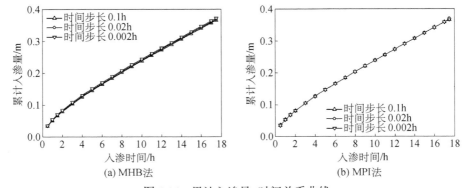

图 5.16　累计入渗量-时间关系曲线

图 5.17 为 MHB 法和 MPI 法的总的质量守恒比（域内水量增加量与下边界流出水量之和与入渗量的比值）-入渗时间曲线。图（a）和图（b）中各曲线均

接近 1.0。时间步长对 MHB 法总的质量守恒比有显著的影响，而对 MPI 法的质量守恒比影响很小。质量守恒特性 MHB 法好，MPI 法更好。

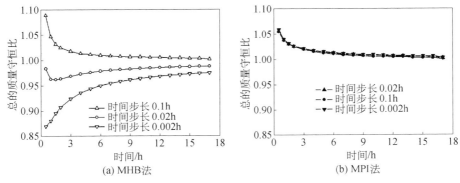

图 5.17　总的质量守恒比

　　图 5.18 为 MHB 法和 MPI 法迭代收敛需要的计算次数。MHB 法中迭代需要的计算次数随着时间步长的减小而降低，时间步长越小，收敛次数越少。有了这个特性，收敛问题出现时可以通过减小时间步长来解决。MPI 法中时间步长 0.02h 和 0.002h 的曲线随累计时间而波动，0.002h 的算例第一个时间步长的迭代次数为 141，迭代次数多。在时间步长 0.002h 和 0.02h 的算例中 MHB 法收敛需要的迭代次数大大低于 MPI 法，但在时间步长 0.1h 的算例中 MHB 法的迭代收敛次数略高于 MPI 法。MHB 法的迭代收敛效率高于 MPI 法。

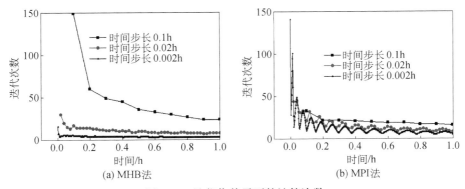

图 5.18　迭代收敛需要的计算次数

　　水的初始入渗速度在这个积水入渗问题中理论上是无穷大。如图 5.15 所示，实际计算得到的第 1 个时步入渗速度介于 0.125～0.3m/h 之间，入渗速度在 17.5h 时为 0.0167m/h，为饱和渗透系数的 1.04 倍。表明湿润缝后的渗透坡降由于吸力的影响在入渗开始时很大，入渗速度在 0.1h 内迅速下降，然后随着入渗深度的增加逐步减小到接近饱和渗透系数。对于入渗问题，入渗的初始阶段应采用小的时间步长，而其后的阶段可采用较大的时间步长来加速模拟过程。

按照 VG 公式将压力水头转换为含水量。MBH 法模拟得到的几个时刻的含水量与实测含水量的对比见图 5.19（a）。模拟中获得了与实测吻合的土中的尖锐的湿润锋。模拟获得的总的入渗量比试验数据大 20.1%，因而模拟的入渗锋位置比观测结果低很多。若将饱和渗透系数降低至 0.0126m/h，总的入渗量为 0.3065m，比实测数据大 0.4%。模拟的含水量结果绘制于图 5.19（b），与实测结果吻合很好。

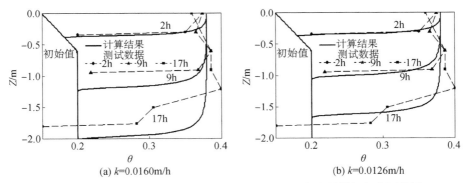

图 5.19 　一维现场入渗试验（Warrick，1971）的含水量模拟与实测结果

算例 2：二维瞬态变饱和度地下水位补给。

Vauclin 等（1979）在实验室中对一块 6m 长、2m 高、5cm 厚的土壤进行了实验，初始水平水位高度为 0.65m。土壤板的底部不透水，左右两侧自由排水。在土壤表面中心 1m 范围内，施加 $q=0.148$m/h 的恒定流通量 8h，表面其他部位覆盖不透水膜防蒸发。土壤是粒径均匀的河沙，50% 筛余量对应的粒径为 0.3mm。饱和含水量和渗透系数分别为 0.3 和 0.35m/h。在整个补水过程中都测量了渗流域中土壤的含水量和孔隙水压力。这些试验数据常被用于验证二维瞬变变饱和度算法的性能（Clement et al.，1994，Simpson，2003）。van Genuchten 公式的参数由 Clement 等人拟合并列于表 5.5。图 5.20 表示试验中的毛细管压力和渗透系数数据及 van Genuchten 和 Mualem 函数拟合。

由于对称性，仅模拟右半部分渗流域。渗流域剖分 930 个长度为 10cm、高度约 6.5cm 的网格，时间步长取 0.02h。收敛准则定为两次迭代的最大水头差值不超过 0.0001m。迭代方案均为 MHB 法。收敛迭代次数介于 2～14 次。图 5.21

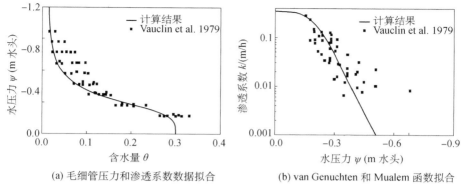

(a) 毛细管压力和渗透系数数据拟合　　　(b) van Genuchten 和 Mualem 函数拟合

图 5.20　试验中的毛细管压力和渗透系数数据及 van Genuchten 和 Mualem 函数拟合

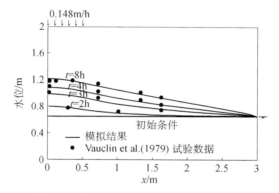

图 5.21　若干时刻实测与模拟水位的对比

为不同时刻地下水位模拟位置与实测位置的对比，试验点到模拟曲线的距离平方的平均值的平方根为 19mm，模拟与计算结果吻合较好。

算例 3：二维入渗作用下地下水位模拟问题。

Clement 等 1994 年介绍了 Vauclin 于 1975 年发表的关于地下水排水试验的结果。试验装置与算例 2 相同，饱和含水量 0.30，残余含水量 0.00，饱和渗透系数 0.4m/h。与算例 2 土体相比，饱和含水量相等，饱和渗透系数大 11%。根据土体的这些参数，推测本试验中所用的土料与算例 2 同，因而采用算例 2 的非饱和参数。地下水位从 1.45m 的平衡状态，瞬时降落到 0.75m，并保持两端的边界水位在 0.75m 位置。计算参数和计算网格与算例 2 相同，右侧边界 0.75m 以下为已知水头边界，其上部为可能的逸出面边界。时间步长 0.02h，两次迭代孔压收敛控制标准为 0.0001m。迭代计算中的实际收敛次数介于 2～6 之间。各时刻的地下水位模拟与实测位置比较如图 5.22，模拟值与试验点测量值的差的平方的平均值的开方仅为 28.5mm，可见模拟值和实测值吻合较好。

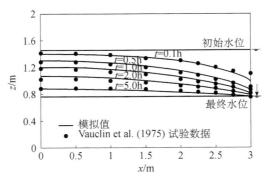

图 5.22 排水试验不同时刻地下水位模拟位置与实测结果的对比

本文介绍的有限元算法对以上的三个经典试验的模拟都表现出了计算稳定性好、收敛速度快、计算与试验结果吻合度好的特点。

不同经典算例的成功模拟表明在复杂情况下求解 Richards 方程方面，有限元法是可靠、有效的方法。该方法应用于编著者开发的 LinkFEA 有限元软件，已经在若干重大水利水电工程设计论证与方案优化研究中的渗流分析、渗流与应力变形耦合分析中得到应用。

5.3 单相气体渗流微分方程的有限元求解方法

5.3.1 空间有限元离散

令 Ω 为一个空间域，$\Omega \subset R^D$，其中 D 是空间维度。令 L 为 Ω 的边界，对于任意函数 v，式（2.49）的弱形式可以写成

$$\int_\Omega \left[\left(-\delta \frac{1}{ZT} \frac{K'_{ij}}{\mu} p^2_{,j} \right)_{,i} + \frac{\phi}{p} \frac{\partial \left(\dfrac{p^2}{ZT} \right)}{\partial t} - 2 \frac{p_{sc}}{Z_{sc} T_{sc}} q_{sc} \right] v \cdot d\Omega = 0 \qquad (5.73)$$

由于 $(uv)_{,i} = u_{,i}v + uv_{,i}$，即 $-u_{,i}v = uv_{,i} - (uv)_{,i}$，$u$ 代表式（5.73）中的 $\delta \frac{1}{ZT} \frac{K'_{ij}}{\mu} p^2_{,j}$，并将上式中的源汇项 q_{sc} 用符号 Q_{sc} 替换（要用字母 q 表示边界流量），上式可以表示为

$$\int_\Omega \left[\left(\delta \frac{1}{ZT} \frac{K'_{ij}}{\mu} p^2_{,j} \right) v_{,i} - \left(\delta \frac{1}{ZT} \frac{K'_{ij}}{\mu} p^2_{,j} v \right)_{,i} + \frac{\phi}{p} \frac{\partial \left(\dfrac{p^2}{ZT} \right)}{\partial t} \cdot v - 2 \frac{p_{sc}}{Z_{sc} T_{sc}} Q_{sc} v \right] \cdot d\Omega = 0$$

$$(5.74)$$

依据散度定理，一个矢量场通过一个封闭表面的流通量等于这个矢量的散度在这个表面内体积上的积分，上式中的第二项是一个矢量的散度（括号内是一个矢量）在空间 Ω 上的积分，可以转换为这个矢量在封闭区域边界上的流通量，即

$$-\oint_L\left(\delta\frac{1}{ZT}\frac{K'_{ij}}{\mu}p^2_{,j}v\right)n_i\mathrm{d}L=-\oint_L\left(2\frac{p}{ZT}\delta\frac{K'_{ij}}{\mu}p_{,j}\right)n_iv\mathrm{d}L$$

其中 L 为 Ω 的边界，n_i 是边界的外法线单位向量。

令边界流量为 q_n，$q_n=-\delta\dfrac{K'_{ij}}{\mu}p_{,j}n_i$，将 q_n 转换到工程标准状态下的流量 $\dfrac{p_{sc}}{Z_{sc}T_{sc}}\cdot\dfrac{ZT}{p}q_{nsc}$，式（5.74）则可以表示为

$$\int_\Omega\left[\left(\delta\frac{1}{ZT}\frac{K'_{ij}}{\mu}p^2_{,j}\right)v_{,i}\right]\cdot\mathrm{d}\Omega+\int_\Omega\frac{1}{p}\frac{\partial\left(\dfrac{p^2}{ZT}\right)}{\partial t}\cdot v\cdot\mathrm{d}\Omega \tag{5.75}$$

$$=\int_\Omega 2\frac{p_{sc}}{Z_{sc}T_{sc}}Q_{sc}v\cdot\mathrm{d}\Omega-\int_\Gamma 2\frac{p_{sc}}{Z_{sc}T_{sc}}\cdot q_{nsc}v\mathrm{d}L$$

有限元中，连续的空间域 Ω 被一系列子区域 Ω_e（单元）所构成的半离散域 Ω^h 所代替。在任意单元域 Ω_e 中，未知变量和空间相关的系数均通过插值函数被连续的近似所取代，$p^2_{,j}=N_{J,j}p^2_J$，$z=N_Iz_I$，$v=N_Iv_I$，其中 N_I 是基于单元结点的形函数，I 为单元中的结点编号。式（5.52）可写成

$$\sum_e\int_{\Omega_e}\left\{\left[\frac{K'_{ij}}{\mu}\frac{\delta}{ZT}p^2_JN_{J,j}N_{I,i}v_I\right]+\int_{\Omega_e}\frac{\phi}{p}\frac{\partial\left(\dfrac{p^2}{ZT}\right)_J}{\partial t}\cdot N_J\cdot N_Iv_I\right\}\cdot\mathrm{d}\Omega \tag{5.76}$$

$$=-2\int_\Gamma\frac{p_{sc}}{Z_{sc}T_{sc}}\cdot q_{nsc}N_Iv_I\mathrm{d}L+2\sum_e\int_{\Omega_e}\frac{p_{sc}}{Z_{sc}T_{sc}}Q_{sc}N_Iv_I\cdot\mathrm{d}\Omega$$

忽略孔隙率随时间的变化对气体渗流的影响，上式可改写为

$$\sum_e\left[\int_{\Omega_e}\frac{K'_{ij}}{\mu}\frac{\delta}{ZT}p^2_JN_{J,j}N_{I,i}v_I\cdot\mathrm{d}\Omega+\int_{\Omega_e}\frac{\phi}{p}\frac{\partial\left(\dfrac{p^2}{ZT}\right)_J}{\partial t}\cdot N_J\cdot N_Iv_I\cdot\mathrm{d}\Omega\right] \tag{5.77}$$

$$=-2\int_\Gamma\frac{p_{sc}}{Z_{sc}T_{sc}}\cdot q_{nsc}N_Iv_I\mathrm{d}L+\sum_e 2\int_{\Omega_e}\frac{p_{sc}}{Z_{sc}T_{sc}}Q_{sc}N_Iv_I\cdot\mathrm{d}\Omega$$

上式对任意一组 $[v_1,\ v_2,\ \cdots,\ v_I]$ 均成立，因此可得

$$\sum_e \int_{\Omega_e} \left[\frac{K'_{ij}}{\mu} \frac{\delta}{ZT} N_{J,j} N_{I,i} \cdot p_J^2 \cdot \mathrm{d}\Omega + \int_{\Omega_e} \frac{\phi}{p} \cdot \frac{\partial \left(\frac{p^2}{ZT} \right)_J}{\partial t} N_J \cdot N_I \cdot \mathrm{d}\Omega \right] \quad (5.78)$$

$$= -2 \int_{\Gamma} \frac{p_{\mathrm{sc}}}{Z_{\mathrm{sc}} T_{\mathrm{sc}}} \cdot q_{\mathrm{nsc}} N_I \mathrm{d}L + 2 \sum_e \int_{\Omega_e} \frac{p_{\mathrm{sc}}}{Z_{\mathrm{sc}} T_{\mathrm{sc}}} Q_{\mathrm{sc}} N_I \cdot \mathrm{d}\Omega$$

上式中的第二项的系数矩阵是质量矩阵项，对质量矩阵进行对角化，上式改写为

$$\sum_e \left[\int_{\Omega_e} \frac{K'_{ij}}{\mu} \frac{\delta}{ZT} N_{J,j} N_{I,i} \cdot p_J^2 \cdot \mathrm{d}\Omega + \int_{\Omega_e} \frac{\phi}{p} \frac{\partial \left(\frac{p^2}{ZT} \right)_J}{\partial t} \cdot \frac{1}{l} \delta_{IJ} \cdot \mathrm{d}\Omega \right] \quad (5.79)$$

$$= -2 \int_{\Gamma} \frac{p_{\mathrm{sc}}}{Z_{\mathrm{sc}} T_{\mathrm{sc}}} \cdot q_{\mathrm{nsc}} N_I \mathrm{d}L + 2 \sum_e \int_{\Omega_e} \frac{p_{\mathrm{sc}}}{Z_{\mathrm{sc}} T_{\mathrm{sc}}} Q_{\mathrm{sc}} N_I \cdot \mathrm{d}\Omega$$

其中，δ 为紊流修正系数；l 是单元 Ω_e 中的结点数目；δ_{IJ} 是克罗内克（Kronecker）δ；下标 sc 表示工程标准状态，q_{nsc} 和 Q_{sc} 为工程标准状态（293.15K，0.101325MPa）计量的边界流量和源汇项；p_{sc}、T_{sc}、Z_{sc} 分别为工程标准状态下的压力、温度和压缩系数；μ 为气体的黏度，是压力和温度的函数，和组分有关。

式（5.79）是以 p^2 为基本变量的单相气体的有限元方程。

5.3.2 时间差分离散方案

式（5.79）中的时间导数项，用向前差分近似，可得

$$\sum_e \left[\int_{\Omega_e} \frac{K'_{ij}}{\mu} \frac{\delta}{(ZT)^{(n,m-1)}} N_{J,j} N_{I,i} \cdot p_J^2 \cdot \mathrm{d}\Omega + \int_{\Omega_e} \frac{\phi}{p^{(n,m-1)}} \frac{\frac{p_J^2}{(ZT)^{(n,m-1)}} - \frac{p_J^{2\,(n-1)}}{(ZT)^{(n-1)}}}{\Delta t} \cdot \frac{1}{l} \delta_{IJ} \right] \cdot \mathrm{d}\Omega$$

$$= -2 \int_{\Gamma} \frac{p_{\mathrm{sc}}}{Z_{\mathrm{sc}} T_{\mathrm{sc}}} \cdot q_{\mathrm{nsc}} N_I \mathrm{d}L + 2 \sum_e \int_{\Omega_e} \frac{p_{\mathrm{sc}}}{Z_{\mathrm{sc}} T_{\mathrm{sc}}} Q_{\mathrm{sc}} N_I \cdot \mathrm{d}\Omega$$

$$(5.80)$$

其中，以括号表示的上标中的 n 和 $n-1$ 表示当前时步末和时步初的迭代层；$m-1$ 表示当前时步的上一个迭代层，当为当前迭代层的第一次计算时，$(n,0)$ 取值为时步初（即 $n-1$ 层）的值。

可以整理为

$$\sum_e \left[\int_{\Omega_e} \frac{K'_{ij}}{\mu} \frac{\delta}{(ZT)^{(n,m-1)}} N_{J,j} N_{I,i} \cdot p_J^2 \cdot \mathrm{d}\Omega + \int_{\Omega_e} \frac{\phi}{p^{(n,m-1)}} \frac{1}{\Delta t (ZT)^{(n,m-1)}} \cdot \frac{1}{l} \delta_{IJ} \right] p_J^2 \cdot \mathrm{d}\Omega$$

$$= -2 \int_{\Gamma} \frac{p_{sc}}{Z_{sc} T_{sc}} \cdot q_{nsc} N_I \mathrm{d}L + \sum_e \left[2 \int_{\Omega_e} \frac{p_{sc}}{Z_{sc} T_{sc}} Q_{sc} N_I \cdot \mathrm{d}\Omega + \int_{\Omega_e} \frac{\phi}{p^{(n,m-1)}} \frac{p_J^{2(n-1)}}{\Delta t (ZT)^{(n-1)}} \cdot \frac{1}{l} \delta_{IJ} \cdot \mathrm{d}\Omega \right]$$

$$(5.81)$$

　　油气资源开采中的单相气体渗流问题，首先要关注基础数据：包括储层的几何构成、孔隙率和渗透率参数、气体的组分和初始压力、吸附含量、边界情况等。具体到定界条件：①气体的各部分地层压力是所求变量 p 的初始条件；②开采过程中边界压力或边界流量是气藏的边界条件；③气藏中多孔介质所吸附物质的解附速率即是方程的源项。

　　依据式（5.81）形成刚度矩阵和右端项后，依据压力和流量边界条件，求解线性方程组，并进行迭代计算，若满足收敛准则，便可以获得一个时步末的结点压力结果。若用高斯点位置记录气体的吸附量，则求解过程中还需计算并记录由于解附依据各高斯点在时步末的剩余吸附量。

5.4　两相渗流的有限元求解方法简述

　　具备了包含非饱和区渗流的地下水渗流有限元方程推导的能力和单相气体渗流的有限元方程的基础后，孔隙或裂隙单重介质（相对于多重介质而言，如孔隙和裂隙双重介质）的两相渗流问题，如土壤非饱和区中的水与气渗流问题、石油天然气开采过程中的油与水渗流问题、油与气渗流问题，其有限元求解算法的推导就不会困难了。

　　上文介绍的包含非饱和区的地下水渗流的有限元求解问题，实际上是假定气压力瞬时消散或气压力在时步内趋近于平衡的水与气两相渗流的有限元求解问题。若要考虑空气的压缩过程对地下水渗流的影响，只需要联立求解水相和气相的渗流平衡微分方程，即可获得以水相和气相的压力为基本变量的有限元求解算法。对于水相而言，只需要在 5.2 节的公式推导中，将非饱和吸力表达为孔隙水和孔隙气的压力之差和水相饱和度之间的关系，即可获得水相的有限元公式；而气相的有限元公式，只需要将孔隙气体的含量表达为气相饱和度与孔隙率的乘积，并在时间导数项的计算中，包含饱和度随时间的变化项，即可获得气相的有限元方程公式。若需考虑气体在水中的溶解或逸出，则在平衡微分方程中用源汇项来描述即可。

油与气两相渗流的求解与水和气两相渗流的求解基本一致，两相之间的物质交换比较简单。其差异主要是描述两相物质交换的源汇项可能油与气之间更复杂而已（黑油模型）。

因此，两相渗流的有限元方程的推导，留给读者在需要时自己完成。

参 考 文 献

吴梦喜，高莲士，1999. 饱和−非饱和土体非稳定渗流数值分析. 水利学报，（12）：38-42.

Celia M A，Efthimios T B，Rebecca L Z，1990. A general mass-conservative numerical solution for the unsaturated flow equation . Water Resources Research，26（7）：1483-1496.

Clement T P，Wise W R，Molz F J，1994. A physically based，two-dimensional，finite-difference algorithm for modeling variably saturated flow. Journal of Hydrology，161：71-90.

Cooley R L，1983. Some new procedures for numerical solution of variably saturated flow problems. Water Resource Research，19（5）：1271-1285.

Huang K，Mohanty B P，van Genuchten，1996. A new convergence criterion for the modified Picard iteration method to solve the variably saturated flow equation. Journal of Hydrology，178：69-91.

Milly P C D，1985. A mass-conservative procedure for time-stepping in nodes of unsaturated flow. Advances Water Resources 8：32-36.

Mualem Y，1976. A new model for predicting the conductivity of unsaturated porous media. Water Resources，12：513-522.

Neuman S P，1999. Saturated-unsaturated flow seepage by finite element. Proc. ASCE，J. Hydrajl. Div.，99（HY12）.

Simpson M J，Clement T P，2003. Comparison of finite difference and finite element solutions to the variably saturated flow equation. Journal of Hydrology，270：49-64.

van Genuchten M T，1980. A closed-form equation for predicting the hydraulic conductivity of unsaturated soils. Soil Science Society of America Journal，（44）：

892-898.

　　Vauclin M，Khanji D，Vauchaud G，1979. Experimental and numerical study of a transient two-dimensional unsaturated-saturated water table problem. Water Resources Research，15（5）：1089-1101.

　　Warrick A W，Biggar J W，Nielsen D R，1971. Simultaneous solute and water transfer for an unsaturated soil. Water Resources Research，7（5）：1216-1225.

　　Wu M X，2010. A finite-element algorithm for modeling variably saturated flows. Journal of Hydrology，394（3-4）：315-323.

本 章 要 点

1. 有限元中关于单元、形函数、母单元、坐标变换、数值积分等基础知识。
2. 地下水渗流的有限元计算公式的推导方法。
3. 地下水渗流有限元算法中，各种渗流边界条件的处理方法。
4. 非恒定渗流中，单元含水量变化项的处理方法。
5. 单向气体的有限元公式推导。

复习思考题

　　1. 请推导形函数中包含有面积坐标或体积坐标时，形函数对整体坐标导数的计算公式。

　　2. 如何依据渗流的连续性微分方程，推导地下水渗流的有限元方法？

　　3. 请列出不相容混的油水两相渗流定解问题的数学模型，并推导出随时间变化的两相渗流场联立求解的有限元算法。

　　4. 本章介绍的有限元计算公式的推导方法，对于应力变形、热传导、溶质输运等的定解问题是否具有普适性？能否基于基本的物理定律，建立上述问题的数学模型，并推导出有限元算法公式？

　　5. 通过自己的推导，看看是否已经具备建立油水两相、油气两相渗流的有限元算法公式的能力？

第6章　地下水渗流有限元计算 若干问题

变饱和度地下水渗流场模拟中存在内部逸出面（Wu et al.，2013）、大量排水孔的模拟和降雨入渗边界的处理等问题。在地下水渗流分析领域，如第5章所述，包含非饱和区的水气两相渗流和饱和区的单相渗流，统一视为变饱和度的单相，称为变饱和度的瞬变渗流问题，或饱和–非饱和渗流问题。

6.1　内部逸出面问题及其处理方法

6.1.1　问题介绍

自1960年以来，因为潜水（含自由水面，即饱和–非饱和区的分界面）渗流问题在地下水资源、水利水电工程和其他岩土工程具有很强的非线性和重要性，其数值分析方法一直是科研与工程技术人员研究的重点。有自由水表面的渗流问题首先由 Taylor 和 Brown（1967）以及 Finn（1967）用自适应网格法在饱和区域进行了数值求解，使计算网格在迭代过程中在几何上与饱和渗流区域完全重叠为止。自适应网格方法通常导致差异很大的计算结果（Neuman et al.，1970；Desai，1972），并且在自由表面附近有几种材料的问题中通常遇到网格处理的困难（Oden et al.，1980）。为了避免这些困难，提出了仅改变与自由表面相交的网格同时保持其他网格不变的方法（Gioda et al.，1987；Cheng et al.，1993；吴梦喜等，1994）。网格固定的方法也被提了出来，例如，由 Desai（1976）提出的剩余流量法，Bathe（1979）提出的将与自由表面相交的单元处理为自由面上部区域渗透系数大幅度折减的复合材料单元的方法。将渗流计算仅限于饱和区域上的这些方法，需要通过迭代过程来定位自由表面。另一组方法使用非饱和理论，计算域涉及饱和与非饱和区（Freeze，1971；Cooley，1983；

Celia et al., 1990；Diersch et al., 1999；Wu, 2010)。非饱和区中的材料的渗透系数随着饱和度或负孔隙压力的大小而变化。在仅进行饱和流动模拟中的自由表面位置的迭代问题被转化为场地中材料的渗透系数的迭代问题。为提高这些方法的收敛性、迭代效率和准确性，特别是针对非单一均质土层中的问题（Lacy et al., 1987；Borja et al., 1991；Bardet et al., 2002；Herreros et al., 2006；Ayvaz et al., 2007；Kazemzadeh-Parisi et al., 2011)，已经做出了持续的努力。而自由表面穿过具有显著渗透系数差异的材料的界面时（Youngs et al., 2009)，通常难以获得收敛的结果。通常使用模拟两种材料组成的矩形坝的自由表面［如图 6.1（a）所示］的一个实例来验证算法（Lacy et al., 1987，Borja et al., 1991；Bardet et al., 2002，Herreros et al., 2006；Ayvaz et al., 2007；Kazemzadeh-Parisi et al., 2011)，然而，在这些算法中的材料界面附近的自由表面的位置看起来是不同的。沿着界面，这些算法中自由表面差异的最大距离可达模型上游和下游水头差的 40%左右。

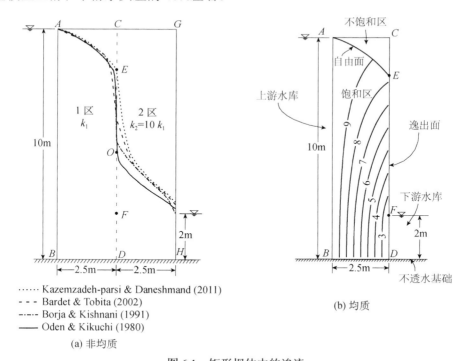

...... Kazemzadeh-parsi & Daneshmand (2011)
- - - Bardet & Tobita (2002)
-·-·- Borja & Kishnani (1991)
—— Oden & Kikuchi (1980)

(a) 非均质

(b) 均质

图 6.1　矩形坝体中的渗流

　　然而，潜水在均质区域的模拟结果通常是相同的，并且与实验一致。例如，均质矩形坝的自由表面的位置在类似的实验（毛昶熙，2003）和许多类似的数值模拟（Oden et al.，1980；Freeze，1971；毛昶熙，2003）中如图 6.1 （b）所示。Wu 等（2013）基于对非均质区域渗流场渗流现象的调查，提出了内部逸出面的概念和提高模拟结果精度和迭代效率的方法。

6.1.2 非均质区域渗流现状的调查

正如 Freeze（1971）所指出的那样，零压力曲线在非均质的土坝中通常不是一个流线，很大比例的流管可能会在其部分行程中采用不饱和的流道。同时，一个饱和的分析，将零压力曲线作为零通量边界，可能导致确定的自由面与实际情况有很大的不同。如图 6.1 所示，图（a）的非均质坝是由两个区域组成的。第 1 区与（b）中的坝的几何和材料是一样的。第 2 区与第 1 区在几何上一样，但是材料的渗透系数是 1 区的 10 倍。图（a）中矩形区域 $ABDC$ 内的水头必不会小于图（b），因为第 2 区阻止了水流，从而抬高了上游矩形区域的水头（渗流场与电场相似，渗透系数的倒数相当于电阻，水头相当于电位，用电阻和电位的观点可同样直观理解）。因此图（a）的自由表面 AE 必不低于图（b）的情况。这也可以直观地从图（a）和（b）相似电势边界下的相似电场的比较中得到。图（a）中模拟的自由表面位置低于 AE 的结果是不准确的。很明显，通过 CD 的通量不足以在其右边区域维持点 E 一样高的自由表面，因为右边区域材料的渗透系数比左边的要高。因此，在界面 EF 右边的区域，可以看到自由表面急剧下降，而在第 2 区内左半边模拟出的较高的自由面则相应的是不准确的。图（b）的 EF 是一种逸出面，水压力等于通常为 0 的环境空气压力，图（a）中 EF 上的水压力不小于图（b）中 EF 上的水压力，即同样不小于环境气压。因此，图（a）中的 EF 的左区域是饱和的，EF 的右边的上部分是非饱和区。如果点 O 是第 2 区的自由表面位置，那么直线 EO 近似于饱和与非饱和区域之间的边界。流过线 EO 的流量只能沿着界面以一个薄层向下流动，就像在渗流外边界的普通逸出面一样。对于一般的边坡界面来说，在垂直或正斜率界面的条件下，在直线的右边，只有一层薄薄的饱和土壤；或者在直线 EO 是反向坡的情况下，其上部是饱和区，其下部是非饱和区。EO 流出的水，在其下部这个非饱和区中，可能以水滴的形式下落并过渡到毛细水渗流，也可能直接以毛细水渗流的形式向其下部流动。直线 EO 的渗流特征与外边界的逸出面相似。在这里，EO 是渗流区的一个逸出面，被称为内部逸出面。对于处理渗流条件的特殊考虑通常是必要的，因此在不对此进行处理的情况下，在非均匀场的渗流数值模拟的准确性和收敛性方面存在困难。

6.1.3　非均质潜水渗流场内部逸出面处理理论

地下水流出无外水压力的边界（该边界位于水上），该边界称为逸出面。数学表达式是：

$$\begin{cases} \psi = 0 \\ q_n > 0 \end{cases} \qquad (6.1)$$

其中，ψ 是压力水头；q_n 是边界面上的法向渗流量。

图 6.2 中的 EO 线，若将其看成是图中左侧区域的一个边界，则其渗流特征满足式（6.1）的条件，它可以被命名为内部逸出面。内部逸出面如自由面一样，是饱和与非饱和区域的分界面；在单一的饱和渗流模拟方法中，无法计入通过这个面的流量。然而在内部逸出面上实际有渗流流出图中左侧并流入图中右侧区域。内部逸出面的数学表达式如下：

$$\begin{cases} \psi = 0 \\ q_n = 0 \end{cases} \qquad (6.2)$$

其中，$q_n = 0$ 表示界面在渗流域内部，渗流从 EO 线流出左侧区域进入右侧区域。对于渗流域而言，其渗流量为 0。

细粒土包裹粗粒土的非饱和降雨入渗试验中，从高饱和度的细粒土表面向下渗透，流向饱和渗透系数更大的低饱和度的粗粒土时没有水流从粗粒土中通过，而是绕过粗粒土从细粒土中下渗（王志明等，2003）。这一原理已在核废料填埋工程中应用了数十年。因此，没有水从图 6.2 中 CE 线流过，然而 CE 线两侧的非饱和孔隙压力是急剧变化的。

当孔隙水从一种多孔介质流向渗透性更大的另一种多孔介质时可能出现内部逸出面。无论是单一饱和渗流分析还是变饱和度渗流分析，在内部逸出面上每一个结点上都需要两个编号，一个编号代表左侧，另一个编号代表右侧。但左侧的孔隙水压力等于 0，右侧的孔隙水压力小于 0。逸出面两侧的单元由此分隔开来，且流出左侧单元面的流量与流入右侧单元面的流量相等。虽然图 6.2 中内部逸出面位于界面线 CD 上，其范围却事先未知。在非恒定渗流中其范围亦随时间而变化，需要在迭代计算过程中确定。计算模拟时，在内部逸出面以内及其上部沿着界面两侧的单元需要用这种办法来分开。由于在网格剖分工具中要将沿着界面两侧的单元用一个结点两个编号的方式分开是很困难的，因此如图 6.2 所示在渗透系数较大一侧矩形区域 $CDD'C'$ 设置一层薄层单元，用作界面单元来分开两个渗流区。内部逸出面的范围需要在迭代计算中确定，且其流量需要从左侧传递到右侧。

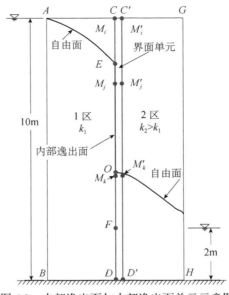

图 6.2　内部逸出面与内部逸出面单元示意图

6.1.4　有内部逸出面的非均质场潜水渗流算法

基于变饱和度渗流计算方法，下面给出了非均质场潜水渗流的算法。

1. 变饱和度渗流的有限元单元法

水流过多孔介质的变饱和度渗流的运动方程由达西定律描述如下：

$$q_i = -k_r(\psi) K_{ij} \cdot h_{,j} = -k_r(\psi) K_{ij} (\psi + z)_{,j} \tag{6.3}$$

依据守恒定律和上式，多孔介质中变饱和度渗流的控制方程（Richards 方程）可以表示为

$$\frac{\partial \theta(\psi)}{\partial t} - [k_r(\psi) \cdot K_{ij} \cdot (\psi + z)_{,j}]_{,i} = Q \tag{6.4}$$

在式（6.3）和式（6.4）中，q 是达西流速向量；$k_r(\psi)$ 是相对渗透率；K 是饱和介质的渗透张量；$h = \psi + z$ 是水头；ψ 是采用长度量纲的压力水头；z 是基于一个参考平面的高程；$\theta(\psi)$ 是体积含水量；Q 是源/汇项。下标 $i, j = 1, \cdots, D$ 是笛卡儿坐标的空间坐标指数，D 指空间维度（2 或 3），求和约定用于重复指标。

van Genuchten 方程和 Mualem 非饱和相对渗透系数公式常用于描述 $\theta(\psi)$ 和

$k_r(\psi)$ 与 ψ 的关系。

作者给出了式（6.4）的有限元算法：

$$[K_{IJ}(\psi) + O(\psi)]\psi_J^n = \tilde{O}(\psi)\psi_J^{n-1} + F_I(\psi) - K_{IJ}(\psi)z_J \qquad (6.5)$$

其中：

$$K_{IJ}(\psi) = \sum_e \int_{\Omega_e} k_r(\psi^{n,m-1}) \cdot K_{ij} N_{J,j} N_{I,i} \mathrm{d}\Omega \qquad (6.6)$$

$$O(\psi) = \sum_e \int_{\Omega_e} \frac{1}{l} \delta_{ij} \beta(\psi^{n,m-1}) \frac{\overline{C}(\psi^{n,m-1})}{t^n - t^{n-1}} \mathrm{d}\Omega \qquad (6.7)$$

$$\tilde{O}(\psi) = \sum_e \int_{\Omega_e} \frac{1}{l} \delta_{ij} \beta(\psi^{n-1}) \frac{\overline{C}(\psi^{n,m-1})}{t^n - t^{n-1}} \mathrm{d}\Omega \qquad (6.8)$$

$$F_I(\psi) = \oint_L -q_n N_I \mathrm{d}L + \sum_e \int_\Omega Q N_I \mathrm{d}\Omega \qquad (6.9)$$

在方程（6.7）和（6.8）中：

$$\beta(\psi) = \begin{cases} 1, & \psi \geqslant 0 \\ 0, & \psi < 0 \end{cases} \qquad (6.10)$$

$$\overline{C}(\psi^n) = \begin{cases} \dfrac{\theta(\psi^n) - \theta(\psi^{n-1})}{\beta(\psi^n) \cdot \psi^{n,m-1} - \beta(\psi^{n-1}) \cdot \psi^{n-1}}, & \left|\beta(\psi^n) \cdot \psi^n - \beta(\psi^{n-1}) \cdot \psi^{n-1}\right| \geqslant 0.01 \\[4mm] \dfrac{\theta(\psi^n) - \theta(\psi^n - 0.01)}{0.01}, & \left|\beta(\psi^n) \cdot \psi^n - \beta(\psi^{n-1}) \cdot \psi^{n-1}\right| < 0.01 \end{cases}$$

$$(6.11)$$

在这些有限元方程中，l 是一个单元的结点数目，δ_{ij} 是克罗内克（Kronecker）δ，N 是基于单元结点的形函数，I 或 J 是单元中的结点的序列号，上标 n 是时间轴 t 上的迭代步，m 是求解 t^n 时刻渗流场的迭代步（某一时刻非线性方程的迭代层次）。

2. 逸出面迭代方法

逸出面是数学上用式（6.2）描述的水面以上饱和渗流流出的边界，孔隙水压力 ψ 等于 0。虽然孔隙水压力已知，但是在计算过程中其位置事先未知，构成了一个非线性的边界条件。在迭代过程中需要有一个调整方法使逸出面内的结点孔隙水压力为 0，而水面以上逸出面外的结点孔隙水压力为负值，且逸出面上的水流向边界外（Cooley，1983）。迭代过程中，可能为逸出面的边界上孔隙压力为正的结点，其边界条件要修改为已知的零压点，而设定为逸出面结点中流通量为负的结点要在下次有限元迭代求解时确定并处理为逸出面以外的结点（Wu et al.，1999；Wu，2010）。结点的流通量可以用下式计算：

$$Q_I = -K_{IJ} \cdot (\psi + z)_J \tag{6.12}$$

其中，Q_I 是结点 I 的流通量；K_{IJ} 是式中描述的总的渗流系数二阶向量（Wu，2010）。

3. 界面单元的处理方法

在迭代过程中需要对界面单元进行特殊处理。在图 6.2 所示的 $CDD'C'$ 区域中的单元在第一个迭代时间步第一次迭代计算中全部作为普通单元，不进行特殊处理。在接下来的时间步，其渗流特征能够通过结点的压力来确定。一个界面单元中有一半以上结点的孔隙水压力大于 0 时，则这个单元处于自由面以下或跨过自由面，这种单元不需要进行特殊处理。其他单元处于逸出面上或非饱和区，这些单元不参与下一次渗流计算中如式（6.6）所表示的系数矩阵的组合，如此在求解式所描述的渗流方程的下一次迭代计算中，可将界面两侧的饱和与非饱和区域分开。逸出面上的结点及其流量可以通过上一段描述的方法和过程确定。如图 6.2 所示，CE 是零流量边界，因此负孔压的内部边界结点没有流量流入下游区域。EO 对于 1 区是逸出面边界，而对于 2 区是流量边界。逸出面结点的流量需要加到下游区域，如结点的流量 M_j 加到其相对结点 M'_j 从而使式（6.5）遵从质量守恒定律。通过边界 EO 从左侧流入右侧的流量与右侧土的饱和渗透系数相比要小得多，与干土中的入渗情况类似。单元中高斯积分点上相对渗透系数在两个相邻的迭代步中变化很大，相邻高斯点的相对渗透系数之比可能达到几个数量级。这会导致迭代效率低下甚至导致严重的不收敛问题。为了避免这种情况，将逸出面 EO 上流出的流量加到与下游侧自由面相邻的 $M_k M'_k$ 边上。

包括内部逸出面在内的所有的未确定的边界条件均基于迭代过程中前一次迭代计算所获得的孔隙水压力确定。处理内部逸出面的过程如下：①首先要设置一个属性存储所有可能位于逸出面上的结点的编号和属性值，0 表示在逸出面上，−1 表示不在逸出面上且孔隙压力为负值；②在迭代过程中，属性为 0 的点要按照公式计算结点的流通量，流通量为负的结点，其属性将由 0 修改为−1，即从上次迭代时设定的逸出面结点中剔除，流通量为正的结点，其流通量要作为入渗流量，加到上述下游侧的边上；③结点属性值为−1 且孔隙水压力大于 0 的结点，属性值修改为 0；④有一半以上结点的孔压为非负的界面单元为普通单元，其他界面单元为非普通单元，非普通单元在下一个迭代步中不参与渗流计算。

6.1.5　方法验证及模拟结果与以往分析的比较

这个方法的性能通过 3 个稳定渗流的算例说明。算例 1 是上述矩形区域坝，算例 2 是梯形区域坝，算例 3 是一个三维心墙堆石坝。第一和第二个算例中的计算结果与以往的方法进行对比。该方法因为其通用性能而用于瞬态渗流问题的计算。

算例 1：矩形分区坝的稳定渗流场。

如图 6.2 所示，用边长为 0.25m 的 4 结点正方形单元剖分区域。区域网格与文献 Borja 等（1991）和 Bardet 等（2002）中的相同。1 区和 2 区中的非饱和介质的相对渗透系数如图 6.3 所示。图 6.4（a）显示孔隙水压力等值线在 0 孔隙水压力线以下是连续的，而在其上部在两个区域的界面上是非连续的。如图 6.4（b）所示，0 孔隙水压力线的位置的传统的分析结果（Lacy et al.，1987；Borja et al.，1991；Borja et al.，2002；Herreros et al.，2006；Ayvaz et al.，2007；Kazemzadeh-Parisi et al.，2011）显著不同，准确反映了内部逸出面特征。图 6.5 是相邻两次迭代的计算中的结点最大压力差与迭代次数的关系，表明相邻两次迭代中结点的孔隙水压力的最大差值在模拟过程中迅速降低，表明算法的良好的迭代效率。如果不采用内部逸出面迭代方法，迭代是发散的。

如果将界面单元全部按普通单元处理，即不采用内部逸出面方法，迭代误差与迭代次数的关系如图 6.6 所示。迭代过程中 3 次相邻迭代的零压线位置如图 6.7 所示。显示迭代误差不随迭代次数减小，相邻两次迭代的最大水压力差均超过 2m，计算结果不收敛。

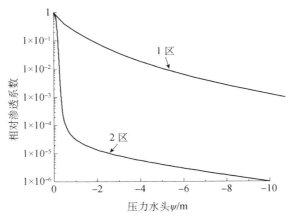

图 6.3　1 区和 2 区中非饱和介质的相对渗透系数与负孔隙水压力关系

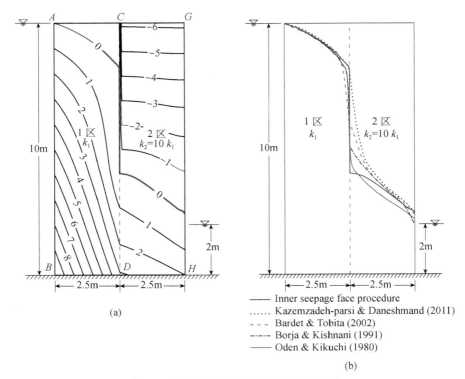

(a)

——— Inner seepage face procedure
…… Kazemzadeh-parsi & Daneshmand (2011)
– – – Bardet & Tobita (2002)
–·–·– Borja & Kishnani (1991)
——— Oden & Kikuchi (1980)

(b)

图 6.4 分区坝中的压力水头线与零压线

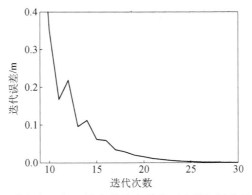

图 6.5 两次相邻迭代计算中的结点最大压力差与迭代次数的关系

将本算例中单元边长 0.25m 的细网格替换为网格单元边长 1.25m 的粗网格，对比是否设置逸出面两种模拟方式，计算所得的 0 孔隙水压力线位置比较如图 6.8 所示。采用粗网格，两种模拟方式的迭代都是收敛的。设置内部逸出面的 0 孔隙水压力线的位置与图 6.4（a）中采用密网格的结果是一致的。采用粗

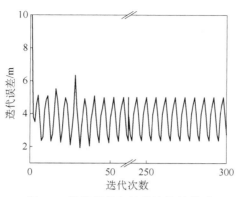

图 6.6　迭代误差与迭代次数的关系

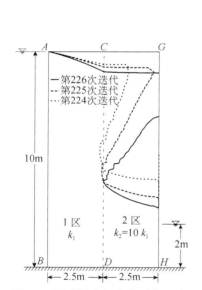

图 6.7　不采用内部逸出面处理时
的 3 次相邻迭代次数中的零压线

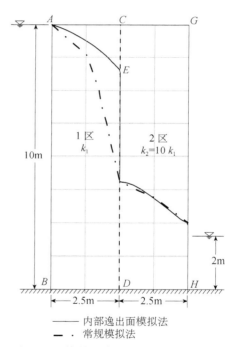

图 6.8　网格单元边长 1.25m 和是否设置
内部逸出面模拟所得的 0 孔隙水压力线比较

网格时不设置内部逸出面的模拟虽然没有出现迭代收敛性问题（上述细网格中迭代不收敛），0 孔隙水压力线模拟结果位置大大低于正确位置，显然与实际情况差异很大。许多如图中点划线类似的不包含一段材料接触界面 0 孔隙水压力线的模拟结果也可以在其他一些文献中找出来（Lacy et al.，1987；Borja et al.，1991；Bardet et al.，2002；Herreros et al.，2006；Ayvaz et al.，2007；Kazemzadeh-

Parisi et al.，2011）。

算例2：梯形分区坝的稳定渗流场。

图6.9给出了非均质的梯形分区坝的0压线模拟结果。1区和2区土的非饱和相对渗透系数与图6.3所给出的算例1中的土相同。当两种材料的渗透系数之比 $k_2/k_1=1$ 时，其0压线模拟结果与文献（Kazemzadeh-Parisi et al.，2011）中仅进行饱和区渗流模拟的结果相同，而 $k_2/k_1>1$ 时，用内部逸出面模拟方法所得的结果显然比文献中的模拟结果更合理，因为在土料接触界面上的0压线不是一条流线。内部逸出面的合理模拟对于渗流计算是很重要的，否则不但地下水位的位置不合理，而且更重要的是在土料界面处用来判别内部侵蚀危险性的土的渗透坡降不正确。

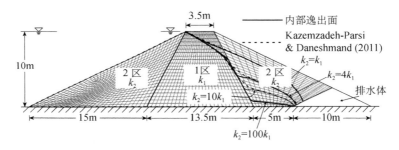

图6.9　非均质梯形分区坝中的0压线模拟结果

算例3：三维土质心墙坝。

双江口水电站位于我国四川省大渡河的上游。电站发电厂房位于左岸地下，挡水建筑物为314m高的土质心墙坝。一个简化的三维模型如图6.10所示。心墙底部的绕渗单元用于模拟从心墙上游堆石区和水库两岸以及库底通过基岩从分隔基岩与心墙土的混凝土板下部绕渗进入下游堆石区的流量。这个渗流量通过一个水平投影面积达到 $4km^2$ 的大型三维计算模型计算而来。材料的渗透系数如表6.1所示。土的相对渗透系数与负压关系如图6.11所示。河谷中心线剖面和心墙下游面的等孔隙水压力线分别如图6.12和图6.13所示。心墙和下游滤层接触面的很大一部分区域为内部逸出面。由此可见内部逸出面的模拟在三维计算中也是有效的。虽然滤层的渗透系数与过渡区的渗透系数之比也大于1.0，它们之间的接触面上却没有内部逸出面。因此，并不是渗流从细颗粒土流入一个孔隙更大的粗颗粒土一定会出现内部逸出面。

表 6.1　心墙堆石坝中土料的渗透系数

材料	心墙	滤层	过渡区	堆石区	覆盖层	绕渗单元	混凝土
渗透系数/（m/s）	7.0×10^{-8}	1.8×10^{-5}	8.0×10^{-4}	1.0×10^{-2}	1.0×10^{-4}	1.1×10^{-4}	1.0×10^{-11}

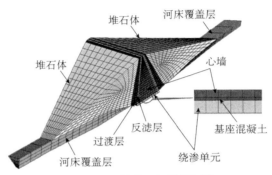

图 6.10　心墙堆石坝计算网格

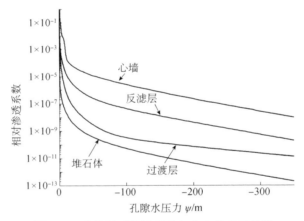

图 6.11　土的相对渗透系数与土中的负压关系

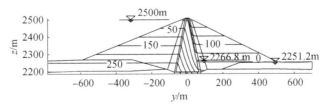

图 6.12　河谷中心线剖面等孔隙水压力线

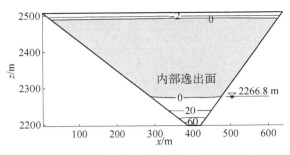

图 6.13 　心墙下游面等孔隙水压力等值线

6.1.6 　小结

内部逸出面可能出现在渗流从渗透系数小的材料向渗透系数大的材料流动的潜水渗流区域的两种材料的界面上。本节提出了一个处理内部逸出面模拟的方法。界面单元和逸出面判别方法用于模拟内部逸出面现象。如果不采用特别的方法处理内部逸出面，在潜水渗流计算中无论是饱和区模拟方法还是包含非饱和区渗流计算的模拟方法，迭代发散问题就可能在细网格模型中出现或在粗网格模型中产生计算结果与渗流实际差异很大的问题。本节中的方法与其他文献中的模拟方法相比，在 2-D 模型中迭代效率优良且结果更合理，3-D 大坝的模拟表明了该方法对三维模型的有效性。

6.2 　降雨入渗边界的处理

降雨入渗边界是一类很有特点的边界。当雨强小于地表面的饱和无积水入渗能力时，边界的流量等于雨强，即为已知流量边界；雨强大于地表面的饱和入渗能力时，边界入渗流量小于雨强，入渗流量是未知的，但边界出现积水，边界上的水头等于积水深度，即为已知水头边界。由于地表面的饱和入渗流量不但和土本身的渗流参数有关，还和地表土及其下部土中的含水量有关，因而是时空变化的。计算过程中饱和入渗流量的准确计算，对降雨入渗边界条件的合理模拟和降雨入渗的场地或边坡渗流场的合理模拟都是至关重要的。

降雨入渗边界的处理，分为两个层次。第一个层次是计算程序中，要实现入渗边界通过迭代计算，依据降雨量和计算结果的反馈，自动实现流量边界与定水头边界的转换；第二个层次，是建模网格剖分时，入渗表面下的第一个单元，其厚度要足够小，以便在计算过程中使饱和湿润入渗量（0 孔隙水压力）的计算误差不至于过大（饱和入渗量是依据单元结点水头插值，计算出渗透坡降、相对渗透系数等物理量后计算出来的）。

6.3　模型范围与截断边界的处理

地下水渗流的范围是很大的，渗流有限元计算往往难以甚至不可能将整个渗流场都包括进来，渗流计算往往需要将计算几何模型限定在有限的范围。因此，确定渗流计算的范围和处理截断边界条件是实际工程渗流计算中首先要面对的问题。

模型的范围的选取主要考虑两点：①使截断边界条件的处理与实际渗流状况的差异对所研究的区域的渗流场计算结果影响足够小；②计算范围在满足对渗流场了解需求的前提下尽量小，以减少建模和计算的工作量。

以水电站的渗流为例，如第 11 章介绍的水电站渗流分析中的图 11.1，根据渗流分析的任务，模型在平面上的选取范围除了要包含厂区和坝区以外要足够大，以便使边界条件与实际的差异对所关心的渗流计算区域足够小。模型的上表面一般可选为地表或构筑物的上表面；模型的下表面一般取比较低的高程的水平面，通过这个面上的渗流量应该是比较小的，以至于将底面当作不透水界面时，其边界条件与实际的差异对所关心区域的渗流场计算结果的影响足够小。模型的上表面一部分是被库水或河水覆盖而位于水面以下的，其边界条件为水头边界；另一部分则位于水面以上，为降雨入渗边界（降雨入渗计算时）、可能的渗流溢出边界或 0 流量边界（非降雨情况，非渗流逸出面）。不透水边界或 0 流量边界条件因为流量为 0，有限元计算时不需要进行边界条件计算自动满足，这种边界条件也称为自然边界条件，不需要在前处理数据文件中告知。

模型四周的边界条件则需要根据实际情况来选取，对于天然情况，在这些边界上通常都有流量流入或流出，而这个流量又是随着季节及工程修建的情况而变化的，且其流量大小也是未知的。如果边界四周的流量对所关心区域的渗流场影响不大，则可以按 0 流量边界处理，这样最为简单。在选取计算范围时，将模型的周边边界定得远离所关心的渗流区域，或边界条件容易确定的位置，也就是基于此考虑。对于天然地下水位有勘探结果的情况，则可以先按照定水头边界条件，计算出天然渗流场并求出边界流量；然后在蓄水工况中，参照此流量按照流量边界条件来计算（蓄水工况会改变边界流量，因而只能参照天然渗流场的流量情况和工程建成后的情况来大致地估算边界流量）。

对于河床为强弱透水互层的地质情况，其模型的计算范围和边界条件与普通情况差异较大，可参见文献（吴梦喜等，2013）。

总之，模型范围的选取、边界位置和边界条件的确定的目标，是使模型计算结果尽可能更准确地反映实际情况，对于具体的工程，要充分利用渗流力学的相关知识做好模型概化。

6.4 排水孔列的模拟

在整个渗流场的计算中，因为计算的范围很大，所以网格的尺寸也很大，而排水孔的数量很大，直径很小（厂房的第二排排水孔幕的直径仅为76mm），如果要对每个排水孔进行模拟，一方面建模的工作量很大，另一方面由于要模拟排水孔，其周围的网格必须划得很密，这样整个流场的网格规模很大，这就给有限元计算带来了困难。这里采用相对成熟的以沟代井的附加单元法（李斌等，1996）来处理排水孔幕的问题。

6.4.1 井列流量计算的附加渗径

以沟代井方法的思路是：用等效无限窄沟代替井列，通过在沟所在平面附加一个渗径以增加渗径，使井列用窄沟替代后的渗流量与原井列的渗流量相等以实现等效。

井列的单宽流量 q_w 为

$$q_w = k \cdot T \cdot H / (L + aF) \tag{6.13}$$

其中，k 为含水层的渗透系数；T 为含水层的厚度；H 为边界至井的水头差；a 为井间距；F 表示附加阻力因子。

对于封井底的井列的附加阻力因子 F，可采用下面的经验公式（毛昶熙，1981）计算，即

$$F = \left[\frac{1}{2\pi} + 0.085 \left(\frac{T}{W + r_0 \left(1 - \frac{W}{T} \right)} - 1 \right) \left(\frac{T}{a} + 1 \right) \right] \ln \frac{a}{2r_0} \tag{6.14}$$

其中，r_0 为井的半径，W 表示井深。

若井的深度与含水层的厚度相等，即 $W = T$，则附加阻力因子可简化为

$$F = \frac{1}{2\pi} \ln \left(\frac{a}{2\pi r_0} \right) \qquad (6.15)$$

式（6.13）相当于井列的单宽流量，按边界到井的最短渗径再附加一个渗径 aF 后所得的平均水力梯度计算渗流量，定义附加渗径为

$$\Delta L_w = a \cdot F \qquad (6.16)$$

其中，ΔL_w 为井的附加渗径。

则完整井的附加渗径可按下式计算：

$$\Delta L_w = \frac{a}{2\pi} \ln \left(\frac{a}{2\pi r_0} \right) \qquad (6.17)$$

其中，r_0 为井的半径，a 为井间距。

6.4.2　以沟代井的附加单元法

假设附加块体仍然满足达西定律，计算出附加渗径 ΔL_w 后，就可以在有限元中加以实现。在有限元计算中的沟体现在单元上就是单元的一个面，附加渗径可借助于附加块体实现（李斌等，1996）。如图 6.14 所示，$abcd$ 是井列的中心线所构成的平面，即假想的无限窄沟所在的位置。在 $abcd$ 的任一侧附加一个块体，这个块体的渗透系数与井列的上游侧岩土体相同，其厚度等于上述附加渗径 D_L。与 $abcd$ 相对应的

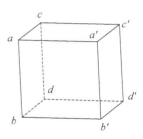

图 6.14　附加单元

另一个面是 $a'b'c'd'$，则作为无限窄沟的边界面。$a'b'c'd'$ 面的水头值按沟的水位控制，作为已知沟的边界，而 $abcd$ 面的水头则作为该处井断面的平均水头。对附加块体同样进行网格剖分，与 $abcd$ 面对接作为附加单元。附加块体的存在并不影响 $abcd$ 面与其他单元相连接的性质。

6.4.3　排水孔幕的附加渗径与边界条件实例

图 6.15 为某水电站的排水孔幕设计示意图，靠近厂房帷幕的排水孔幕的间距是 3m，井孔的直径为 $\phi=140$mm（半径 0.07m），则可计算出附加渗径为 0.92m。第二排排水孔幕的孔间距是 3m，井孔的直径 $\phi=76$mm，则附加渗径为 1.21m。第一排排水孔幕的附加单元的外表面的边界按下游逸出面处理，第二排排水孔幕的最下层排水廊道以下的孔幕的附加单元的外表面按照已知水头边界

处理（排水孔中的水只能从排水孔的上部流入排水廊道），其余的按可能的外边界逸出面处理（排水孔中的水从排水孔流入其下部的排水廊道）。

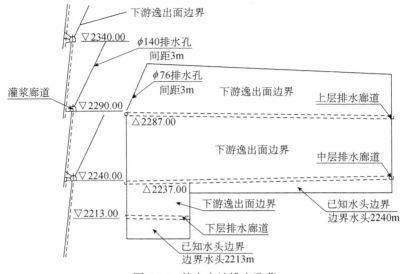

图 6.15　某水电站排水孔幕

参 考 文 献

毛昶熙，1981. 电模拟试验与渗流研究. 北京：水利出版社.

毛昶熙，2003. 渗流计算分析与控制. 北京：中国水利水电出版社.

王志明，江洪，姚来根，等，2003. 非饱和水在双层孔隙介质中渗流的定性实验. 辐射防护，23（1）：8-13.

吴梦喜，杨连枝，王锋，2013. 强弱透水相间深厚覆盖层坝基的渗流分析. 水利学报，44（12）：86-94.

吴梦喜，张学勤，1994. 有自由面渗流的虚单元法. 水利学报，（8）：67-71.

Ayvaz M T，Karahan H，2007. Modeling three-dimensional free-surface flows using multiple spreadsheets. Computers and Geotechnics，34（2）：112-123.

Bardet J P，Tobita T，2002. A practical method for solving free-surface seepage problems. Computers and Geotechnics，29（2002）：451-475.

Bathe K J，Khoshgoftaar M R，1979. Finite element free surface seepage analysis without mesh iteration. International Journal of Numerical and Analytical Methods in Geomechanics，3（1）：13-22.

Borja R I，Kishnani S S，1991. On the solution of elliptic free boundary problem via Newton's method. Computer Methods in Applied Mechanics and Engineering，88（3）：341-361.

Celia M A，Efthimios T B，Rebecca L Z，1990. A general mass-conservative numerical solution for the unsaturated flow equation. Water Resources Research，26（7）：1483-1496.

Cheng Y M，Tsui Y，1993. An efficient method for the free surface seepage flow problem. Computers and Geotechnics，15（1）：47-62.

Cooley R L，1983. Some new procedures for numerical solution of variably saturated flow problems. Water Resource Research，19（5）：1271-1285.

Desai C S，1972. Seepage analysis of earth banks under drawdown. Journal of the Soil Mechanics and Foundations Division，98（11）：1143-1162.

Desai C S，1976. Finite element residual schemes for unconfined flow. International Journal of Numerical and Analytical Methods in Geomechanics，10（6）：1415-1418.

Diersch H J G，Perrochet P，1999. On the primary variable switching technique for simulating unsaturated-saturated flows. Advances in Water Resources，23：271-301.

Finn W D L，1967. Finite-element analysis of seepage through dams. Journal of the Soil Mechanics and Foundations Division，93（SM6）：41-48.

Freeze R A，1971. Influence of the unsaturated flow domain on seepage through earth dams. Water Resource Research，7（4）：929-941.

Gioda G，Gentile C，1987. A nonlinear programming analysis of unconfined steady-state seepage. International Journal for Numerical and Analytical Method in Geomechanrcs，11（3）：283-305.

Herreros M I，Mabssout M ，Pastor M ，2006. Application of level-set approach to moving interfaces and free surface problems in flow through porous media. Computer Methods in Applied Mechanics and Engineering，195（2006）：1-25.

Kazemzadeh-Parisi M J，Daneshmand F，2011. Unconfined seepage analysis in earth dams using smoothed fixed grid finite element method. International Journal for Numerical and Analytical Methods in Geomechanics，Wileonlinelibrary.com，DOI：10.1002/nag.1029.

Lacy S J，Prevost J H，1987. Flow through porous media：a procedure for locating the free surface. International Journal of Numerical and Analytical Methods in Geomechanics，11（6）：585-601.

Neuman S P，Witherspoon P A，1970. Finite element method of analyzing steady seepage with a free surface. Water Resources Research，6（3）：889-897.

Oden J T，Kikuchi N，1980. Theory of variational inequalities with applications to problems of flow through porous media. International Journal of Engineering Science，18（10）：1173-1284.

Taylor R L，Brown C B，1967. Darcy flow solutions with a free surface. Journal of Hydraulics Division，93（2）：25-33.

Wu M X，2010. A finite-element algorithm for modeling variably saturated flows. Journal of Hydrology，394（3-4）：315-323.

Wu M X，Gao L S，1999. Numerical simulation of saturated-unsaturated transient flow in soils. Journal of Hydraulic Engineering（in Chinese），（12）：38-42.

Wu M X，Yang L Z，Yu T，2013. Simulation procedure of unconfined seepage in a heterogeneous field. Science China：Physics，Mechanics and Astronomy，56（6）：1139-1147.

Youngs E G，Rushton K R，2009. Steady state drainage of two-layered soil regions overlying an undulating sloping bed with examples of the drainage of ballast beneath railway tracks. Journal of Hydrology，377：367-376.

Zheng H，Dai H C，Liu D F，2009. A variational inequality formulation for unconfined seepage problems in porous media. Applied Mathematical Modelling，33（1）：437-450.

本 章 要 点

1. 了解地下水渗流的内部逸出面现象及其产生的原因以及对有限元迭代计算的收敛性和计算结果的准确性带来的问题。

2. 了解降雨入渗边界条件的处理方法及其对计算结果迭代收敛性和准确性的影响。

3. 了解实际工程研究时，计算模型几何范围选取与模型边界位置及其边界条件的设置方法。

复习思考题

1. 什么是地下水渗流的内部逸出现象？为什么会出现内部逸出现象？用内部逸出描述这种现象对地下水渗流的求解方法有什么样的意义？

2. 降雨入渗边界条件是哪一种类型的边界条件？试从有限元网格剖分和求解方法两个方面来阐述有限元数值求解过程中如何合理处理这种边界条件？

3. 试结合你查到的文献，结合截断边界条件的处理，谈谈如何选取地下水渗流问题中的求解范围？

4. 为什么要对地下水渗流中的排水孔列进行概化？进行模型概化要遵循哪些原则？

第7章 渗流与应力变形耦合分析理论及有限元方法

本章首先重点介绍土体非饱和渗流与应力变形耦合的控制方程，并采用指标符号的表示方法详细地推导出非饱和土地下水渗流耦合（固结）的有限元方程；其次还阐述了土体渗流场与应力场耦合的简化计算方法。

7.1 渗流与应力变形的耦合作用概述

流体在多孔介质中运动，由于流体压力变化对多孔介质的应力变形产生一定影响，多孔介质的孔隙的压缩又反过来影响流体的渗流，因此严格来说，多孔介质中的渗流，总是伴随着与介质应力变形的相互作用。

7.1.1 多孔介质渗流与变形耦合作用的物理过程

多孔介质是变形体，作用在多孔介质上的应力变化将导致其发生体积变化。由于组成多孔介质的固相的压缩性十分微小，因而其体积压缩近似于等同其孔隙体积压缩。由于多孔介质中充满孔隙流体，孔隙体积的压缩一方面引起孔隙内部分流体的流出和孔隙流体体积的压缩，造成孔隙压力的变化；另一方面孔隙压力的变化又导致多孔介质的体积变形，从而影响作用在多孔介质上的应力。这就是多孔介质变形与流体渗透的耦合作用过程。另外，多孔介质孔隙体积的压缩还影响多孔介质的渗透率，从而影响多孔介质的流动过程。

7.1.2 典型的渗流与变形耦合作用问题

不同渗流问题的相互作用情况差异很大，因而，耦合作用的特点不同，其分析理论与求解方法也大为不同。

石油与天然气开采过程中的渗流与变形耦合，是一类典型的耦合问题。由于对于多孔介质的受力而言，除其孔隙空间中的流体压力变化以外，一般没有其他的外力作用，且在开采过程中流体的压力变动范围内，岩体的变形近似处于线弹性变形状态，因此，油气开采过程中渗流与变形的耦合，是比较简单的耦合问题。一般不关心储层应力变形本身，而仅关心储层变形对流体渗流的影响，即在流体的连续性微分方程中，通过计入流体压力变化引起的孔隙率的变化，来反映多孔介质变形对渗流的影响。

与油气开采类似的情形，如铀矿的溶浸开采，碱矿的注热水开采。对于岩体因孔隙流体变化引起的变形，可用同样的方法来计入孔隙率的变化。另外，溶浸开采因为固体物质的溶解引起孔隙率的变化，在孔隙率的表达式中，还应计入溶解的影响；而对于注热水开采，孔隙率的表达式不但要计入溶解的影响，还要计入温度变化引起的孔隙率变化。当然，注热水开采是非等温过程，不但存在渗流和变形的耦合问题，还存在渗流场与温度场的耦合作用问题。

地下水开采引起的地面沉降问题，是另一种类型的渗流与变形耦合问题。地下水位和孔隙水压力变化，导致岩土体孔隙压缩，从而导致地面沉降。这类问题，关心的主要是岩土体的变形或位移。这类问题中，多孔介质的外力变化，也基本上仅是孔隙流体的压力变化。但该类问题中，多孔介质既包含有地表以下的土层，也包含土层下部的岩石层。由于土层的应力-应变关系比较复杂，因此，一般不能用简单的线弹性关系来描述多孔介质的变形，而应用考虑土体压硬性的比较复杂的非线性弹性模型或弹塑性模型。

水利水电工程和其他岩土工程中的耦合作用，则可能比上述油气开采问题的耦合更为复杂，一方面岩土体由于开挖、填筑等，作用在其上的外力除了孔隙压力以外，其他外力变化导致其应力发生较大的变化，因而可能造成多孔介质的孔隙率的较大变化；另一方面开挖卸荷或填筑加载相对于孔隙排水速度而言，可能是一个快速的过程，因此，可能造成孔隙的压缩变形趋势而产生的所谓的超孔隙水压力产生和消散问题。另外，土体的本构（应力-应变关系）模型也比较复杂，因此土体的渗流与变形耦合问题，将在下一小节进一步阐述。

7.1.3　土体的渗流与变形耦合作用问题及其特点

对于土体的渗流与变形耦合作用问题，孔隙流体特指地下水或地下水和空气两相流体。对于水利水电工程中的岩土问题，如深厚覆盖层坝基上土石坝和围堰的填筑、基坑开挖等，土木与交通工程中软土地基上的堆载等，若地基土包含湖相或海相的沉积层，即土体的压缩性比较高而渗透性比较小时，土体在上部堆载的作用下产生孔隙压缩或压缩的趋势，由于地下水本身的压缩性很低，孔隙压缩变形的完成依赖于孔隙水的排出。对于饱和土（孔隙空间全部被水相充满），荷载作用的瞬时孔隙的体积变形来不及发生，因而其瞬时变形仅仅只有剪切变形。外力作用下产生体积变形的趋势，就依赖于孔隙水压力的升高来抵挡，孔隙水压力升高的作用，使其应力应变关系满足体积变形为 0 的条件。荷载作用下饱和土体中产生的瞬时孔隙水压力升高量，即是所谓的超孔隙水压力。超孔隙水压力随着孔隙水随时间推移向周围土体排泄而降低，这就是所谓的超孔隙水压力消散。而当孔隙流体中包含有空气时，即土体为非饱和土时，荷载作用的瞬时伴随有孔隙气体的压缩，因而外力变化引起的体积变形将在荷载施加的瞬时因孔隙气体的压缩而部分完成。非饱和土的渗流是孔隙水和孔隙气的两相渗流。由于水利水电工程和其他岩土工程中的渗流与变形耦合问题，其计算区域既包含有地下水位以下的饱和区，又包含有非饱和区，因此，单纯的饱和渗流与变形的耦合问题是少见的。非饱和渗流问题中饱和度随时间和空间变化的问题在饱和区是两相渗流中含水饱和度等于 1 时的特殊情况，因此，本书不单独阐述饱和渗流与变形的耦合问题，而将此问题的理论和求解方法包含在非饱和渗流的耦合问题之中。

7.2 土体非饱和渗流与变形耦合的数学模型

渗流和变形的耦合，简称流-固耦合。描述土体流-固耦合作用的基本方程包括描述固体应力变形和描述流体渗流两部分。固体部分包括土体力平衡（或运动）方程、物理（或本构）方程、几何方程；流体部分是连续方程、运动方程等。这些方程构成了总的控制方程。总控制方程的推导基于以下假定：

（1）孔隙内的气体处于连通状态，且孔隙气受到孔隙空间压缩后产生的超孔隙压力瞬时消散，即孔隙气压力等于大气压力；

（2）土颗粒和孔隙水不可压缩；

（3）孔隙水服从广义达西定律。

7.2.1　微分方程

对于饱和−非饱和土体，依据孔隙内的气体压力瞬时消散的假定，相对气压力为零。应力应变采用弹性力学的符号系统，以拉应力为正，压应力为负。饱和土有效应力公式可表示为

$$\sigma_{ij} = \sigma'_{ij} - p\delta_{ij} \tag{7.1}$$

式中，σ_{ij} 为总应力张量（弹性力学应力张量）；σ'_{ij} 为有效应力张量；p 为孔隙水压力。

在进行非饱和土体应力变形计算时，孔隙水压力为负值（$p < 0$），忽略负孔隙水压力对变形的影响，孔隙水压力取为 0。

根据弹性力学，力的平衡方程为

$$\sigma_{ij,j} + f_i = 0 \tag{7.2}$$

其中 f_i 为体积力。

土体的强度和应力变形关系，服从有效应力原理（土体的应力−变形关系是有效应力与变形的关系），本构方程为

$$\sigma'_{ij} = D_{ijkl}\varepsilon_{kl} \tag{7.3}$$

几何方程为

$$\varepsilon_{ij} = \frac{1}{2}(u_{i,j} + u_{j,i}) \tag{7.4}$$

其中，u 为位移。

由达西定律描述的孔隙水流动可表示为

$$q_i = -k_r(s) \cdot K_{ij} \cdot h_{,j} = -k_r(s) \cdot K_{ij} \cdot \left(\frac{p}{\rho_w g} + z\right)_{,j} \tag{7.5}$$

结合质量守恒原理，可推导出描述非饱和土中流体流动的质量守恒方程（Richards，1931），即

$$\left[-k_r(s)K_{ij}(\sigma) \cdot \left(\frac{p}{\rho_w g} + z\right)_{,j}\right]_{,i} + \frac{\partial\theta(\phi,s)}{\partial t} = Q \tag{7.6}$$

式（7.5）和式（7.6）中，q_i 为达西流速；s 为饱和度，$k_r(s)$ 为相对渗透系数（$0 \leqslant k_r(s) \leqslant 1$，$s=1$ 时 $k_r(s)=1$）；ϕ 为土体的孔隙率；K_{ij} 为饱和介质渗透张量，考虑变形对渗透系数的影响时，随土体的应力变化而改变；h 为水头，长度量纲；p 为孔隙水压力；ρ_w 为水的密度；g 为重力加速度；z 为基于参考平面

上的高程；θ 为土体的体积含水率，是孔隙率和饱和度的函数；Q 为源汇项；$i,j=1,2,3$，代表坐标轴方向。

体积含水率 θ 可表示为

$$\theta = \phi \cdot s \tag{7.7}$$

将式（7.7）代入式（7.6），有

$$\left[-k_r(s) K_{ij} \cdot \left(\frac{p}{\rho_w g} + z \right)_{,j} \right]_{,i} + \frac{\partial (\phi \cdot s)}{\partial t} = Q \tag{7.8}$$

土体的饱和度是吸力的函数，饱和度与吸力的关系称为土水特征关系。易知

$$\frac{\partial (\phi \cdot s)}{\partial t} = \phi \frac{\partial s}{\partial t} + s \frac{\partial \phi}{\partial t} = \phi s'(p) \frac{\partial p}{\partial t} + s \frac{\partial \phi}{\partial t} \tag{7.9}$$

式中，$s'(p) = \dfrac{\partial s}{\partial p}$。将式（7.9）代入式（7.8），有

$$\left[-k_r(s) K_{ij} \cdot \left(\frac{p}{\rho_w g} + z \right)_{,j} \right]_{,i} + \phi s'(p) \frac{\partial p}{\partial t} + s \frac{\partial \phi}{\partial t} = Q \tag{7.10}$$

假定土颗粒不可压缩，则土体的孔隙度随时间的变化率就等于土体的体应变随时间的变化率，即

$$\frac{\partial \phi}{\partial t} = \frac{\partial \varepsilon_v}{\partial t} \tag{7.11}$$

将土体的体应变写成位移表达的形式

$$\varepsilon_v = u_{i,i} \tag{7.12}$$

将式（7.12）代入式（7.11），有

$$\frac{\partial \phi}{\partial t} = \frac{\partial u_{i,i}}{\partial t} \tag{7.13}$$

将式（7.13）代入式（7.10），有

$$\left[-k_r(s) K_{ij} \cdot \left(\frac{p}{\rho_w g} + z \right)_{,j} \right]_{,i} + s \frac{\partial u_{i,i}}{\partial t} + \phi s'(p) \frac{\partial p}{\partial t} = Q \tag{7.14}$$

固体部分 4 个基本方程式（7.1）、式（7.2）、式（7.3）、式（7.4）和流体连续方程式（7.14），构成了饱和-非饱和土体流-固耦合的微分方程组。

7.2.2　土体非饱和相对渗透系数

式（7.5）和式（7.6）中，相对渗透系数 k_r 的计算需要补充两个函数关系式方可进行。土体的非饱和相对渗透系数是饱和度 s 的函数，一般采用 van

Genuchten 公式（van Genuchten，1980）表示为

$$k_r(s_e) = s_e^{1/2}[1-(1-s_e^{1/m_v})^{m_v}]^2 \tag{7.15}$$

其中，s_e 为有效饱和度。有效饱和度与压力水头的关系常采用 Mualem（1976）
模型，即

$$s_e(\psi) = \frac{s(\psi)-s_r}{1-s_r} = \begin{cases} (1+|\alpha\psi|^{n_v})^{-m}, & \psi < 0 \\ 1, & \psi \geqslant 0 \end{cases} \tag{7.16}$$

其中，s 为饱和度，ψ 为压力水头，$\psi = \dfrac{p}{\rho_w g}$，$s_r$ 为残余饱和度，α 为和平均
粒径大小有关的参数，m 为无量纲参数，n_v 为与粒径均匀性有关的参数，
$m_v = 1-1/n_v$。公式（7.15）、（7.16）确定了非饱和土体的相对渗透系数与孔隙
水压力的关系。

7.2.3　边界条件

求解固结方程时，不可能将所讨论的问题看作是一个无限大的计算区域，
而必须设置一定的边界条件。对于土石坝工程而言，常见的边界条件如下：

（1）位移边界，某边界上结点位移已知，不需要计算，即

$$u_i = \overline{u}_i \tag{7.17}$$

（2）已知水头边界，某边界上结点孔隙水压力或水头已知，即

$$p = \overline{p} \ \ 或 \ h = \overline{h} \tag{7.18}$$

（3）已知流量边界，某边界上法向流速已知，即

$$\left[k_r(s)K_{ij}\left(\frac{p}{\rho_w g}+z\right)_{,j}v\right]n_i = -\overline{q}_n \tag{7.19}$$

（4）逸出面边界，所研究的边界为渗流场的自由面，自由面上的结点的孔
压为大气压，即压力水头为零。自由面的位置通常是未知的，需要提前设置可
能的逸出面边界，再通过迭代确定实际的逸出面边界。

7.3　土体非饱和渗流与变形耦合的有限元方程

对平衡微分方程组［式（7.2）］和渗流微分方程［式（7.14）］分别在空间
域和时间域内进行离散（吴梦喜，1999；Wu，2010），推导变形有限元方程及
渗流有限元方程。

7.3.1 变形有限元方程的推导

对于任意向量 v_i，从平衡方程［式（7.2）］可得出对于任意积分区域 Ω 均成立的积分方程

$$\int_{\Omega}(\sigma_{ij,j}+f_i)v_i\mathrm{d}\Omega=0 \tag{7.20}$$

式中，Ω 代表空间域。展开式（7.20）有

$$\int_{\Omega}\sigma_{ij,j}v_i\mathrm{d}\Omega+\int_{\Omega}f_iv_i\mathrm{d}\Omega=0 \tag{7.21}$$

根据四则运算求导公式 $(uv)_{,i}=u_{,i}v+uv_{,i}$，则有 $u_{,i}v=-uv_{,i}+(uv)_{,i}$。因此，式（7.21）左边第一项可变为 $-\int_{\Omega}\sigma_{ij}v_{i,j}\mathrm{d}\Omega+\int_{\Omega}(\sigma_{ij}v_i)_{,j}\mathrm{d}\Omega$。则式（7.21）可写为

$$-\int_{\Omega}\sigma_{ij}v_{i,j}\mathrm{d}\Omega+\int_{\Omega}(\sigma_{ij}v_i)_{,j}\mathrm{d}\Omega+\int_{\Omega}f_iv_i\mathrm{d}\Omega=0 \tag{7.22}$$

根据散度定理（矢量场的散度在区域 Ω 上的积分等于矢量场在限定该区域的闭合外边界 Γ 上的积分，$\int_{\Omega}F_{i,i}\mathrm{d}\Omega=\oint_{\Gamma}F_i\cdot n_i\mathrm{d}\Gamma$）。式（7.22）左边第二项可变为 $\oint_{\Gamma}\sigma_{ij}v_i\cdot n_j\mathrm{d}\Gamma$，$\Gamma$ 为空间域 Ω 的边界，n_j 为边界外法线方向的方向余弦。则式（7.22）可写为

$$-\int_{\Omega}\sigma_{ij}v_{i,j}\mathrm{d}\Omega+\oint_{\Gamma}\sigma_{ij}v_i\cdot n_j\mathrm{d}\Gamma+\int_{\Omega}f_iv_i\mathrm{d}\Omega=0 \tag{7.23}$$

依据应力边界 $\sigma_{ij}n_j=\overline{T}_i$，$\overline{T}_i$ 为边界面力。则式（7.23）可写为

$$-\int_{\Omega}\sigma_{ij}v_{i,j}\mathrm{d}\Omega+\oint_{\Gamma}\overline{T}_iv_i\mathrm{d}\Gamma+\int_{\Omega}f_iv_i\mathrm{d}\Omega=0 \tag{7.24}$$

依据有效应力公式［式（7.1）］和本构关系［式（7.3）］，总应力（以拉应力为正）可表示为

$$\sigma_{ij}=\frac{1}{2}D_{ijkl}\cdot(u_{k,l}+u_{l,k})-p\delta_{ij} \tag{7.25}$$

将式（7.25）代入式（7.24），有

$$-\int_{\Omega}\left[\frac{1}{2}D_{ijkl}\cdot(u_{k,l}+u_{l,k})-p\delta_{ij}\right]v_{i,j}\mathrm{d}\Omega+\oint_{\Gamma}\overline{T}_iv_i\mathrm{d}\Gamma+\int_{\Omega}f_iv_i\mathrm{d}\Omega=0 \tag{7.26}$$

根据有限单元法，将式（7.26）在空间上离散为有限个单元，$\Omega\approx\sum_e\Omega_e$。对于插值函数为 N_I 的等参单元，令

$$u_i=N_Iu_{Ii}, \quad p=N_Ip_I, \quad v_i=N_Iv_{Ii} \tag{7.27}$$

式中，$i=1,2,\cdots,D$ 为笛卡儿坐标系下的空间坐标轴，D 为空间的维度；$I=1,2,\cdots,n$ 为有限元网格结点的编号，n 为计算域结点总个数。则有

$$-\sum_e \int_{\Omega^e} \left[\frac{1}{2} D_{ijkl} \cdot (N_{I,l} u_{Ik} + N_{I,k} u_{Il}) - N_I p_I \delta_{ij} \right] N_{J,j} v_{Ji} \mathrm{d}\Omega^e$$
$$+ \oint_\Gamma \overline{T}_i N_J v_{Ji} \mathrm{d}\Gamma + \sum_e \int_{\Omega^e} f_i N_J v_{Ji} \mathrm{d}\Omega^e = 0 \tag{7.28}$$

将上式中的任意函数 v 在节点上的值 v_{Ji} 提到积分外，有

$$\left\{ \begin{aligned} &-\sum_e \int_{\Omega^e} \left[\frac{1}{2} D_{ijkl} \cdot (N_{I,l} u_{Ik} + N_{I,k} u_{Il}) - N_I p_I \delta_{ij} \right] N_{J,j} \mathrm{d}\Omega^e \\ &+ \oint_\Gamma \overline{T}_i N_J \mathrm{d}\Gamma + \sum_e \int_{\Omega^e} f_i N_J \mathrm{d}\Omega^e \end{aligned} \right\} \cdot v_{Ji} = 0 \tag{7.29}$$

对于任意的 v_{Ji}，式（7.29）都成立，则有

$$-\sum_e \int_{\Omega^e} \left[\frac{1}{2} D_{ijkl} \cdot (N_{I,l} u_{Ik} + N_{I,k} u_{Il}) - N_I p_I \delta_{ij} \right] N_{J,j} \mathrm{d}\Omega^e$$
$$+ \oint_\Gamma \overline{T}_i N_J \mathrm{d}\Gamma + \sum_e \int_{\Omega^e} f_i N_J \mathrm{d}\Omega^e = 0 \tag{7.30}$$

将上式中的第一项展开，有

$$-\sum_e \int_{\Omega^e} \frac{1}{2} D_{ijkl} N_{I,l} N_{J,j} \mathrm{d}\Omega^e \cdot u_{Ik} - \sum_e \int_{\Omega^e} \frac{1}{2} D_{ijkl} N_{I,k} N_{J,j} \mathrm{d}\Omega^e \cdot u_{Il}$$
$$+ \sum_e \int_{\Omega^e} N_I \delta_{ij} N_{J,j} \mathrm{d}\Omega^e \cdot p_I + \oint_\Gamma \overline{T}_i N_J \mathrm{d}\Gamma + \sum_e \int_{\Omega^e} f_i N_J \mathrm{d}\Omega^e = 0 \tag{7.31}$$

对上式左边第二项进行下标符号 k、l 交换，变为 $\sum_e \int_{\Omega^e} \frac{1}{2} D_{ijlk} N_{I,l} N_{J,j} \mathrm{d}\Omega^e \cdot u_{Ik}$，

则式（7.31）变为

$$-\sum_e \int_{\Omega^e} \frac{1}{2} D_{ijkl} N_{I,l} N_{J,j} \mathrm{d}\Omega^e \cdot u_{Ik} - \sum_e \int_{\Omega^e} \frac{1}{2} D_{ijlk} N_{I,l} N_{J,j} \mathrm{d}\Omega^e \cdot u_{Ik}$$
$$+ \sum_e \int_{\Omega^e} N_I \delta_{ij} N_{J,j} \mathrm{d}\Omega^e \cdot p_I + \oint_\Gamma \overline{T}_i N_J \mathrm{d}\Gamma + \sum_e \int_{\Omega^e} f_i N_J \mathrm{d}\Omega^e = 0 \tag{7.32}$$

由于对称性，$D_{ijkl} = D_{ijlk}$，可得

$$-\sum_e \int_{\Omega^e} D_{ijlk} N_{I,l} N_{J,j} \mathrm{d}\Omega^e \cdot u_{Ik} + \sum_e \int_{\Omega^e} N_I \delta_{ij} N_{J,j} \mathrm{d}\Omega^e \cdot p_I$$
$$+ \oint_\Gamma \overline{T}_i N_J \mathrm{d}\Gamma + \sum_e \int_{\Omega^e} f_i N_J \mathrm{d}\Omega^e = 0 \tag{7.33}$$

将上式记为

$$R_{IJki} \cdot u_{Ik} + T_{IJi} \cdot p_I = F_{Ji} \tag{7.34}$$

上式中，

$$R_{IJki} = \sum_e \int_{\Omega^e} D_{ijkl} N_{I,l} N_{J,j} \mathrm{d}\Omega^e$$

$$T_{IJi} = -\sum_e \int_{\Omega^e} N_I \delta_{ij} N_{J,j} \mathrm{d}\Omega^e \qquad (7.35)$$

$$F_{Ji} = \oint_\Gamma \overline{T}_i N_J \mathrm{d}\Gamma + \sum_e \int_{\Omega^e} f_i N_J \mathrm{d}\Omega^e$$

由于土体是非线性材料，宜按增量法计算其变形，变形模量采用切线模量。设时段 $\Delta t = t_n - t_{n-1}$ 内结点位移和孔压增量分别为 Δu 和 Δp，n 表示时间的迭代步。将式（7.34）写成增量形式，有

$$R_{IJki} \cdot \Delta u_{Ik} + T_{IJi} \cdot \Delta p_I = \Delta F_{Ji} \qquad (7.36)$$

设 $\Delta p_I = p_I^n - p_I^{n-1}$，$p_I^n$ 和 p_I^{n-1} 分别表示时刻 t_n 和时刻 t_{n-1} 的孔隙水压力。则式（7.36）可写成为

$$R_{IJki} \cdot \Delta u_{Ik} + T_{IJi} \cdot p_I^n = \Delta F_{Ji} + T_{IJi} \cdot p_I^{n-1} \qquad (7.37)$$

式（7.37）为变形有限元方程组。

由以上的推导可知，本书第 5 章中介绍的一般变分法，对于固体力学的应力变形有限元方程的推导，也是同样适用的。

7.3.2 非饱和非稳定孔隙水渗流有限元方程的推导

对于任意标量 v，式（7.14）所示的孔隙流体的连续方程的弱解形式可表示为

$$\int_\Omega \left\{ \left[-k_r(s) K_{ij} \left(\frac{p}{\rho_w g} + z \right)_{,j} \right]_{,i} + \phi s'(p) \frac{\partial p}{\partial t} + s \frac{\partial u_{i,i}}{\partial t} - Q \right\} v \mathrm{d}\Omega = 0 \qquad (7.38)$$

展开上式，有

$$\int_\Omega \left[-k_r(s) K_{ij} \left(\frac{p}{\rho_w g} + z \right)_{,j} \right]_{,i} v \mathrm{d}\Omega + \int_\Omega \phi s'(p) \frac{\partial p}{\partial t} v \mathrm{d}\Omega$$

$$+ \int_\Omega s \frac{\partial u_{i,i}}{\partial t} v \mathrm{d}\Omega - \int_\Omega Q v \mathrm{d}\Omega = 0 \qquad (7.39)$$

根据四则运算求导公式 $(uv)_{,i} = u_{,i} v + u v_{,i}$，有 $u_{,i} v = -u v_{,i} + (uv)_{,i}$，则式（7.39）左边第一项可变为 $\int_\Omega \left[k_r(s) K_{ij} \left(\frac{p}{\rho_w g} + z \right)_{,j} \right] v_{,i} \mathrm{d}\Omega - \int_\Omega \left[k_r(s) K_{ij} \left(\frac{p}{\rho_w g} + z \right)_{,j} v \right]_{,i} \mathrm{d}\Omega$。

因此，式（7.39）可写成为

$$\int_{\Omega}\left[k_{\mathrm{r}}(s)K_{ij}\left(\frac{p}{\rho_{\mathrm{w}}g}+z\right)_{,j}\right]v_{,i}\mathrm{d}\Omega-\int_{\Omega}\left[k_{\mathrm{r}}(s)K_{ij}\left(\frac{p}{\rho_{\mathrm{w}}g}+z\right)_{,j}v\right]_{,i}\mathrm{d}\Omega$$

$$+\int_{\Omega}\phi s'(p)\frac{\partial p}{\partial t}v\mathrm{d}\Omega+\int_{\Omega}s\frac{\partial u_{i,i}}{\partial t}v\mathrm{d}\Omega-\int_{\Omega}Qv\mathrm{d}\Omega=0 \tag{7.40}$$

依据散度定理，式（7.40）的第二项可以变成为 $\oint_{\Gamma}[k_{\mathrm{r}}(s)K_{ij}(\psi+z)_{,j}v]n_i\mathrm{d}\Gamma$，

外法线方向的流速 $\overline{q}_n=-\left[k_{\mathrm{r}}(s)K_{ij}\left(\dfrac{p}{\rho_{\mathrm{w}}g}+z\right)_{,j}\right]n_i$（流出为正），则式（7.40）可

变为

$$\int_{\Omega}\left[k_{\mathrm{r}}(s)K_{ij}\left(\frac{p}{\rho_{\mathrm{w}}g}+z\right)_{,j}\right]v_{,i}\mathrm{d}\Omega+\oint_{\Gamma}\overline{q}_nv\mathrm{d}\Gamma$$

$$+\int_{\Omega}\phi s'(p)\frac{\partial p}{\partial t}v\mathrm{d}\Omega+\int_{\Omega}s\frac{\partial u_{i,i}}{\partial t}v\mathrm{d}\Omega-\int_{\Omega}Qv\mathrm{d}\Omega=0 \tag{7.41}$$

将式（7.41）在空间上离散为有限个单元，$\Omega\approx\sum_e\Omega_e$。对于插值函数为 N_I

的等参单元，令 $u_i=N_Iu_{Ii}$，$p=N_Ip_I$，$z=N_Iz_I$，$v=N_Iv_I$，则式（7.41）可变为

$$\sum_e\int_{\Omega^e}\frac{1}{\rho_{\mathrm{w}}g}[k_{\mathrm{r}}(s)K_{ij}N_{I,j}p_I]N_{J,i}v_J\mathrm{d}\Omega^e+\sum_e\int_{\Omega^e}[k_{\mathrm{r}}(s)K_{ij}N_{I,j}z_I]N_{J,i}v_J\mathrm{d}\Omega^e$$

$$+\oint_{\Gamma}\overline{q}_nN_Jv_J\mathrm{d}\Gamma+\sum_e\int_{\Omega^e}ns'(p)\frac{\partial P_I}{\partial t}N_IN_Jv_J\mathrm{d}\Omega^e \tag{7.42}$$

$$+\sum_e\int_{\Omega^e}s\frac{\partial u_{Ii}}{\partial t}N_{I,i}N_Jv_J\mathrm{d}\Omega^e-\sum_e\int_{\Omega^e}QN_Jv_J\mathrm{d}\Omega^e=0$$

对于任意的 v_J，式（7.42）都成立，则有

$$\sum_e\int_{\Omega^e}\frac{1}{\rho_{\mathrm{w}}g}k_{\mathrm{r}}(s)K_{ij}N_{I,j}p_IN_{J,i}\mathrm{d}\Omega^e+\sum_e\int_{\Omega^e}[k_{\mathrm{r}}(s)K_{ij}N_{I,j}z_I]N_{J,i}\mathrm{d}\Omega^e$$

$$+\oint_{\Gamma}\overline{q}_nN_J\mathrm{d}\Gamma+\sum_e\int_{\Omega^e}\phi s'(p)\frac{\partial P_I}{\partial t}N_IN_J\mathrm{d}\Omega^e \tag{7.43}$$

$$+\sum_e\int_{\Omega^e}s\frac{\partial u_{Ii}}{\partial t}N_{I,i}N_J\mathrm{d}\Omega^e-\sum_e\int_{\Omega^e}QN_J\mathrm{d}\Omega^e=0$$

上式对时间求导项取隐式差分，可得

$$\sum_e \int_{\Omega^e} \frac{1}{\rho_w g} k_r(s) K_{ij} N_{I,j} N_{J,i} \mathrm{d}\Omega^e \cdot p_I + \sum_e \int_{\Omega^e} k_r(s) K_{ij} N_{I,j} N_{J,i} \mathrm{d}\Omega^e \cdot z_I$$

$$+ \oint_\Gamma \overline{q}_n N_J \mathrm{d}\Gamma + \sum_e \int_{\Omega^e} \frac{1}{\Delta t} \phi \beta(p) \overline{s'(p)} N_I N_J \mathrm{d}\Omega^e \cdot \Delta P_I \qquad (7.44)$$

$$+ \sum_e \int_{\Omega^e} \frac{1}{\Delta t} s N_{I,i} N_J \mathrm{d}\Omega^e \cdot \Delta u_{Ii} - \sum_e \int_{\Omega^e} Q N_J \mathrm{d}\Omega^e = 0$$

上式中，$\beta(p)$ 和 $\overline{s'(p)}$ 的形式如下：

$$\beta(p) = \begin{cases} 0, & p < 0 \\ 1, & p \geqslant 0 \end{cases} \qquad (7.45)$$

$$\overline{s'(p)} = \begin{cases} \dfrac{s(p^n) - s(p^{n-1})}{\beta(p^n) \cdot p^n - \beta(p^{n-1}) \cdot p^{n-1}}, & \beta(p^n) \cdot p^n - \beta(p^{n-1}) \cdot p^{n-1} \neq 0 \\[3mm] \dfrac{s(p^n - 0.01) - s(p^{n-1})}{(\beta(p^{n-1}) \cdot p^{n-1} - 0.01) - \beta(p^{n-1}) \cdot p^{n-1}}, & \beta(p^n) \cdot p^n - \beta(p^{n-1}) \cdot p^{n-1} = 0 \end{cases}$$

$$(7.46)$$

将式（7.43）写成紧凑格式，有

$$E_{iIJ} \Delta u_{Ii} + S_{IJ} \cdot P_I + C_{IJ} \cdot \Delta P_I = G_I \qquad (7.47)$$

式中，

$$E_{iIJ} = \sum_e \int_{\Omega^e} \frac{1}{\Delta t} s N_{I,i} N_J \mathrm{d}\Omega^e$$

$$S_{IJ} = \sum_e \int_{\Omega^e} \frac{1}{\rho_w g} k_r(s) K_{ij} N_{I,j} N_{J,i} \mathrm{d}\Omega^e$$

$$(7.48)$$

$$C_{IJ} = \sum_e \int_{\Omega^e} \frac{1}{\Delta t} \phi \beta(p) \overline{s'(p)} N_I N_J \mathrm{d}\Omega^e$$

$$G_I = \sum_e \int_{\Omega^e} Q N_J \mathrm{d}\Omega^e - \sum_e \int_{\Omega^e} k_r(s) K_{ij} N_{I,j} N_{J,i} \mathrm{d}\Omega^e \cdot z_I - \oint_\Gamma \overline{q}_n N_J \mathrm{d}\Gamma$$

在 Δt 时段内，孔压增量为 $\Delta P_I = P_I^n - P_I^{n-1}$，$n$ 表示时间的迭代步。式（7.47）可改成为

$$E_{iIJ} \Delta u_{Ii} + (S_{IJ} + C_{IJ}) \cdot P_I^n = G_I^n + C_{IJ} \cdot P_I^{n-1} \qquad (7.49)$$

式（7.49）为非饱和非稳定有限元方程。联立式（7.37）、式（7.49）即得到非饱和土的流-固耦合有限元方程组。

式（7.37）、式（7.49）中土体的变形模量、饱和度、渗透系数以及逸出面范围等在求解前不能确定，只能在计算过程中通过多次非线性迭代计算得到，具体的迭代技术可参见文献（吴梦喜，1999；Wu，2010）。

7.4 岩土数值模拟相关问题的处理

7.4.1 本构关系非线性的迭代方法

对于本构关系非线性的材料，常用增量法建立有限元位移方程。增量法由于能模拟荷载逐步施加的过程，在土石坝应力变形计算中被广泛使用。由于土体本构关系是非线性的，因而 7.3 节建立的非饱和土变形计算有限元方程也是非线性的。目前，常用的非线性求解方法有微小增量法和增量迭代法。

微小增量法将一个增量的荷载分为若干级微小增量，逐级用有限元法计算位移和应力增量。在每一级微小增量的有限元计算中采用的材料变形模量保持不变，获得位移、应变和应力的增量（钱家欢等，1996）。在计算一级增量的弹性矩阵时，可采用中点应力法。先用时步初的应力结果确定的弹性矩阵计算出当前时步末的猜测应力，再采用该时步末计算所得的应力与时步初应力的平均值的应力状态所对应的弹性矩阵进行正式计算，获得时步末的位移和应力增量。

增量迭代法，是采用迭代的方法，求解每一级荷载增量引起的位移和应力增量。常采用图 7.1 所示的牛顿-拉弗森（Newton-Raphson）方法求解（Neto et al.，2008）。

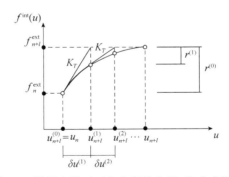

图 7.1 增量有限元平衡方程的牛顿-拉弗森解法

任意增量荷载步的有限元方程，可以通过各单元的刚度与单元体和边上的等效荷载集成而来，即

$$\sum_e \int_{\Omega_e} D_{ijkl} N_{I,l} N_{J,j} \mathrm{d}v \cdot \Delta u_{kl} = r_{iJ} \tag{7.50}$$

其中，e 表示单元；Ω_e 为单元的区域；下标 i，j，k，l 为坐标轴编号，三维取值为 1、2、3。下标中的 "," 表示求偏导数；D_{ijkl} 是张量表示的切线模量；N

为单元的形函数，I、J 为有限元模型中结点的顺序编号；$\mathrm{d}v$ 表示体积积分；r_{iJ} 为结点 J 在 i 方向上的未平衡力；Δu_{kI} 为结点 I 在 k 方向上的位移增量，是方程的未知量。图 7.1 中的 K_T，即式中位移变量的系数项。

$$D_{ijkl} = \partial\sigma_{ij} / \partial\varepsilon_{kl} \tag{7.51}$$

牛顿–拉弗森解法的思路，是用计算获得的增量应力–应变关系，以增量应变为自变量，依据材料的应力–应变关系计算对应的增量应力，两个增量应力之差，就是未平衡应力。

第 m（m=0，1，2，$\cdots$）次迭代计算中式（7.50）中的 r_{iJ} 即图 7.1 中的 $r^{(m)}$。

将第 m 次迭代所得的应变增量 $\Delta\varepsilon_{kl}^{(m)}$ 分成若干等份，如 10 等份，按照非线性的应力–应变关系，可以近似按以下公式计算出对应的应力增量：

$$\Delta\sigma_{ij}^{(m)} = \sum_{n=1}^{10} D_{ijkl}(\sigma^{(m,n-1)})\Delta\varepsilon_{kl}^{(m)} / 10 \tag{7.52}$$

其中，$\sigma^{(m,n)}$ 表示第 n 次增量应力累积后的当前应力。切线模量矩阵 D 是随着应力状态的变化取值的。

第 m 次有限元迭代计算中，按非线性应力应变关系，实际的不平衡力 r 可由下式计算：

$$r_{iJ}^{(m+1)} = r_{iJ}^{(m)} - \sum_e \int_{\Omega_e} \delta\sigma_{ij}^{(m)} N_{J,j} \mathrm{d}v \tag{7.53}$$

第 0 迭代步的不平衡力，就是该级的增量外荷载。

$$r_{iJ}^{(0)} = \Delta f_{iJ}^{\mathrm{ext}} \tag{7.54}$$

达到平衡条件的判别标准可以是不平衡力产生的位移小于设定值（如 $10^{-10}\mathrm{m}$），或按未平衡力与外力的二范数之比小于一个小值为收敛标准，即

$$\left\| r_{iJ}^{(m)} \right\| / \left\| f_{iJ}^{\mathrm{ext}} \right\| \leqslant \delta_{\mathrm{tol}} \tag{7.55}$$

其中，δ_{tol} 为不平衡力的相对误差容许值，如 0.01。

7.4.2 初始地应力场模拟

由于岩土体的本构关系是非线性的，初始地应力场对有限元应力变形计算结果影响很大。土体采用非线性的本构关系时，其变形模量是应力状态和应力历史的函数。覆盖层土一般采用非线性弹性或弹塑性模型来模拟，而基岩则一般采用线弹性或摩尔–库仑弹塑性模型模拟。然而，国内在深厚覆盖层上大坝的应力变形研究中，仅仅有少量文献提及初始地应力场模拟的问题，实际工程计算中对初始地应力场的准确模拟问题很少提及。河床覆盖层经历了漫长的地质

历史，即使采用合理的本构模型并采用基于室内和现场试验获得的物理力学参数，有限元计算得到的初始应力场也一般与实际赋存的初始应力状态差异很大，需要通过修正和平衡迭代计算来处理。

覆盖层的初始应力场特征主要是水平土层的水平正应力与垂直正应力之比近似等于静止侧压力系数。通过现场测试或取样后室内试验测试来获取。黏性土的静止侧压力系数（k_0），一般可通过室内试验确定。无黏性土的静止侧压力系数可按经验公式计算

$$k_0 = 1 - \sin\varphi \tag{7.56}$$

其中，φ 为内摩擦角。

初始地应力场可基于自重荷载和天然状态的一个稳定渗流条件，通过有限元计算获得一个静力平衡的应力场后，依据各点所得的垂直有效正应力与 k_0 的乘积来修改水平正应力。除水平地层外，水平正应力修改后的应力场，不满足应力平衡条件，因此，需要将此初始地应力与岩土体自重等外力进行平衡运算来获得既符合初始地应力场特征，又满足静力平衡的应力场。

对有限元计算的应力进行修改后的初始地应力场，其未平衡的结点荷载可用下式表示：

$$r_{iJ}^{(m)} = f_{iJ}^{\text{ext}} - \sum_e \int_{\Omega_e} \sigma_{ij}^{(m)} N_{J,j} \mathrm{d}v \tag{7.57}$$

其中，$\sigma_{ij}^{(m)}$ 为第 m 次迭代修正后的初始地应力。

初始地应力迭代的收敛标准同式（7.55）。因自重应力和初始地应力迭代计算中所得的位移不是实际位移，其变形过程也不需要按照材料非线性迭代来计算不同荷载步的变形模量，模量矩阵 D 可取初始切线模量且迭代计算中保持不变，而且不需要进行材料本构关系的非线性迭代。

7.5　土体渗流场与应力场耦合的简化计算方法

直接求解由式（7.37）和式（7.49）构成的非饱和土的固结有限元方程组，每一步都同时计算出土体位移和孔隙水压力，这种计算方法称为双向耦合计算方法。需指出的是，土体的孔隙率是随着应力状态的变化而改变的，而孔隙率又是影响土体的渗透系数的一个主要因素，因此对于土体的孔隙率变化对渗透系数影响较大的情况，计算过程中是应该考虑土体的渗透系数变化的。本文中由于缺乏这方面的资料，为简化处理，计算中忽略土体变形对渗透系数的影响。

对于渗透系数较大的砂砾石土体，静力计算中应力变化产生的超孔隙水压力消散很快，土体的变形对其中的孔隙水渗流过程影响很小，可以忽略不计，即忽略式（7.49）中左侧第一项。此时，这些土体中的渗流场与应力场的耦合，可以看成单相耦合的过程。计算时，可先求解式（7.49），得出孔隙水压力后，再代入式（7.37）计算出位移，这种计算方法称为单相耦合计算方法。

参 考 文 献

陈五一，赵颜辉，2008. 土石坝心墙水力劈裂计算方法研究. 岩石力学与工程学报，27（7）：1380-1386.

钱家欢，殷宗泽，1996. 土工原理与计算. 2版. 北京：中国水利水电出版社.

吴梦喜，1999. 土体非饱和渗流与变形耦合计算方法及在心墙坝中的应用. 北京：清华大学.

吴梦喜，高莲士，1999. 饱和–非饱和土体非稳定渗流数值模拟. 水利学报，（12）：38-42.

吴梦喜，宋世雄，吴文洪，2021. 拉哇水电站上游围堰渗流与应力变形动态耦合仿真分析. 岩土工程学报，43（4）：613-623.

吴梦喜，韦巍，何蕃民，等，2010. 心墙堆石坝水力劈裂风险分析. 第一届全国高坝安全学术会议论文集.

徐磊，2012. 一种实现复杂初始地应力场精确平衡的通用方法. 三峡大学学报（自然科学版），34（3）：30-33.

de Souza Neto E A，Peric D，Owen D R J，2008. Computational methods for plasticity：theory and applications. John Wiley & Sons Ltd：96-101.

Neuman S P，1973. Saturated-unsaturated seepage by finite elements. Journal of the Hydraulic Division，99（HY 12）：2233-2250.

Richards L A，1931. Capillary conduction of liquids through porous mediums. Physics，1：318-333.

van Genuchten M T，1980. A closed-form equation for predicting the hydraulic conductivity of unsaturated soils. Soil Science Society of America Journal，（44）：892-898.

Wu M X，2010. A finite-element algorithm for modeling variably saturated flows. Journal of Hydrology，394（3-4）：315-323.

本 章 要 点

1. 渗流与应力变形耦合计算的微分方程组。
2. 渗流与应力变形耦合计算的有限元方法。
3. 非线性有限元方程的求解方法。

复习思考题

1. 如何建立油水两相渗流、油气两相渗流、油气水三相渗流、非等温渗流中温度场和渗流场耦合等复杂渗流问题的数学模型和构建有限元求解方法？
2. 如何求解渗透系数非线性和应力–应变关系非线性等材料非线性问题？
3. 如何求解几何非线性问题？
4. 如何求解渗流边界条件非线性问题？

第8章　土的渗透变形与渗透破坏

土的渗透变形，一般是指土体在渗流作用下发生颗粒移动和土体变形破坏的现象。渗透破坏与渗透变形不同，只要渗流作用导致了土体中颗粒的移动就是发生了渗透变形，而渗透破坏则是指在渗流作用下堤坝基础降低了承载力和失去了稳定性。孔隙水的压力作用于土体内部颗粒之上，渗流对土颗粒产生拖曳力，引起土体变形和土颗粒的移动。

8.1　渗透变形的类型

渗透变形的分类，我国基本学习苏联的方法，而英美等西方国家则有所不同。其争议表现在对"管涌"一词的定义上，实质上反映了对渗透变形的分类方法上的差异。

对"管涌"定义的争议：目前对管涌一词还有不同的理解。因为苏联对渗透变形分类较细，有管涌和流土之分，并定义"管涌"为渗流作用下土体中的细颗粒在粗颗粒间的孔隙中的移动流失；定义"流土"为颗粒群的同时移动流失。俄文译中文与英文 piping 译成中文的管涌含义不同。俄文译名定义明确，有管涌土和非管涌土之分，而英文译名相当于流土或渗透变形的总称。俄文管涌在英文中并无对应名词，所以有些著文就音译为 suffosion 或 suffusion，这两者也存在差异。

我国对管涌一词运用已久，未加区分，但习惯上在理论分析研究方面多使用俄文的严格定义；工程实用上则是英文的广泛含义，即把地面土体的隆起（heave）、浮动液化，以及堤坝和地基的薄弱环节因集中渗漏冲蚀形成透水性较大的通道，包括黏土心墙裂缝渗流冲刷都称为管涌（piping）。这样则可以把管涌理解为局部土体的渗透变形，也包括了细颗粒孔隙通道中的流失。下面将我国理论研究方面的渗透变形分类叫作渗透变形的基本类型；而将欧美的分类称为渗透变形的工程类型。

8.1.1　渗透变形的基本类型

在渗流作用下土体内部颗粒移动与流失的现象称为渗透变形。渗透变形的型式及其发生与发展过程，与水力条件、地层结构、土的颗粒级配、防渗与排渗措施等有关。按照渗流作用下土颗粒移动的型式与力学机制，渗透变形通常可分为流土、管涌、接触冲刷和接触流土四种类型：

流土：土体在渗流作用下土颗粒群同时移动流失的现象，表现为颗粒群的同时起动。它既可以发生在无黏性土中，又可以发生在黏性土中。无黏性土中的流土变形表现为砂沸、泉眼等现象。在黏性土中的流土变形，则表现为土块隆起、鼓胀、浮动、断裂等现象。

管涌：土体中的细颗粒在渗流作用下在骨架颗粒所形成的孔隙空间移动的现象，发生在颗粒级配范围比较宽的砂砾石土层中。可能发生管涌的土体称为内部结构不稳定土体。

接触冲刷：渗流沿着粗细两种土体的界面流动，将较细一侧土体的土颗粒冲刷移动的现象。

接触流土：渗流从细颗粒土体流向粗颗粒土体，将细土一侧的土颗粒移动带入较粗颗粒土一侧的现象。反滤层的淤堵就是这种渗透变形。

管涌和流土是渗透变形和破坏的两种主要类型，是导致土石堤坝等工程破坏的主要原因之一。

单层黏性土或颗粒均匀的非黏性土，只发生流土，而不发生管涌。而砂砾石土，既可能发生管涌类型的渗透破坏，也可能发生流土类型的渗透破坏。砂砾石土发生渗透破坏的类型取决于土体中骨架颗粒之间的空间是否被细颗粒填满。土体中所含细颗粒较多，全部填满粗颗粒之间的骨架空间，或者说粗颗粒悬于细颗粒之中，不构成土骨架时，土体中的细颗粒不能脱离粗颗粒而单独移动，只能与粗颗粒一起，在渗流作用下发生流土变形和破坏。而当土体中的细颗粒含量较少，细颗粒能够在渗流作用下在粗颗粒骨架孔隙空间中移动时，则可能发生管涌现象。土体中的细颗粒含量越低，发生渗透变形所需要的渗透坡降就越小。可见，单一土层发生渗透变形的水力条件受渗透变形的类型影响很大，因此研究土体渗透变形的水力条件，首先要判断土体发生渗透变形的类型。

8.1.2 渗透变形的工程类型及破坏现象

渗流和渗透破坏的知识，是水利水电和岩土工程相关人员在水利水电工程的设计、施工和运行管理中从观察、试验研究和工程破坏中总结出来的。因此，渗透变形的工程分类，也基本上是源于堤坝等水利水电工程中的渗透破坏现象，并从这些破坏现象中概化出来的。大致可分为三种类型：

（1）**隆起**（heave，uplift，blowout）：包括地面土体的隆起（heave）、浮动液化（uplift）和地面相对薄弱处被高压水顶穿而冲出（blowout）。由过大的上抬压力造成，常常发生于边界为上覆弱透水土层的情况；顶穿冲出等于上覆弱透水边界的破坏，能够引起渗透稳定问题，能够导致后向式（又称溯源式，即管涌侵蚀向入渗的源头侧发展方式）管涌侵蚀机制的启动，一般判断在水库初次蓄水或达到历史高水位后发生。

（2）**管道型**（piping）**侵蚀**：主要表现为管道型后向侵蚀（backward piping erosion），指堤坝和地基的薄弱处因渗流冲蚀形成透水性较大的通道，这种通道往往溯源发展，到达堤坝上游基础表面或堤坝上游表面或强透水的坝壳堆石体表面，或引起坍塌坑，形成上下游贯通的集中渗漏通道。既包括沿着土体与结构物接触界面的后向式侵蚀，也包括黏土心墙裂缝渗流冲刷，这样则可以把管涌理解为局部土体的渗透变形。地下侵蚀通过一个土或岩石中天然或人工形成的顶盖（roof）下开口的"管道"输送。它需要如下的条件：①流动途径/水源；②未滤层保护的出口；③流动途径中可侵蚀的材料；④支撑顶盖的材料。

（3）**内部侵蚀**（internal erosion），主要是指细颗粒在粗颗粒之间的孔隙中的移动流失，细颗粒被侵蚀后，由于渗透性增大，较粗颗粒也可能移动流失，而使孔隙空间增大，而造成其上部土体向空隙内坍塌，可能发展成管道形侵蚀。颗粒移动形成临时孔隙，孔隙增长到其顶部不再能维持稳定而垮塌，临时阻止了管道的发展。当这一机制不断重复到心墙垮塌或坝下游坡过陡而失稳，就形成了渗透破坏。

荷兰防洪技术咨询委员会编制的技术报告很好地描述了堤基的工程侵蚀类型及其发展过程。图 8.1（a）是上覆于砂层之上的河堤隆起的示意图；图 8.1（b）是坐落于砂层上的水闸，下游砂层在水头差的作用下向上的渗透力超过砂的浮容重时，会出现砂层的浮动液化，这也归于隆起一类的破坏，按机制分类则是流土破坏。

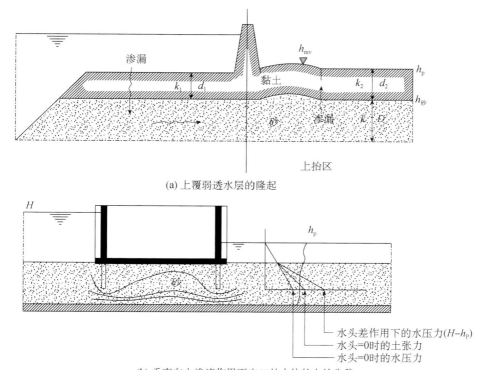

(a) 上覆弱透水层的隆起

(b) 垂直向上渗流作用下出口处土体的上抬失稳

图 8.1 隆起破坏示意图

如图 8.2 所示的混合填土堤基的破坏是渗流导致的堤的下游坡的失稳，也可以归于隆起破坏一类。

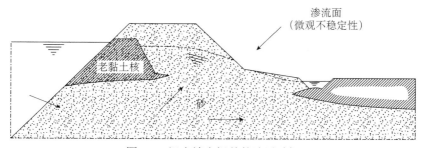

图 8.2 混合填土堤基的渗透破坏

如图 8.3 所示，当上覆于砂层之上的弱透水层被渗透压力顶穿以后，其下的强透水砂层中启动后向式管涌侵蚀机制，相对不透水的黏土层成为支撑管涌的顶盖。管涌的溯源发展可能导致管涌通道发展到临水面，从而导致管道流量的迅速增大和管道通道的快速侵蚀而导致上部填土的坍塌，造成堤坝缺口而引发洪水。

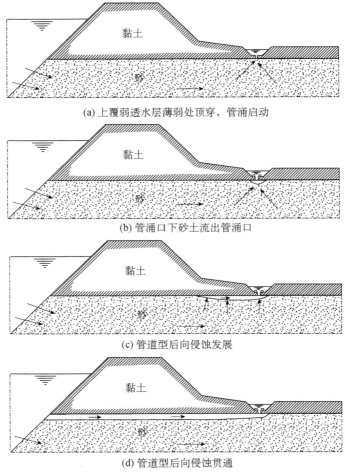

(a) 上覆弱透水层薄弱处顶穿，管涌启动

(b) 管涌口下砂土流出管涌口

(c) 管道型后向侵蚀发展

(d) 管道型后向侵蚀贯通

图 8.3   后向式管涌的启动和发展过程

如图 8.4 所示，对于出现弱透水层顶破后下伏强透水砂层的后向式管涌侵蚀，一般采用滤层和滤层上加排水压重的治理措施，阻止下伏砂层从管涌口流失，从而阻止后向管涌侵蚀的发展。

上覆弱透水层被顶穿或出现裂缝等缺陷情况下，下伏砂层后向管涌侵蚀的情况也可以发生在如图 8.5 所示的多层堤基中，从缺口贯通到第二层砂层顶部的裂缝也可能成为下伏砂层流失的通道，启动第二层砂层的后向管涌侵蚀过程。

后向管涌侵蚀也常常出现在坐落于单一砂层上的相对不透水挡水结构基础下，如图 8.6 所示。

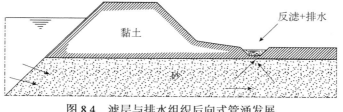

图 8.4　滤层与排水组织后向式管涌发展

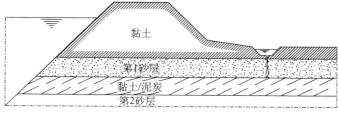

图 8.5　多层堤基中的管涌

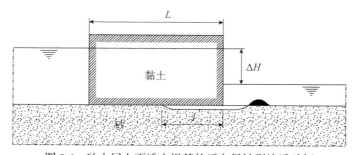

图 8.6　砂土层上不透水堤基的后向侵蚀型渗透破坏

从直观上来看，后向侵蚀一旦启动，在水头差不降低的情况下，由于渗径缩短，管道最上游端（管涌锋面）的渗透坡降是增大的，因而会持续发展直到贯通的通道形成而导致通道流量的迅速增加，引起通道的快速侵蚀而造成破坏。然而，实际情况是有的情况下，管涌侵蚀到一定程度可能停止，其原因是在管涌锋面溯源发展过程中，一方面管涌锋面到上游迎水面的渗径缩短，另一方面管涌通道中由于从前端和周围渗入的流量增大而导致管道中的渗流阻力的增大，从而导致管道中的水头差增大，使管涌锋面的渗透坡降减小。因此，当管涌口靠近堤脚，即与迎水面较近时，管涌锋面的渗透坡降往往是持续增大的，从而管涌的出现危及堤坝的安全；而远离堤脚的管涌则可能启动侵蚀后因为锋面的渗透坡降下降而停止，此种管涌也被称为"无害管涌"。

8.2 单层砂砾石土渗透变形类型的判别方法

单层砂砾石土既可能发生流土、也可能发生管涌。渗透变形的发生受土体本身的几何条件和水力条件两方面因素制约。土体的颗粒级配、颗粒形状、孔隙率等几何条件，决定土体渗透变形的类型。渗透坡降的大小和方向等，是导致管涌或流土发生的水力条件。渗透变形的类型通过土体内部结构稳定性（简称内部稳定性）分析来判别。内部结构稳定的土体不会发生管涌，只能在有临空面条件的情况下发生流土破坏。发生在渗流的出口，也可以在有上部硬土层或刚性顶盖的条件下以管道的形式发生索源侵蚀。不稳定土体则发生管涌破坏，既可发生在地基内部，也可发生在渗流出口。土体的内部稳定性一般通过土的颗粒级配曲线分析来判别，已经有相当多的比较成熟的判别方法。如果根据土的颗粒级配难以判断时，则需要通过渗透变形试验来确定。而渗透变形的临界条件，一般用临界渗透坡降来描述。

土的颗粒级配和孔隙率决定了其内部稳定性。其常用判别方法主要分为两类：①特征粒径比法；②特征粒径含量或含量关系法。伊斯托明娜（Istomina，1957）提出的不均匀系数法、Burenkova 方法、Kezdi 与 Sherard 方法是常用的特征粒径比法。伊斯托明娜提出的不均匀系数法对于 $C_u<10$（C_u 为不均匀系数）的土一般是适用的，但也存在 $C_u \leqslant 5$ 的土体实际为内部结构非稳定的情况，该法对宽级配土的内部稳定性往往不能有效判别。Kezdi 与 Sherard 方法是将土体分为粗细两部分，依据粗细两部分的特征粒径的比值进行判别。对于级配不连续土较为有效，Kezdi 与 Sherard 方法相对来说较为保守，存在将内部结构稳定土判别为不稳定土的情况。特征粒径含量或含量关系法包括细料含量法和 Kenney-Lau 方法（简称 K-L 方法）等。K-L 方法对于宽级配土的稳定性判别比 Kezdi 方法或 Sherard 方法更有效。Burenkova 方法相对来说没有 K-L 方法保守，存在将不稳定土误判为稳定土的情况。基于大量文献试验结果，只将土体分成粗细两部分进行判别的 Kezdi 方法或 Sherard 方法对土的内部稳定性误判很多，而 K-L 方法则误判很少，该方法常被推荐为土的内部稳定性判别的首选方法。

8.2.1 土料的不均匀系数判别法

土体的内部稳定性可以用土料不均系数来进行判别，该方法首先由伊斯托明娜提出。不均匀系数 C_u 由下式计算：

$$C_u = d_{60} / d_{10} \qquad (8.1)$$

其中，d_{60} 和 d_{10} 分别为土的颗粒级配曲线上累计重量含量 60%和 10%所对应的土颗粒粒径。

当 $C_u \leqslant 10$ 时，土体为内部稳定土，为流土型，一般来说判断较为准确；当 $C_u \geqslant 20$ 时，土体判断为内部不稳定，渗透破坏一般为管涌型，也有可能产生流土破坏；当 $10 < C_u < 20$ 时，有可能发生流土，也有可能发生管涌，称为过渡型，破坏形式需要根据别的指标进一步判断。

不均匀系数判别法是一个简单的初步判别方法。

8.2.2 细粒含量判别法

土体的内部稳定性也可以用细粒含量来判别。砂砾石的渗透稳定性主要取决于颗粒级配曲线的形状及细料含量。对级配曲线形状不连续的土，完全可以视为由粗细两部分组成，粗细两种料以曲线中不连续段的平均粒径作为区分粒径。颗粒级配曲线上对应于区分粒径的颗粒含量即为细料的含量。根据细料含量的多少就可以判定土体的内部稳定性。

对于级配连续的土，同样可以用细料含量法来判定内部结构的稳定性。粗料和细料之间的区分粒径可采用下式计算的几何平均粒径（刘杰，1992），即

$$d_q = \sqrt{d_{10} d_{70}} \qquad (8.2)$$

式中，d_q 为粗细料之间的区分粒径；d_{10} 与 d_{70} 分别为小于该粒径的土重占总土重的 10%和 70%的粒径。

小于 d_q 粒径的细料含量，以 p 表示。判别渗透稳定的准则为：$p<25\%$时为管涌型，$p>35\%$时为流土型，$p=25\%\sim35\%$为过渡型。而肯尼等（Kenney and Lau，1985）认为，管涌土与非管涌土的分界线是，不密实时细料含量为 29%，密实时细料含量为 24%。

对于不均匀系数 $C_u>5$ 的粗粒土，刘杰在堤防工程地质勘察规程（征求意见稿）提出的细粒含量判别法如下：

$$P_q \geqslant 1 / [4(1-\phi)] \text{ 为流土型}$$

$$P_q < 1 / [4(1-\phi)] \text{ 为管涌型}$$

其中，P_q 为细颗粒含量比例；ϕ 为孔隙率。该判别方法在细颗粒含量的界限值中，将土料的孔隙率包含了进来。

8.2.3 反滤准则判别法

另一个判别方法就是依据反滤准则来判别。首先计算出土料中粗细颗粒的分界粒径 d_q，然后将土料分成粗细两个部分，分别算出较粗的部分的 D'_{15} 与较细部分的 d'_{85}，利用反滤准则，当

$$D'_{15} / d'_{85} \leqslant 4 \qquad (8.3)$$

则土体为内部稳定的，破坏形式为流土型；当不满足上式时，为内部非稳定土，破坏形式为管涌型。

8.2.4 K-L 判别法

如图 8.7 所示，级配曲线上任一颗粒粒径为 D，对应的小于该粒径的颗粒累计重量百分数为 F，H 为对应粒径 $4D$ 和 D 之间的颗粒重量含量百分数之差，若 $H/F \geqslant 1.3$，则土体判断为内部稳定。F 的取值范围为对于不均匀系数 $C_u > 3$ 的宽级配土取 $F=0\sim0.2$，$C_u \leqslant 3$ 的窄级配土取 $F=0\sim0.3$。之后 Kenney 和 Lau 又将稳定性判别标准修正为 $H/F \geqslant 1$（吴梦喜等，2019），本文也推荐该标准。通过绘制 F 取值范围内土体颗粒粒径 F-H 图，若 F-H 曲线全部位于判别线之上，则土体判定为内部稳定；反之，则判定为内部不稳定。

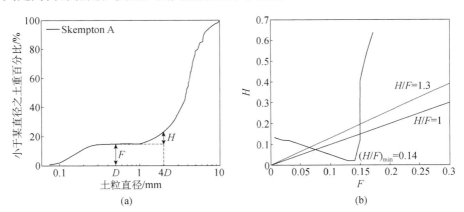

图 8.7 Kenney-Lau 方法（Ahlinhan，2010）

内部结构稳定的土体，破坏形式为流土。内部稳定土体在渗流出口处垂直向上渗流作用下的临界渗透坡降可以按照太沙基流土公式计算；而对于以管道形式发生的索源式流土破坏，则比较复杂，读者可根据颗粒群的力平衡条件进行分析。对于内部结构非稳定土体，通常粗细颗粒的分界点在级配曲线上斜率

较小处，即 H/F 的最小值所对应的直径 d_0 可以作为粗细粒径的区分粒径，这个粒径当作内部不稳定土的颗粒群起动的最大粒径，按照本章下文的计算方法来预测发生渗透破坏的水力条件。由于 Kezdi 粒径比法也是常用的土体内部稳定性的判断方法，Ahlinhan 等建议将 K-L 方法与 Kezdi 粒径比法联合起来判别土的内部结构稳定性。将 K-L 方法中 H/F 的最小值对应的粒径 d_0 作为内部不稳定土的粗细粒径的区分粒径，将土划分为粗、细两部分，按照 Kezdi 粒径比法分别求得粗颗粒的 D'_{15} 和细颗粒的 d'_{85}，以 $D'_{15}/d'_{85} \leqslant 4$ 作为内部结构稳定的判断标准来判断土的稳定性。

8.3 管涌临界坡降及其预测方法

本节主要参考"砂砾石土的管涌临界渗透坡降测算方法研究"（吴梦喜等，2019）编写。

8.3.1 管涌临界坡降

太沙基根据单位土体的浮容重与渗透力相平衡的原理，最先给出了无黏性土在垂直向上的渗流作用下发生流土的临界渗透坡降的计算公式。一般无黏性土在垂直向上渗流作用下发生流土的临界坡降约为 1.0。内部结构接近稳定的土体可以发生管涌破坏，其临界渗透坡降随着土体的相对密度增加而增大，数值上低于流土临界渗透坡降。而不稳定土体的临界渗透坡降较小，约为太沙基流土临界渗透坡降的 $1/5 \sim 1/3$，与土体的相对密度关系也不大。渗流方向对管涌临界渗透坡降有很大影响。渗流方向偏向下时颗粒的自重在其运动方向上的分立是驱动力，管涌临界渗透坡降小于渗流方向偏向上的情况；水平方向渗流作用下的管涌临界渗透坡降一般约为垂直向上临界渗透坡降的 $0.6 \sim 0.9$ 倍。土体越接近内部稳定，水平和垂直方向的临界渗透坡降差别也越大。方向大角度偏向下的渗流，重力在颗粒移动方向上的分力较大，且颗粒滑动的摩擦阻力相对更小，对渗透稳定更不利，因而其临界渗透坡降会显著小于水平渗流的情况。

目前主要有两类砂砾石土的管涌临界渗透坡降的预测方法。一类是依据大量试验结果建立的经验公式法，直接建立临界坡降与级配曲线的特征粒径、不均匀系数和孔隙率等参数之间的统计关系。这一类方法只是一种大概估计的方法，经验公式的计算值与试验值相比误差很大，预测值小于试验测定值的 50%

或大于预测值的 100%的比率超过 25%，因而只是一种大概估计的方法。另一类为力学分析法，即依据颗粒级配曲线，通过分析渗透力作用下颗粒的力平衡来推导理论公式，并依据试验资料对公式进行修正。吴良骥（1980）将作用在颗粒上的渗透作用力分为摩擦力和动水压力两部分，假定渗流对土颗粒的摩擦力在单位颗粒表面积上均匀分布，对土颗粒的动水压力在单位体积上均匀分布，依据单个颗粒的动水压力与摩擦力之和以及浮容重的平衡条件，推导了渗流方向垂直向上时单个颗粒启动的临界渗透坡降计算公式。沙金煊（1981）、刘杰（1992）、毛昶熙等（2009）认为渗透力就是渗流作用在颗粒上的摩擦力，假定单位面积的渗透力在土体颗粒表面均匀分布，分别提出了单个颗粒启动的临界坡降计算公式。经过作者比较，渗透力在土颗粒表面均匀分布的假定对大部分试验结果符合更好。大量的试验资料表明管涌过程中颗粒往往不是从最细的粒径开始移动，而是包含较粗粒径的颗粒群的失稳移动，从而导致细颗粒的移动流失，因而基于某粒径的单个颗粒的受力平衡的公式的临界坡降预测值与管涌发生的试验值往往还存在较大偏差。吴梦喜等 2019 年提出的基于管涌土中小于某一粒径的细颗粒群同时起动的管涌临界渗透预测模式则较为准确，下面进行详细介绍。

8.3.2　无黏性土管涌临界渗透坡降的预测理论

众多文献根据渗流作用下单个颗粒的力的平衡来研究无黏性土在渗流的作用下管涌的临界坡降。土颗粒在渗流作用下受到的水的作用力可以分为静水压力作用导致的浮托力和动水作用引起的渗透力两个部分。渗透力是管涌产生的驱动力，单位土体上作用的渗透力等于渗透坡降与水的容重之乘积。假定土颗粒上作用的渗透力与土颗粒的表面积成正比。由两种粒径组成的土体的渗透试验结果中，临界渗透坡降随着细颗粒含量的降低而不断变小，说明细颗粒含量降低，单位细颗粒表面积占总表面积的比例增大，则同样的渗透坡降条件下单个细颗粒上的渗透力增大，颗粒移动所需要的临界渗透坡降也降低，说明了颗粒所受渗透力与表面积正相关的假定是合理的。

对于颗粒粒径范围较大的内部结构不稳定的砂砾石土体，颗粒可能的流失模式有两种：①从最细颗粒开始流失的模式：部分不受周围较粗颗粒约束的细颗粒首先流失，受周围较粗颗粒约束的细颗粒保持不动，随着孔隙中的水流速度增加，接着不受约束的较粗颗粒开始流失，受约束的土颗粒只有在渗透力大于其自重引起的阻力和约束阻力之和后才会起动；②包含较粗颗粒的颗粒群起动模式：由于细颗粒受到较粗颗粒构成的颗粒群的约束，在细颗粒个体的平衡条件破坏前，包含粗颗粒的颗粒群的渗透力大于一个颗粒群作为整体的自重和约束阻力，颗粒群以同时起动的方式移动流失。对于第一种模式，鉴于目前试验条件无法确定是否是最细颗粒开始流失，而试验中观察到管涌发生时移动的颗粒粒径是大小不一的，因而第二种模式是试验中常见的颗粒流失模式，本文将采用这种情况计算管涌或流土发生的临界渗透坡降。土体内部稳定性判别时，粗细颗粒的区分粒径，可以作为颗粒群起动的最大粒径。

由于渗流的方向影响单个颗粒或土体中一部分颗粒群体的起动阻力，管涌的临界坡降与渗流方向有关。内部不稳定土体的渗流方向对颗粒或颗粒群起动的阻力十分复杂，下文仅介绍渗流垂直向上时临界渗透坡降的预测方法。

8.3.3　临界坡降的预测方法

土体中不同颗粒所占空间大小和表面积的比例关系可由级配曲线确定。土体中孔隙空间在土体总体积中所占的比例就是孔隙率。无论是渗透力分布分项假定还是单项假定，渗透力在土颗粒之间的分配都由土的颗粒级配和孔隙率这两者决定。

设 ϕ 为土体的孔隙率。级配曲线上土体重量累计含量用 p 表示，$0 < p \leqslant 1$，级配曲线用体积含量作为自变量，将土体的粒径表示为累计含量的连续函数 $d(p)$，d 粒径的颗粒含量为 $\mathrm{d}p$。单个颗粒的体积为 $\pi d^3 / 6$，则单位土体中任意粒径的个数为 $\dfrac{6(1-\phi)}{\pi d^3}\mathrm{d}p$。单个颗粒的表面积为 πd^2，粒径 d 的颗粒总表面积为 $\dfrac{6(1-\phi)}{d}\mathrm{d}p$，单位土体内总的颗粒表面积为 $6(1-\phi)\displaystyle\int_0^1 \dfrac{1}{d(p)}\mathrm{d}p$。

下面分别依据渗透力分布分项假定和单项假定来推导临界渗透坡降的预测公式。

设 γ_{w} 为水的容重，J 为土体上作用的渗透坡降，根据颗粒受到的渗透力与颗粒表面积成正比的假定，直径为 d_0 的单个颗粒受到的渗透力为 $\pi d_0^2 \gamma_{\mathrm{w}} J \dfrac{1}{6(1-\phi)} \Big/ \displaystyle\int_0^1 \dfrac{1}{d(p)}\mathrm{d}p$，单位土体内最大粒径为 d_0 的颗粒群受到的渗透力为 $J\gamma_{\mathrm{w}}\displaystyle\int_0^{p(d_0)} \dfrac{1}{d(p)}\mathrm{d}p \Big/ \displaystyle\int_0^1 \dfrac{1}{d(p)}\mathrm{d}p$。

对于单个颗粒的起动情况，在垂直向上的渗流作用下，直径为 d_0 的颗粒起

动的临界条件为渗透力与浮容重相平衡，即

$$\pi d_0^2 \gamma_{\mathrm{w}} J_{\mathrm{c}} \bigg/ \int_0^1 \frac{6(1-\phi)}{d(p)}\mathrm{d}p = \frac{\pi}{6}d_0^3(\gamma_{\mathrm{s}} - \gamma_{\mathrm{w}}) \tag{8.4}$$

可得到直径为 d_0 的单个颗粒起动的临界渗透坡降

$$J_{\mathrm{c}} = (1-\phi)\left(\frac{\gamma_{\mathrm{s}}}{\gamma_{\mathrm{w}}} - 1\right)d_0\int_0^1\frac{1}{\mathrm{d}(p)}\mathrm{d}p \tag{8.5}$$

以最大粒径为 d_0 的颗粒群同时起动时，临界条件为颗粒群的渗透力与浮容重相平衡，即

$$J_{\mathrm{c}}\gamma_{\mathrm{w}}\int_0^{p(d_0)}\frac{1}{d(p)}\cdot\mathrm{d}p \bigg/ \int_0^1\frac{1}{d(p)}\mathrm{d}p = (1-\phi)(\gamma_{\mathrm{s}} - \gamma_{\mathrm{w}})p(d_0) \tag{8.6}$$

可得到以最大粒径为 d_0 的颗粒群起动的临界渗透坡降

$$J_c = (1-\phi)\left(\frac{\gamma_{\mathrm{s}}}{\gamma_{\mathrm{w}}} - 1\right)p(d_0)\int_0^1\frac{1}{d(p)}\mathrm{d}p \bigg/ \int_0^{p(d_0)}\frac{1}{d(p)}\mathrm{d}p \tag{8.7}$$

当 d_0 为土体的最大颗粒粒径时，即流土破坏模式，$p(d_0)=1$，上式退化到太沙基的流土公式

$$J_{\mathrm{c}} = (1-\phi)(\gamma_{\mathrm{s}}/\gamma_{\mathrm{w}} - 1) \tag{8.8}$$

8.3.4　预测的准确性

将试验值作为横坐标，计算值作为纵坐标，将颗粒群起动模式和单个颗粒起动模式的计算结果分别点绘于图 8.8 和图 8.9 中，以衡量和比较颗粒群起动模式与单个颗粒起动模式计算的临界坡降计算结果对试验结果的符合程度。流土型破坏为整体颗粒群起动，因而颗粒群起动模式同时适用于流土型和管涌型破坏模式。若散点落于图中的对角线上，则表示计算值与试验值相等，若散点位于该线上方则说明计算值大于试验值，位于该线下方则说明计算值小于试验值。对比来看，颗粒群起动模式的计算结果相比于单个颗粒起动模式的计算结果与试验值的符合程度更好。

8.4　滤层保护

滤层的作用是防止渗流将一种土层的细颗粒土带入另一种土层或从渗流出口流失。从反滤层保护土的类型来分，可以分为：①保护内部结构稳定土体（如堆石坝的土质防渗墙）；②保护内部不稳定土体（如地基中的砂砾石土）。从

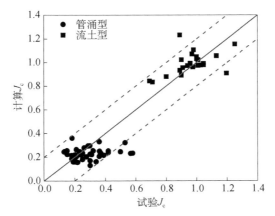

图 8.8　颗粒群起动模式 J_c 计算值与试验值对比

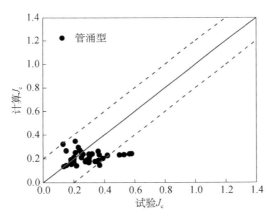

图 8.9　单个颗粒起动模式 J_c 计算值与试验值对比

反滤层保护土的位置分，如图 8.10 所示，可以分为：①反滤层位于构筑物的内部；②反滤层位于渗流的出口。保护内部稳定土体，主要是防止土颗粒因表面剥蚀或接触冲刷进入较粗土层或区域外；保护内部不稳定土体，主要是防止土层中的细颗粒被渗流持续地带出土层之外。

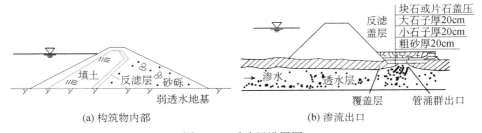

图 8.10　反滤层设置图

滤层除了有防止细颗粒流失的滤土保护作用，还有排水作用。堤坝及其基础的渗流控制原则是"上堵下排"，即上游侧防渗与下游侧排水相结合的综合防治措施，以使堤坝构筑物及其基础达到渗透稳定和抗滑稳定的目的。防渗体的主要作用是截流渗漏水，减少渗水量或延长渗径。防渗体本身承受较高的渗压水头。滤层既起防止细粒土被渗流水带走的保护作用，又起到排水作用。滤层除设置于堤坝之中外，还常设置于排水沟、填方路基、挡土墙排水口处。滤层材料可以是土料，也可以是土工织物。

保护黏性土和保护无黏性土的设计准则有很大的差异。首先讨论无黏性土的滤层的设计准则。

无黏性土的滤层的准则是通过观察在渗流作用下被保护土与滤层之间的相互作用而确定的。最著名的是太沙基（1922）提出的公式：

$$D_{15}/d_{85} < 4 < D_{15}/d_{15} \tag{8.9}$$

其中 D_{15} 和 d_{85} 分别为滤层土料和被保护土料的特征粒径，下标数字是土料级配曲线上的小于对应颗粒粒径的累计质量含量的百分比。

黏性土又分为是否是分散性黏土两类。分散性黏土，是指土中所含黏性土颗粒在水中散凝呈悬浮状，易被雨水或渗流冲蚀带走从而容易引起侵蚀破坏的土。非分散性黏土的滤层选择，可用美国水道试验站 1955 年推荐的准则：对于低塑性黏土，可采用无黏性土的排水滤层设计准则；对于中、高塑性黏土，则取滤层的 D_{15}=0.4mm，且滤层土的不均匀系数不大于 20。

分散性黏土由于土颗粒之间的排斥力超过相吸力，在表面冲刷或指向外表面的渗流作用下，容易形成悬液而发生渗透变形。要用滤层保护分散性黏土的细颗粒流失是很困难的，因而可通过在分散性黏土表面铺一层渗透性相近的非分散性黏土，将分散性黏土的保护问题转化成非分散性黏土的保护问题。

8.5 管涌破坏实例解读

以工程失事的巨大代价换来的认识进步，促进了设计的发展。重温失事实例，解读事故原因，对深厚覆盖层上水电工程的设计和土石坝的运行管理等均具有现实意义。

"管涌造成的大坝失事是土木工程中最严重的事故之一"。我们对防止管涌和滑动这些类型的失事的处理方法比大坝设计的其他所有特性都要重要，甚至这种失事的极小的可能性都是不能容忍的（Terzaghi et al.，1995）。

管涌既可以导致大坝初次蓄水时垮塌，也可能在侵蚀一段时间后垮塌。图 8.11 是美国典型的管涌侵蚀溃坝实例。图（a）中美国豪泽湖大坝位于 20m 深砾石坝基上，蓄水 1 年后（1908 年）垮塌；图（b）中爱尔华河坝位于 24m 深砾石与粗砂坝基上，在水库蓄水时，下游坝趾出现泉涌，为减少流量在坝趾外 2.5m 处打入 9～12m 深板桩，板桩施工完成前垮塌。

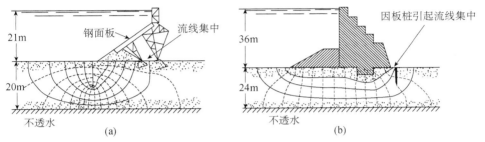

图 8.11 典型的管涌导致的美国垮塌大坝实例

本节解读华盛顿引水渠电站侵蚀发生 45 年后垮塌的实例。

华盛顿引水渠电站如图 8.12 所示。建设时间为 1957—1958 年，引水渠长度 3 英里（1 英里=1.609344 千米），渠首坝高 93 英尺（1 英尺=3.048×10⁻¹ 米），最大水深 53 英尺，渠首正常水位 603 英尺，尾水位 470～490 英尺。2002 年 4 月 21 日，在历经 45 年运行后突然垮塌（资料来源于 Ray E. Martin，seepage and piping dams，PPT，在 32nd USSD Annual meeting and conference，April 23-27 New-Orlears，Louisiana 会上获得）。

图 8.12 华盛顿引水渠电站

2002 年 4 月 21 日，大约上午 3:00 塌陷洞在前池形成，紧接着坝趾爆裂喷发，上游孔口扩大引起大坝缺口，大约上午 6:30，洪水破坏电站设施，被下库容纳。垮塌后的照片见图 8.13。

图 8.13　华盛顿引水渠电站垮塌后照片

坝下地层的地质横剖面和建设时地下水位与渗流场如图 8.14 所示。地层 A 为 10～20 英尺厚的冲积/崩积的砂和砾石；地层 B 为 8～50 英尺厚的多孔状至大规模高度节理的玄武岩；地层 C 为厚度大于 200 英尺的粉土、砂、砾、卵、巨砾冲积层，包含两个亚层：土层 C1 为粉砂土，土层 C2 为砾、卵、巨砾（粉/沙土含量<5%）的混合层。地下水面一般处于玄武岩与下伏冲积层的界面（测试钻孔-1956）。由于较低的建设前渗透坡降（$i \leqslant 0.01 \sim 0.1$），很可能在引水渠建设前在玄武岩下没有侵蚀发生。

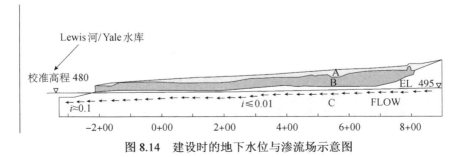

图 8.14　建设时的地下水位与渗流场示意图

电站施工中强抽水（1600～3400m³/h），施工时总共有 493 万 m³ 地下水被抽出。施工期抽水时的渗流场如图 8.15 所示，渗透坡降估计达到 0.6，引起玄武岩下的 C 层粉细砂、漂卵砾石层侵蚀。施工时的抽水过程中就发现抽出的水有浑浊情况。现场施工人员有向业主报告，但没有引起业主和设计人员的重视。

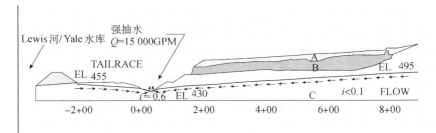

图 8.15　施工期抽水时的渗流场示意图

厂房上游侧由于玄武岩下大量出水安装了排水暗沟，于玄武岩与下伏冲积层界面下安装了 18 英寸（0.457 米）打孔金属波纹管排水，但管外未设置反滤保护。

施工期的渗漏如图 8.16 照片所示，C 层土中漂卵砾石中的粉粒和砂粒在抽水过程中由于高渗透坡降而侵蚀流出，没有滤层保护的玄武岩下泉水在施工期有粉粒和砂粒流出。

图 8.16　施工期的渗漏

如图 8.17 所示，渠首挡水建筑物为分区坝，坝下灌浆帷幕部分进入玄武岩层，典型的深度仅 20 英尺，有 5 个孔伸入玄武岩层 40～45 英尺深度，没有穿过玄武岩至其下层，因而玄武岩层下部没有形成防渗体。渠首底部设置了含砾石粉质砂铺盖。电站在进水结构两侧设置了 300 英尺长度穿过冲积/崩积层的截水沟。图中给出了沿着玄武岩底部的渗流流动方向及在 C 层土中的渗透坡降。

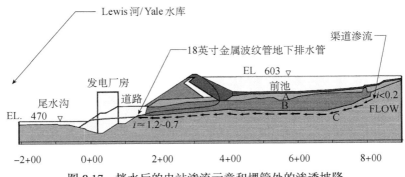

图 8.17 挡水后的电站渗流示意和埋管处的渗透坡降

如图 8.18 所示，引水渠充水增加水头 108 英尺，玄武岩下的渗透坡降比建设前显著增加，高渗透坡降引起粉粒和砂粒内部侵蚀（管涌、接触流土、管型流土），包括：

- 土层 C2 内部的管涌（segregation piping）；
- 土层 C1 进入 C2 的接触流土连续侵蚀（continuing erosion）；
- 土层 C1 内管道型侵蚀（piping）。

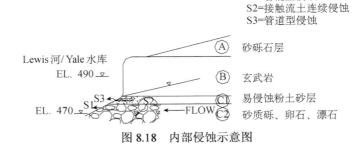

图 8.18 内部侵蚀示意图

该电站的内部侵蚀有如下有利条件：

- 玄武岩为土层 C 的管道型侵蚀提供顶盖——不会垮塌；
- 玄武岩底部向下游倾斜——有利于内部侵蚀；
- 土层 C1 由粉土和砂土粒组成——易受侵蚀；
- 土层 C2 由砾石、卵石和漂石组成——管涌土；
- 玄武岩下无灌浆；
- 下游流出无反滤保护；

- 电站 18 英寸排水暗沟无反滤保护；
- 玄武岩下土层 C1 在尾水渠暴露。

玄武岩下的土层与尾水渠边坡照片如图 8.19 所示。图 8.20 为含潟湖处剖面的地层渗透坡降。可见位于渗流出口位置的渗透坡降也很大。

(a) 玄武岩下土层

(b) 1952年美国地质调查局潟湖照片

图 8.19　土层与外部侵蚀照片

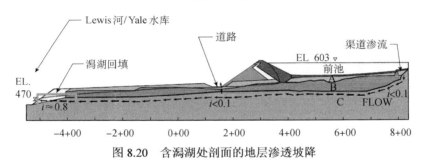

图 8.20　含潟湖处剖面的地层渗透坡降

华盛顿引水渠电站的垮塌造成的经济损失大约为 1 亿美金，其垮塌给水电工程中土的渗透变形的分析带来了深刻的教训。首先，堤坝的内部侵蚀既可能是快速的过程，在水库初次蓄水中垮塌，也可能是缓慢的过程，在缓慢侵蚀多年后垮塌；其次，工程中内部侵蚀的类型可能是单一的，也可能是多种的，内部侵蚀的类型有可能发生转化；最后，平均的渗透坡降低也不能大意，尤其是施工时或运行中出现浑水渗流的情况，局部的渗透破坏缓慢发展可能孕育大的灾难，所有的覆盖层上的堤坝设计不能满足于常规的渗流场分析，要注意局部的不利因素引起的渗透破坏的持续发展可能孕育大的灾难。

参 考 文 献

葛祖立，1987. 砂砾管涌类型的判别和临界坡降计算. 水利水电技术，（5）：

36-41.

　　刘杰，1992. 土的渗透稳定与渗流控制. 北京：水利电力出版社.

　　刘杰，2014. 土的渗透破坏及控制研究. 北京：中国水利水电出版社.

　　毛昶熙，2003. 渗流计算分析与控制. 2 版. 北京：中国水利水电出版社.

　　毛昶熙，2005. 管涌与滤层的研究：管涌部分. 岩土力学，26（2）：209-215.

　　毛昶熙，段祥宝，吴良骥，2009. 砂砾土各级颗粒的管涌临界坡降研究. 岩土力学，30（12）：3705-3709.

　　沙金煊，1981. 多孔介质中的管涌研究. 水利水运科学研究，（3）：89-93.

　　吴良骥，1980. 无黏性土管涌临界坡降的计算. 水利水运科学研究，1（4）：90-95.

　　吴梦喜，高桂云，杨家修，等，2019. 砂砾石土的管涌临界渗透坡降预测方法研究. 岩土力学，40（3）：861-870.

　　Ahlinhan M，Achmus M，2010. Experimental investigation of critical hydraulic gradients for unstable soils. Scour and Erosion：599-608.

　　Ahlinhan M，Achmus M，Hoog S，et al.，2012. Stability of non-cohesive soils with respect to internal erosion. ICSE6，Paris，August，27-31.

　　Andrianatrehina L，Souli H，Fry J，Phan Q T，Fleureau J M，2012. Internal stability of granular materials in triaxial tests. ICSE6，Paris，August，27-31.

　　Burenkova V，1993. Assessment of suffusion in non-cohesive and graded soils. Filters in geotechnical and hydraulic engineering Balkema，Rotterdam，357-360.

　　Istomina V，1957. Filtration stability of soils. Gostroizdat，Moscow.

　　Jantzer I，Knutsson S，2010. Critical gradients for tailings dam design. In：Proceedings of the First International Seminar on the Reduction of Risk in the Management of Tailings and Mine Waste Eds Andy Fourie & Richard Jewell，23-32.

　　Ke L，Takahashi A，2012. Strength reduction of cohesionless soil due to internal erosion induced by one-dimensional upward seepage flow. Soils and Foundations，52（4）：698-711.

　　Kenney T C，Lau D，1985. Internal stability of granular filters. Canadian Geotechnical Journal，22（2）：215-225.

　　Kenney T C，Lau D，1986. Internal stability of granular filters：Reply. Canadian Geotechnical Journal，23（3）：420-423.

Kézdi Á，1979. Soil physics：Selected topics. Amsterdam：Elsevier.

Lafleur J，1984. Filter testing of broadly graded cohesionless tills. Canadian Geotechnical Journal，21（4）：634-643.

Mörz T，Karlik E A，Kreiter S，et al.，2007. An experimental setup for fluid venting in unconsolidated sediments：New insights to fluid mechanics and structures. Sedimentary Geology，196（1）：251-267.

Richards K S，Reddy K R，2010. True triaxial piping test apparatus for evaluation of piping potential in earth structures. Geotechnical Testing Journal，33（1）：83-95.

Rönnqvist H，2010. Predicting surfacing internal erosion in moraine core dams. KTH. TRITA-LWR Lic Thesis 2050.

Sherard J L，1979. Sinkholes in dams of coarse，broadly graded soils. In：Transactions，13th International Congress on Large Dams，New Delhi，India，25-35.

Technical Advisory Committee on Flood Defences，Technical Report on Sand Boils（Piping）（draft English version，August 2002），The Netherlands，March 1999.

Terzaghi K，1922. Der grundbruch an stauwerken und seine verhuetung. Die Wasserkraft，17（24）：445-449.

Terzaghi K，Peck R，Mesri G，1995. Soil Mechanics in Engineering Practice，A Wiley-Interscience Publication JOHN WILEY & SONS，INC. New York/Chichester/Brisbane/Toronto/Singapore.

Wan C F，Fell R，2004. Experimental investigation of internal instability of soils in embankment dams and their foundations：University of New South Wales，School of Civil and Environmental Engineering.

本 章 要 点

1. 土体的渗透变形与破坏类型。
2. 土体的内部结构稳定性判别方法。
3. 土体的临界渗透坡降及其预测或计算方法。
4. 水电站工程中渗透破坏的实例。

复习思考题

1. 土体的渗透变形有哪些类型？需要什么样的水动力条件？分别发生在渗流场的什么部位？

2. 土体发生渗透变形对渗流场会有什么影响？渗透变形会带来什么样的危害？

3. 土体发生渗透变形的临界条件是什么？与哪些因素有关？如何确定土壤的临界渗透坡降？

第 9 章　潜蚀的有限元动态模拟

9.1　引言

　　管涌（piping）泛指土体在渗流作用下颗粒或颗粒群移动的现象。部分砂砾石土，因细颗粒含量不足，没有完全填满粗颗粒之间的空间，细颗粒在渗流作用下可以在粗颗粒之间的孔隙中迁移，这种砂砾石土体，称之为内部不稳定土体。不稳定土体在渗流作用下细颗粒通过粗颗粒之间的孔隙而移动，这种渗透变形的类型称为管涌型（suffusion），本文称之为"潜蚀"。潜蚀可以造成堤坝的破坏。美国蒙大拿州豪瑟（Hauser）湖大坝 1908 年垮塌于初次蓄水一年之后，是典型的潜蚀导致的大坝失事（Terzaghi et al., 1995）。

　　我国西南地区很多大坝坝基覆盖层深厚，由于技术经济原因不能采用封闭式防渗墙完全截断覆盖层渗流，已采用或拟采用悬挂式防渗墙。防渗墙下必然流线集中而具有较大的渗透坡降。潜蚀的临界渗透坡降，约为渗流出口处垂直向上渗流内部稳定土体临界坡降的 1/5～1/3，处于 0.13～0.3 之间（Skempton et al., 1994）。因此，采用悬挂式防渗墙的砂砾石坝基，如果土层为内部不稳定的，悬挂式防渗墙底端周围土体必然会发生潜蚀，这将增大土体的孔隙通道和渗透性，一方面将增大坝基的渗流量，改变坝基的渗流场，潜蚀的持续发展有可能造成坝基的渗透破坏；另一方面即使潜蚀的发生发展不导致坝基的渗透破坏，也会因为潜蚀造成坝基土体的压缩性增大而对防渗墙及其上部结构的变形产生影响。这两方面的定量评估需要对潜蚀过程进行数值模拟。离散单元法可用于模拟潜蚀过程中土颗粒的移动侵蚀（张刚等，2007），由于模拟尺度的限制，尚远远达不到对大坝和地基进行整理模拟的程度。本文介绍潜蚀动态模拟的一种有限元方法，用于计算采用悬挂式防渗墙方案的某大坝深厚砂砾石覆盖层坝基的潜蚀动态发展过程，评估坝基潜蚀可能发展的程度及渗透破坏的风险，并为潜蚀对防渗墙及上部结构变形的影响评估提供基础。

9.2 描述潜蚀动态过程的数学模型

渗流作用超过了内部不稳定土体中细颗粒移动的条件时，细颗粒进入渗流水体而发生移动。可将潜蚀与泥沙输运过程看成是有源（启动侵蚀）或汇（泥沙淤积）的两相混合流体流动过程。潜蚀动态过程的数学模型，包括泥沙输运的质量守恒方程，两相混合流的渗流方程，泥沙的起动和沉积水力条件，以及泥沙的侵蚀与淤积速度等物理关系。

9.2.1 潜蚀中泥沙输运的连续性方程

堤坝基础发生潜蚀时，土体中的细颗粒会起动进入孔隙水体之中，并随着渗流作用而发生迁移。土体的孔隙率也会因冲淤情况的不同增大或缩小。下面推导饱和渗流中泥沙输运的质量守恒方程。

流体在多孔介质中流动，遵守质量守恒定律，此质量守恒所满足的方程即为连续性方程。将泥沙与水看作是混合流体，在控制体 Ω 上，任取一体元 $d\Omega$，其表面为 σ。本文采用指标符号体系表示向量和张量，下标里的逗号是求偏导数符号，重复指标表示求和。

单位时间内通过体元 $d\Omega$ 表面的泥沙颗粒体积为：$\oiint_\sigma s_v v_i n_i d\sigma$。$s_v$ 为孔隙水中泥沙的体积浓度，v_i 为渗流速度向量，n_i 为微元体边界外法线方向向量，下标 $i=1,\cdots,D$ 是笛卡儿直角坐标系的轴标，D 是空间维度（1，2 或 3）。

控制体内泥沙体积增加为：$\int_\Omega \dfrac{\partial(s_v\phi)}{\partial t}d\Omega$，其中 ϕ 为多孔介质的孔隙率。

由于孔隙水渗流过程中有泥沙颗粒起动进入水流，或水体中的泥沙浓度超过其携沙能力时会有泥沙沉积，因此，泥沙输运过程中存在源汇项。假定其强度为 q，则控制体内泥沙起动或淤积的总体积为：$\int_\Omega q d\Omega$。

由质量守恒定律得积分形式的泥沙输运连续性方程为

$$\int_\Omega \frac{\partial(s_v\phi)}{\partial t}d\Omega = \int_\Omega q d\Omega - \oiint_\sigma s_v v_i n_i d\sigma \tag{9.1}$$

由散度定理（矢量场通过任意闭合曲面的通量，等于该曲面所包围的体积内矢量场的散度的积分），$\oiint_\sigma s_v v_i n_i d\sigma = \int_\Omega s_v v_{i,i} d\Omega$，可改写为

$$\int_\Omega \left[\frac{\partial(s_v\phi)}{\partial t} - q + s_v v_{i,i} \right] d\Omega = 0 \tag{9.2}$$

由于上式对任意积分区域成立，可得泥沙输运的连续性微分（质量守恒）方程：

$$\frac{\partial(s_v\phi)}{\partial t} + s_v v_{i,i} = q \qquad (9.3)$$

其中，s_v 是孔隙水中泥沙的体积浓度；v_i 为渗流速度矢量（向量）；$v_{i,i}$ 是速度矢量的散度；q 为泥沙侵蚀（泥沙沉积时为负）的强度，即单位时间内单位体积中泥沙的起动或沉积体积，其量纲为 T^{-1}。

不考虑骨架压缩引起的孔隙率变化时，有

$$\partial\phi / \partial t = q \qquad (9.4)$$

不考虑骨架压缩变形的泥沙输运的连续性（质量守恒）微分方程可表示为

$$\phi\frac{\partial s_v}{\partial t} + (q + s_v)v_{i,i} = q \qquad (9.5)$$

其中，ϕ 为土体的孔隙率；s_v 为渗流中泥沙的体积浓度；$v_{i,i}$ 为渗流速度的散度；q 为描述砂砾石土中泥沙侵蚀强度的源汇项。

9.2.2　含沙水的渗流连续性微分方程与渗流规律

按照上节的方法，可以推导出含沙水流的连续性微分方程：

$$\frac{\partial\theta}{\partial t} + (1 - s_v)v_{i,i} = 0 \qquad (9.6)$$

其中，θ 为土体的孔隙体积含水量。

不同孔隙水饱和度和含沙浓度时的渗流仍然采用达西定律描述，可以用下式表示：

$$v_i = -K_{ij}(\beta, s_v)k_r(s)(\psi + z)_{,j} \qquad (9.7)$$

其中，v_i 为含沙水混合流体的流速向量；K_{ij} 是饱和介质的渗透张量，是土体泥沙体积侵蚀率 β 和含沙浓度 s_v 的函数；$k_r(s)$ 为相对渗透系数，s 为饱和度，定义为混合流体的体积与孔隙体积的比值，$s \leqslant 1$，土体饱和时（$s = 1$），$k_r(s) = 1$，非饱和时（$s < 1$）相对渗透系数小于 1；ψ 是具有长度量纲的压力水头；z 是基于一个参考平面的高程。

由于饱和度是孔隙水压力的函数（孔压大于 0 时饱和度等于 1，小于 0 时通过土水特征曲线对应），$k_r(s)$ 可以用 $k_r(\psi)$ 代替，含水量和孔隙水压力混合表达的含沙水流的微分方程可表示为

$$\frac{1}{(1-s_v)}\frac{\partial \theta}{\partial t} - [K_{ij}k_r(\psi)(\psi+z)_{,j}]_{,i} = 0 \tag{9.8}$$

非饱和含沙土体的含水量可以表示为

$$\theta = s(1-s_v)\phi \tag{9.9}$$

非饱和土含水量和吸力的关系，含水量和渗透系数的关系，参见文献（Wu，2010）。饱和渗透系数与泥沙侵蚀量和含沙浓度的关系下文将阐述。

9.2.3　泥沙侵蚀与淤积

潜蚀作用在内部不稳定土体中水力条件超过侵蚀条件时发生。管涌侵蚀的水力条件通常用临界渗透坡降来表示。当土体达到临界渗透坡降时，土体的渗流速度与渗透坡降的关系偏离直线，土体中的细颗粒开始移动。潜蚀临界渗透坡降处于 0.13～0.3 之间。渗流方向对临界坡降有一定影响（Lafleur，1984；Jantzer et al.，2009；Richards et al.，2009）。水平方向渗流的临界渗透坡降小于垂直向上临界坡降（屈智炯等，1984；Skempton et al.，1994；Ahlinhan et al.，2010）。向下的渗流方向，渗流对颗粒的拖曳力与重力方向一致，对渗透稳定最不利（Richards et al.，2009）。渗流方向偏向下时的临界坡降小于方向偏向上的情况。渗透坡降提高，颗粒移动的速度加快（Skempton et al.，1994）。

潜蚀侵蚀速度与水力条件的关系尚未建立，而又为潜蚀计算所必须。参照管流中管道内壁土体颗粒侵蚀速率的计算公式（Hanson et al.，2004；Wan et al.，2004；Bonelli et al.，2006），假设泥沙的侵蚀速率与作用在土体上的渗透坡降之间满足线性关系，用如下表达式：

$$q = \begin{cases} k_d(J-J_c), & J \geqslant J_c \\ 0, & J < J_c \end{cases} \tag{9.10}$$

式中，q 为单位时间单位体积土体中进入水流的土颗粒体积；J 为作用在土体上的渗透坡降；J_c 为砂颗粒起动时所需的临界坡降；k_d 为土体侵蚀系数，量纲为 T^{-1}。

当含沙水流中的携沙浓度超过其携沙能力，则泥沙淤积。虽然砾类土孔隙渗流的挟沙能力研究还未见报道，水流的挟沙能力却从 Gilbert（1914）的水槽输沙试验开始，在河流动力学中进行了深入的研究（费祥俊，1994），已经有100 年的历史。下面参照粒状物料输送水力学来研究管涌土中渗流的泥沙携带能力，这是潜蚀定量计算所必需的。

在管路输送中，临界流速 v_c 是很重要的参数，因为水流的挟沙能力与流速有着密切联系，流速越大，挟沙能力越高，反之则低。而一旦挟沙能力低于混合液的含沙浓度，就会发生泥沙的沉积（归豪域等，2007）。临界流速主要与通道直径、泥沙粒径、泥沙容重、泥沙浓度有关。20 世纪 50 年代以来有人试图通过试验建立不淤流速公式的关系式，其中最著名的杜兰德（Durand）公式为

$$v_{\mathrm{c}} = F_{L}\sqrt{2gD\frac{\rho_{\mathrm{s}} - \rho_{\mathrm{w}}}{\rho_{\mathrm{w}}}} \tag{9.11}$$

式中，F_{L} 与粒径及泥沙浓度 s_{v} 有关，如图 9.1 所示，由图中可见，当粒径 d>2mm 以后，F_{L} 与含沙浓度无关，且变化不大，只有当粒径 d 较小时，固体体积浓度 s_{v} 对 F_{L} 才有影响。1969 年 Shook 提出管道中的临界冲淤平衡流速公式（费祥俊，2000）为

$$v_{\mathrm{c}} = 2.43 s_{v}^{1/3}\sqrt{2gD\frac{\rho_{\mathrm{s}} - \rho_{\mathrm{w}}}{\rho_{\mathrm{w}}}}\Big/ C_{D}^{1/4} \tag{9.12}$$

式中，s_{v} 是管道含沙体积浓度（单位体积的混合液中沙粒体积占混合液体积的百分比值）；D 是圆管直径（非圆形管道可用当量直径 D_{e}，土体孔隙渗流，可暂时根据级配曲线，取 D_{10}）；g 为重力加速度；ρ_{s}、ρ_{w} 分别为沙粒和水的质量密度；C_{D} 是固体颗粒沉降的阻力系数。

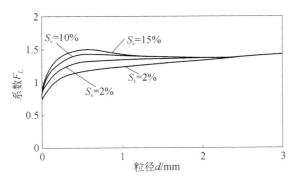

图 9.1 系数 F_{L} 与粒径及泥沙浓度 s_{v} 的关系（费祥俊，2000）

临界冲淤平衡状态下的体积含沙浓度是该流速下的最大挟沙浓度 s_{v}^{*}，由式（9.12）可得：

$$s_{v}^{*} = \left(\frac{C_{D}^{1/4}}{2.43}\sqrt{\frac{\gamma_{\mathrm{w}}}{\gamma_{\mathrm{s}} - \gamma_{\mathrm{w}}}} \cdot \frac{v}{\sqrt{2gD}}\right)^{3} \tag{9.13}$$

上式即为给定流速下的最大挟沙体积浓度 s_{v}^{*}，当水流中的携沙浓度超过此浓度时，则假定管道中超过此浓度的泥沙全部就地沉积。

对于土体骨架之中的管涌水流，实际的平均流速等于渗流速度与孔隙率之商，不妨也以 v 表示渗流速度。按照上述方法将土体分成粗细两个部分，取通道直径为粗颗粒的 D_{10}。多孔介质中渗流的最大含沙浓度可以表示为

$$s_v^* = \alpha \left(\frac{C_D^{1/4}}{2.43} \sqrt{\frac{\gamma_w}{\gamma_s - \gamma_w} \cdot \frac{v}{\phi \sqrt{2gD_{10}}}} \right)^3 \tag{9.14}$$

其中 α 为试验参数，下文将依据文献中的试验资料来研究其取值。C_D 的取值则详见费祥俊（1994）。根据 Skempton 试验中泥沙侵蚀的时间和侵蚀量，α 取值可达到 1000。渗流的推移作用是其携沙能力大大高于管道水流的可能原因。

式（9.14）可以作为给定流速下的最大挟沙体积浓度的计算公式。

当渗流中的泥沙浓度超过最大携沙浓度，泥沙则瞬时淤积于土体中，则 Δt 时段内的平均淤积速度等于

$$q = -(s_v - s_v^*)\phi / \Delta t \tag{9.15}$$

9.2.4　潜蚀土渗透系数与颗粒流失量的关系

在侵蚀作用过程中，坝基侵蚀土体中的细颗粒流失而扩大土体中的孔隙通道，淤积土体中的孔隙被细颗粒填充，因而冲淤土体的渗透系数都将发生动态变化，从而影响坝基中的渗流场和潜蚀过程的动态发展。因此建立潜蚀土渗透系数与细颗粒流失量之间的关系是很重要的。

砾类土的渗透性主要取决于孔隙通道截面上的区域大小。因为给定孔隙率的土体的平均孔隙直径与平均粒径成正比，将 D_e 命名为有效颗粒粒径。通过对滤层砂的广泛调查 Hazen（1892）得出以下公式（刘杰，2014）：

$$k = C_e D_e^2 \tag{9.16}$$

刘杰不但考虑了特征颗粒粒径的影响，还考虑了土体密实度孔隙率对渗透系数的影响，提出了渗透系数的计算公式：

$$k = 1.8\phi^3 d_{20}^2 \tag{9.17}$$

其中，渗透系数的单位为 cm/s；ϕ 为孔隙率；d_{20} 为等效粒径。

潜蚀发生后的土体的孔隙分布特征，与一般土体的孔隙分布特征主要由颗粒级配和孔隙率等确定不同，土体发生潜蚀后，相对于相同颗粒级配和相同孔隙率的土体，潜蚀后的土体的大孔隙更大，大孔隙的连通性更好。因此对于土体潜蚀过程中或潜蚀试验前后渗透系数变化的评估，不能简单地套用一般土体的渗透性评估公式。初步研究中不妨取试验前的渗透系数为基准，按照刘杰公

式估算潜蚀过程中土体的渗透系数。

潜蚀发展过程中渗透系数的评估可以按照下式计算：

$$k=k_0[(\phi'/\phi_0)^3(d'_{20}/d_{20})^2]^\beta \tag{9.18}$$

其中，β 为孔隙特征放大指数，暂时取 2.0；ϕ'、d'_{20} 分别为潜蚀动态发展过程中的土体的孔隙率和颗粒重量含量 20%所对应的颗粒粒径。根据潜蚀土体初始颗粒级配曲线、计算过程中记录的当前时步中土体的泥沙颗粒体积侵蚀（淤积）量和可侵蚀流失泥沙的最大粒径，从而可得到侵蚀土体当前时步末的 d'_{20} 粒径。动态孔隙率则等于初始孔隙率和当前体积侵蚀量之和。

侵蚀颗粒在渗流速度缓慢处沉积于孔隙通道内，对于侵蚀颗粒填充砾石土的情况，渗透系数同样可按照式（9.18）计算。

9.2.5　水流携沙对渗透系数的影响

含沙对水流的黏性造成影响，从而影响土体的渗透性。对于无黏性悬液，费祥俊（1994）根据王新声对各级粒径及浓度的泥沙悬液流变试验得到的数据，给出了悬液黏度与清水黏度之比（相对黏度）的经验公式

$$\mu_r=\frac{\mu}{\mu_0}=\left(1-\frac{s_v}{s_{vm}}\right)^{-2} \tag{9.19}$$

其中，μ_r 为含沙悬液对清水的相对黏度；μ 为悬液的黏度；μ_0 为清水的黏度；s_v 为悬液中泥沙的体积含量比例；s_{vm} 为颗粒的堆积密度，是群体颗粒中的固体体积与总体积之比，粗沙的最大体积含量为 0.59～0.64，中沙为 0.52～0.59，细沙则为 0.51～0.56。

9.3　求解潜蚀动态过程的有限元方法

潜蚀动态侵蚀要联立求解式（9.8）和式（9.5），获得管涌过程中坝基每一个时刻的渗流场和浓度场，从而求出各个时刻地基中管涌的侵蚀程度。每个时步分为渗流场求解和浓度场求解两部分，可顺序耦合求解，直至该时步的计算结果收敛。

9.3.1　渗流场有限元公式

可以参照第 5 章清水非饱和渗流有限元的推导过程（Wu，2010），得到含

沙水流的有限元公式如下：

$$\sum_e \int_{\Omega_e} N_{I,i} k_r(\psi) K_{ij} N_{J,j} d\Omega \cdot (\psi + z)_J + \sum_e \int_{\Omega_e} \phi \frac{\partial s}{\partial \psi} \frac{1}{l} \delta_{IJ} d\Omega \cdot \frac{\partial \psi_J}{\partial t}$$

$$= \oint_L -q_n N_I dL + \sum_e \int_{\Omega_e} s \left[\frac{\phi}{1 - s_v} \frac{\partial s_v}{\partial t} - \frac{\partial \phi}{\partial t} \right] N_I d\Omega \tag{9.20}$$

其中，N 是基于单元结点的形函数；下标 I、J 为单元中的结点编号；下标 i、j 为坐标轴方向，i，$j=1$，2，3；逗号表示求偏导数；L 为区域 Ω 的外表面；Ω_e 为单元区域；ψ 是具有长度量纲的压力水头；z 是基于一个参考平面的高程；δ_{IJ} 为克罗内克（Kronecker）δ；ϕ 为土体的孔隙率；s_v 为渗流中泥沙的浓度；l 为单元中的结点数目；s 为饱和度；q_n 为边界流量，$q_n = -k_r(\psi) K_{ij} \cdot (\psi + z)_{,j} n_i$。

含沙水渗流与清水渗流有限元公式的差别在于：①饱和渗透系数受到土颗粒侵蚀和含沙浓度影响，孔隙率也随着侵蚀而变化；②公式右端第二项中增加了一个含沙浓度偏导数项。其他各项和清水渗流相同。

9.3.2 泥沙浓度的有限元计算公式

对式（9.5）采用向前隐式差分，可得

$$\left(\frac{\phi}{\Delta t} + q + v_{i,i} \right) s_v - q - \frac{\phi}{\Delta t} s_v^{t_0} = 0 \tag{9.21}$$

令 Ω 为一个空间域，$\Omega \subset R^D$，其中 D 是空间维度。令 L 为 Ω 的边界，对于任意函数 f，微分方程的弱形式可以写成

$$\int_\Omega \left[\left(\frac{\phi}{\Delta t} + q + v_{i,i} \right) s_v - q - \frac{\phi}{\Delta t} s_v^{t_0} \right] f d\Omega = 0 \tag{9.22}$$

有限元中，连续的空间域 Ω 被一系列子区域 Ω_e（单元）所构成的半离散域 Ω^h 所代替。$\Omega \approx \Omega^h = \bigcup_e \Omega_e$。在任意单元域 Ω_e 中，未知变量和空间相关的系数均通过插值函数被连续的近似所取代，对于存在总数 N 个结点的离散空间，$s_v = N_J s_{vJ}$，$f = N_I f_I$，其中 N_I 是基于单元结点的形函数，下标 I，$J=1$，$\cdots$，N，N 为单元中的结点总数。式（9.22）可写成

$$\sum_e \int_{\Omega_e} [(\phi / \Delta t + q + v_{i,i}) N_J s_{vJ} - q - N_J s_{vJ}^{t_0} \phi / \Delta t] f_I N_I d\Omega = 0 \tag{9.23}$$

对于存在反滤关系的情况，由于通过反滤层的水流为清水，因此反滤层及其后部土层不参与泥沙输运计算，方程中原本透过反滤层的泥沙可以作为边界条件反向施加于反滤界面上，即可实现反滤边界泥沙 0 通过量的条件。

若渗流场中存在反滤层，该反滤层是泥沙通过的屏障，即反滤界面是 0 泥沙流量边界。将计算过程中通过该边界的泥沙流量反向叠加到方程中，可实现 0 流量边界条件。加入反滤条件后，式（9.23）可以改写为

$$\sum_e \int_{\Omega_e} [(\phi/\Delta t + q + v_{i,i})N_J s_{wJ} - q - N_J s_{wJ}^{t_0} \phi/\Delta t] f_I N_I d\Omega - \int_L v_i n_i N_J s_{wJ} f_I N_I dL = 0$$

（9.24）

其中 L 为反滤边界。

对于方程中含砂浓度以外的变量，在迭代过程中可以记录当前时刻和上一个计算时刻的量值。

上式对任意一组 $[f_1, f_2, \cdots, f_I]$ 均成立，因此可得 I 个方程组

$$\left[\sum_e \int_{\Omega_e} \left(\frac{\phi}{\Delta t} + q + v_{i,i} \right) N_I N_J d\Omega + \int_L v_i n_i N_I N_J dL \right] \cdot s_{wJ}$$

$$= \sum_e \int_{\Omega_e} q N_I d\Omega + \sum_e \int_{\Omega_e} \frac{\phi}{\Delta t} N_I N_J d\Omega s_{wJ}^{t_0}$$

（9.25）

未发生泥沙侵蚀时，渗流场的孔隙水中的初始含砂浓度为 0。随着渗流边界条件的改变，在发生泥沙起动后，孔隙水中存在泥沙并随渗流迁移。迭代求解此方程组，即可得到每一个结点的含砂浓度，同时进行相关计算，获得每个高斯点处的孔隙率和在管涌发生以后的颗粒级配。由高斯点处的孔隙率的增量（与初始孔隙率之差）可知管涌输运计算域内的冲淤情况。

从泥沙输运的质量守恒方程到有限元算法的推导过程，进一步说明本书介绍的一般有限元变分法，具有对与渗流相关的这类偏微分方程有限元求解公式推导的普遍适应性。

9.3.3　非线性有限元方程组的求解说明

管涌动态模拟程序在第一作者开发的 LinkFEA 软件渗流计算程序的基础上开发，因而程序设计以已有渗流计算程序为基础。

管涌模拟是对渗流场和泥沙输运场两场的模拟。两个场都是非稳定（瞬变）的过程。渗流有限元计算的构架对于管涌模拟是基本合适的，因此，对于程序的构架不需要进行大的修改。

渗流场的计算是基于初始渗流场，然后以一个时间步长，不断计算不同时刻的渗流场，直到需要计算的渗流过程结束。这里有 3 个主要的循环。最外一

层是以时间步长不断累进的过程；第二层是时步潜蚀侵蚀迭代计算，里面包括 2 个第三层非线性迭代过程，就是渗流计算的非线性迭代过程和泥沙输运计算的非线性迭代过程。在第二层中包含了管涌的泥沙颗粒的冲淤及输运的过程，在非线性迭代过程中包含渗流场与泥沙输运的相互影响，实现了管涌过程的动态模拟。

9.4 坝基潜蚀发展计算分析

9.4.1 研究对象与计算条件

以如图 9.2 所示的深厚覆盖层上的心墙堆石坝为例，来研究深厚覆盖层悬挂式防渗墙方案坝基潜蚀的发展过程及程度，为潜蚀对大坝应力变形的影响分析提供基础。大坝坝体参照 M 工程心墙堆石坝断面，坝高 150m。心墙底部高程 2930m，坝基岩面高程 2730m，基岩上部为单一内部不稳定砂砾石覆盖层。采用悬挂式防渗墙防渗，防渗墙深度有 100m（底部高程 2830m）、125m（底部高程 2805m）、150m（底部高程 2780m）三个方案。水库正常蓄水位 3070.00m，下游水位 2934.17m。

有限元网格如图 9.3 所示，剖面厚度方向取一个单元，将模型剖分为 6712 个三维 20 结点六面体单元，共有 47936 个结点。材料主要包含：覆盖层，上下游堆石与压重区，上下游过渡层，上下游反滤层，土质心墙，混凝土防渗墙。

各材料的初始渗透系数如表 9.1 所示。为了评估悬挂式防渗墙坝基管涌的动态发展，需要管涌发生的临界条件、颗粒流失与渗透系数变化关系的参数，依据对某工程砂砾石土的试验情况取值如下：孔隙率为 0.34；管涌垂直方向临界坡降 0.27；水平方向临界坡降 0.20；以 mm 为单位的管涌最大可流失粒径为 1.6；可流失粒径对应的单位体积含量（重量百分数乘以 $(1-\phi)$）为 0.132（15% 重量含量）；参照文献中式（9.18）中参数 β 取 2.0。重力加速度 g 取 9.81，泥沙颗粒的浮容重与水的容重之比为 1.65；管涌通道 $D10$ 直径（管涌土分成粗细两个部分，粗颗粒中的 $D10$）为 2.65mm，这个参数对管涌侵蚀的速度有比较小的影响；管涌土体的特征粒径（用来计算携沙浓度）为 0.21mm；水的黏性系数取 $1.01 \times 10^{-6} \mathrm{m}^2/\mathrm{s}$（20℃时值）；式（9.10）中参照 Skempton（1994）的试验结果，取土体的管涌体积侵蚀系数 k_d 为 $1.0 \times 10^{-4}/\mathrm{s}$，这个参数只影响管涌发展的速度，不影响管涌发展最终的侵蚀程度；式（9.14）中 α 取 1000。

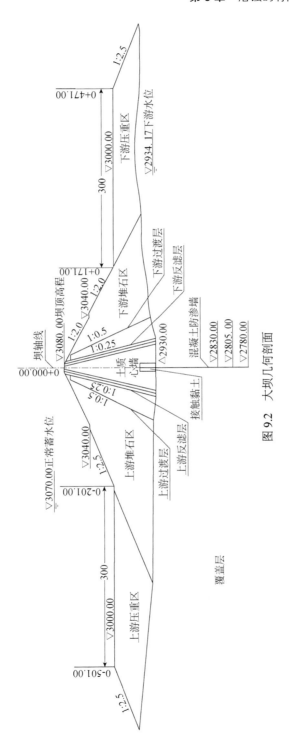

图 9.2 大坝几何剖面

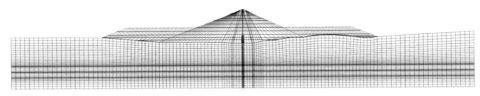

图 9.3　有限元网格

表 9.1　各材料的初始渗透系数

编号	材料名称	渗透系数/（m/s）
1	心墙	1×10^{-7}
2	上下游反滤层	7.81×10^{-5}
3	上下游过渡层	4.9×10^{-4}
4	上下游坝壳料	1.63×10^{-3}
5	混凝土防渗墙	1×10^{-9}
6	覆盖层	5×10^{-4}

　　实际的潜蚀侵蚀，在水库蓄水过程中，防渗墙底部渗透坡降超过管涌临界坡降时即会开始，随着时间的延长和水库上游水位的提高而发展。为了分析管涌随时间发展的规律性，也为简便起见，本文以大坝正常高水位时稳定渗流为潜蚀侵蚀的初始条件进行计算。

9.4.2　计算结果与分析

　　本文只介绍防渗墙深度为 100m 方案的结果。水库蓄水位 3070.00m，下游水位 2934.17m 的稳定渗流场单宽渗流量为 1255.3m³/d。大坝剖面上的等水头线如图 9.4 所示。防渗墙周围覆盖层内的渗透坡降等值线如图 9.5 所示。墙底部渗透坡降最大，局部最大值为 2.29。渗透坡降超过 0.3 的范围约为以防渗墙底中心为圆心，半径 15m 左右的圆区域，防渗墙底周围土体将发生强烈的渗透变形。当局部渗透坡降达到 2（垂直向上方向临界坡降 0.27）时，按照式（9.10）和上述参数对管涌侵蚀速度进行初步评估，细颗粒侵蚀的速度为 1.73×10^{-4}/s，土体中的细颗粒体积含量为 0.132，局部细颗粒全部侵蚀完的最短侵蚀时间（泥沙的输运能力不受限制）估算为 763s；当局部渗透坡降为 0.37（临界坡降 0.27）时，细颗粒侵蚀的速度为 1.0×10^{-5}/s，最短侵蚀时间（泥沙的输运能力不受限制）为 1320s，相当于 22min。可见，在局部渗透坡降达到 2 时，可侵蚀泥沙全部侵蚀完的时间只有约 10min。由于泥沙侵蚀过程中，土体的渗透系数会随着泥沙侵蚀流失而增大，渗流场随着渗透系数而改变，泥沙侵蚀区域的渗透坡降会随之降低，因而，这个过程是一个高度非线性的过程，需要采用小的时间步长以模拟这种非线性动态发展过程。随着泥沙侵蚀的发展，局部超高渗透坡降会迅速降低，局部泥沙侵蚀的速度也会随之下降，因而时间步长可以逐步增大。侵蚀计算分 4 个时段，第 1 时段取侵蚀时间从 0 到 1h，时间步长 10s；第 2 时段从 1h 到 10h，时间步长 100s；第 3 时段从 10h 到 100h，时间步长 1000s；第 4 时段从 100h 到 1000h，时间步长 10000s。

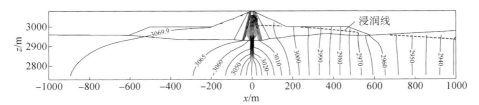

图 9.4　稳定渗流场等水头线

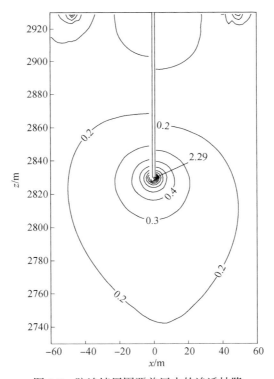

图 9.5　防渗墙周围覆盖层内的渗透坡降

　　图 9.6 为 100m 深防渗墙方案侵蚀 1h 后坝基覆盖层中的颗粒侵蚀流失体积率（单位体积内流失颗粒体积）；图 9.7 为侵蚀 1h 后的渗透坡降。侵蚀主要发生

在防渗墙底部为圆心直径 40m 的圆内，最大侵蚀量 0.081、渗透系数扩大 3.6 倍、最大渗透坡降从 2.29 降低到 1.95。虽然侵蚀时间短，但防渗墙底部的最大侵蚀量已经达到了 61.4%。

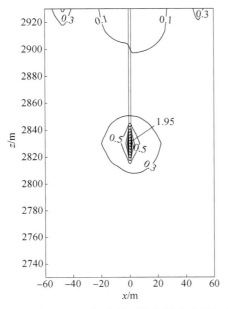

图 9.6　侵蚀 1h 后坝基的颗粒侵蚀流失体积率　　图 9.7　侵蚀 1h 后坝基的渗透坡降

　　侵蚀 10h 时单宽渗流量为 1421.4m³/d，渗流量扩大了 13.2%。随着侵蚀范围的扩大，坝基防渗墙周围等水头线往上游移动，防渗墙下游侧水头显著增大，但显著影响区域主要局限于防渗墙前后，整体渗流场的影响不大。图 9.8 为侵蚀 10h 时坝基覆盖层中的颗粒侵蚀流失体积率。最大侵蚀量 0.132，可侵蚀泥沙全部流失，最大渗透系数增加到 7.16 倍，侵蚀范围显著向防渗墙上游溯源扩展。图 9.9 为坝基防渗墙周围的渗透坡降，最大渗透坡降下降到 0.73。防渗墙上游侧的渗透坡降有所下降，超过 0.2 的范围减小，防渗墙下游侧的渗透坡降有所增大。从渗透坡降及其变化规律来看，防渗墙底部小范围的侵蚀程度还将进一步增加，管涌侵蚀向防渗墙上游（渗流方向偏向下）扩展的风险比向下游（渗流方向偏向上）大。

　　侵蚀 100h 时渗流量增大到 1655.5m³/d，比初始时增加 31.88%。侵蚀 100h 时坝基覆盖层中的颗粒侵蚀流失体积率和渗透坡降分别见图 9.10、图 9.11。防渗墙底部土体可侵蚀泥沙全部流失的范围扩大。土体最大渗透坡降下降到 0.7，渗透坡降大于 0.3 的范围局限于防渗墙底部较小的范围内。侵蚀 1000h 后的结果与侵蚀 100h 的结果基本相同。表明侵蚀 100h 潜蚀基本停止发展。

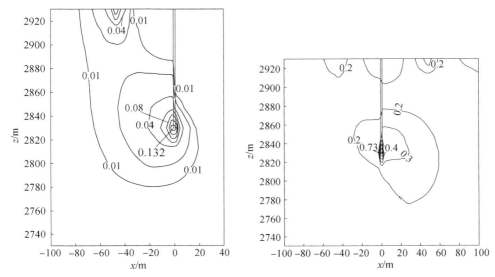

图 9.8 侵蚀 10h 时坝基的颗粒侵蚀流失体积率　　　图 9.9 侵蚀 10h 时坝基的渗透坡降

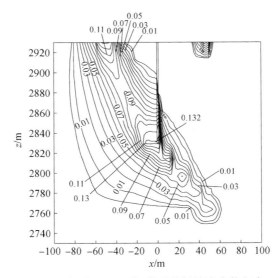

图 9.10 侵蚀 100h 后坝基颗粒侵蚀流失体积率

　　管涌对渗流场的影响有两个效应：①管涌后土体的渗透系数增大，整体的渗流量增大；②管涌流失颗粒的土体渗流量增大，渗流场水头等值线图发生变化。图 9.12 为侵蚀完成后大坝及坝基的水头增加量，影响程度在-2.9～15.1m 之间。防渗墙底部及后部影响较大，防渗墙前影响较小。

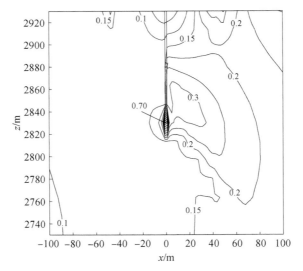

图 9.11　侵蚀 100h 后坝基的渗透坡降

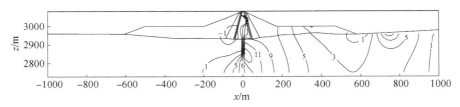

图 9.12　管涌后坝基坝体水头增加量

9.4.3　坝基潜蚀发展评价

悬挂式防渗墙坝基由于防渗墙底部的渗透坡降在水库高水位时较大，往往远远大于不稳定砂砾石层潜蚀临界渗透坡降，因而一般会发生管涌侵蚀。当渗透坡降远大于临界坡降时，潜蚀发展迅速，土体细颗粒流失后渗透系数扩大，局部渗透坡降有很大调整，对整体渗流场也有显著影响；潜蚀绕防渗墙底端向上游溯源发展，其影响范围可能直达防渗墙上游覆盖层表面。颗粒流失程度防渗墙底部最大，向防渗墙上游覆盖层表面逐步减少。

本文研究的设计方案，潜蚀侵蚀并不导致坝基的渗透破坏，而是对坝基大范围的土体造成侵蚀，增加了土体的压缩性，改变了坝基的渗流场，这会对防渗墙和上部结构带来一定影响。其影响程度可通过变形计算来评估，见文后文献（吴梦喜等，2017）。

9.4.4　潜蚀有限元求解方法的展望

本文提出了潜蚀动态发展的数学模型和有限元分析方法，并用于计算采用悬挂式防渗墙防渗的内部不稳定砂砾石坝基的管涌侵蚀过程，模拟潜蚀侵蚀的范围、程度及其对渗流场的影响的时间过程，表明本文的理论和方法总体上是可行的。由于潜蚀侵蚀的若干基本物理关系还处于研究的起步阶段，如颗粒侵蚀量对渗透系数的影响、侵蚀速度与水力条件的关系、含沙水渗流的携沙能力与淤积条件等尚待深入研究。因此潜蚀的定量模拟除了数值方法本身需要发展完善以外，还需要通过对这些物理关系的深入研究来建立。由于深厚覆盖层上采用悬挂式防渗墙的重大工程建设和安全运行管理的需要，也由于潜蚀动态模拟的学术意义和在水利工程和其他地下工程中的应用价值，该方法必将得到进一步发展。

参 考 文 献

费祥俊，1994. 浆体与粒状物料输送水力学. 北京：清华大学出版社.

费祥俊，2000. 浆体的物理特性与管道输送流速. 管道技术与设备，（1）：1-4+8.

归豪域，刘曙光，吴晓峰，2007. 高含沙泥浆模型试验及其糙率纠正. 上海地质，（1）：36-39.

刘杰，2014. 土的渗透破坏及控制研究. 北京：中国水利水电出版社.

屈智炯，吴剑明，1984. 压实石碴料渗透变形的试验研究. 四川大学学报（工程科学版），2（7）：67-76.

吴梦喜，余挺，张琦，2017. 深厚覆盖层潜蚀对大坝应力变形影响的有限元模拟. 岩土力学，38（7）：2087-2095.

张刚，周健，姚志雄，2007. 堤坝管涌的室内试验与颗粒流细观模拟研究. 水文地质工程地质，（6）：83-86.

Ahlinhan M，Achmus M，2010. Experimental investigation of critical hydraulic gradients for unstable soils. International Conference on Scour and Erosion，ASCE，599-608.

Bonelli S，Brivois O，Borghi R，et al.，2006. On the modelling of piping erosion. Comptes Rendus de Mécanique，（334）：555-559.

Hanson G J，Cook K R，2004. Apparatus test procedures and analytical methods to measure soil erodibility in situ. Applied Engineering in Agriculture，20（4）：455-462.

Jantzer I，Knutsson S，2009. Critical gradients for tailings dam design. Proceedings of the First International Seminar on the Reduction of Risk in the Management of Tailings and Mine Waste. Eds. Andy Fourie & Richard Jewell.

Lafleur J，1984. Filter testing of broadly graded cohesionless tills. Canadian Geotechnical Journal，21（4）：634-643.

Richards K S，Reddy K R，2010. True triaxial piping test apparatus for evaluation of piping potential in earth structures. Geotechnical Testing Journal，33（1）：83-95.

Skempton A W，Brogan J M，1994. Experiments on piping in sandy gravels. Geotechnique，44（3）：449-460.

Terzaghi K，Peck R，Mesri G，1995. Soil Mechanics in Engineering Practice. A Wiley-Interscience Publication JOHN WILEY & SONS，INC. New York/Chichester/Brisbane/Toronto/Singapore.

Wan C F，Fell R，2004. Investigation of rate of erosion of soils in embankment dams. Journal of Geotechnical and Geoenvironmental Engineering，American Society of Civil Engineers，130（4）：373-380.

Wu M，2010. A finite-element algorithm for modeling variably saturated flows. Journal of Hydrology，394（3-4）：315-323.

本 章 要 点

1. 潜蚀数学模型的建立，包括含砂水渗流的微分方程、多孔介质中泥沙输运的微分方程。

2. 潜蚀过程中渗透系数与泥沙侵蚀率的关系及其定量描述方法。

3. 潜蚀过程中土体的变形特性与潜蚀率的关系及其定量描述方法。

4. 潜蚀过程的动态模拟方法。

复习思考题

1. 坝基内部管涌是指哪些渗透变形类型？会对大坝的渗流场造成什么样的

影响？

2. 为什么要对深厚覆盖层坝基的潜蚀过程进行模拟？如何构建坝基内部潜蚀模拟的数学模型？

3. 潜蚀的数学模型中，需要确定哪些物理关系？如何确定这些物理关系？

4. 面对复杂的渗流问题，如何建立数学模型？

第10章 双重介质渗流理论

10.1 双重介质简介

前面各章所论述的主要是针对将岩土体视为单一孔隙介质的渗流问题。对于油气藏，砂岩地层一般可以视为单一孔隙介质。而裂隙性油藏中往往发育着无数的裂缝，这些裂缝把岩石分成很多称为基质块的小块。裂隙性油藏中的一类是单纯天然裂隙性油藏，即基质块中没有连通孔隙，也不渗透，裂隙既是流体的全部储存空间，又是流体的流动通道，这类介质可以将裂缝的体积与总体积之比定义一个孔隙度，按裂缝的渗透性定义一个渗透率，如此，这类介质与孔隙介质渗透性质的数学描述是完全相同的。而另一类，具有裂缝和孔隙双重特征，裂隙和孔隙均是流体的储集空间和流动空间，这类介质我们称之为基质与裂缝的双重介质，如图 10.1 所示。基质块中存在原生的连通的粒间孔隙，它的孔隙度和渗透率受颗粒的几何形状、尺寸、排列状况和孔隙连通性的限制。假定这类介质的基质与孔隙同时占有全部空间，对基质和裂隙各定义一套孔隙率和渗透率。

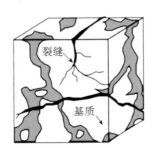

图 10.1 双重介质示意图

双重介质基质中的孔隙一般是原生的，即在地层形成过程中逐渐形成的未被胶结物填充的颗粒之间的空间。裂缝则是次生的孔隙，可以是地层演变过程中由于应力变化形成断裂产生的，也可以是人工压裂等原因产生的，无论是天然或人工，大多数是地层形成以后产生的。裂隙油藏、页岩气气藏都可以按照双重介质的观点来建立理论模型。

在一般情况下，裂缝所占的储集空间大大小于基质的储集空间，而裂缝的流通能力却大大高于基质，即裂缝孔隙度小于基质，裂缝渗透率高于基质。这种供给能力与流通能力错位的现象是裂缝–孔隙介质的基本特性。

双重介质模型依然采用连续介质假定，假定孔隙和裂隙同时平均分布于整个空间，具有以下特点：

- 孔隙和裂隙双重孔隙度；
- 双重渗透率，可分别用孔隙和裂隙渗透率张量描述；
- 两个平行的水动力场；
- 基质和裂隙间有流体交换。

由于双重介质的特性不同，压力在两者中的变化梯度也不相同，因而在同一时刻会存在两个平行的渗流场，这两个渗流场之间存在流体交换，称之为"窜流"。

10.2　双重介质渗流的数学模型

首先介绍双重介质油藏的概化模型，然后再介绍其数学描述。

10.2.1　双重介质油藏的概化模型

双重介质的渗流特征决定了双重介质渗流问题的复杂性。为了研究双重介质中的流动状况，一些简化的物理模型被相继提出。

图 10.2 为 Warren-Root 模型（Warren and Root，1963），将双重介质简化为三组正交裂缝切割基质块为六面体的地质模型，裂缝方向与主渗透率方向一致，并假设裂缝的宽度为常数，裂缝网格可以是均匀分布的，也可以是非均匀分布的。采用非均匀分布裂缝网格可研究裂缝网格的各向异性或在某一方向上的渗透率和孔隙率变化的情况。Warren-Root 模型对天然裂缝性油藏的流动机理能提供详细而又全面的解释。图 10.3 为 Kazemi 模型（Kazemi H et al.，1976）将双重介质简化为由一组平行层理的裂缝分割基质成层状的地质模型，即模型由平行的裂缝和平行的基质层组成。

图 10.4 为 Deswaan 模型，与 Warren-Root 模型相似，只是基质岩块不是六

面体而是圆球,圆球体的排列方式仍为正交排列。圆球体表示基质,基质之间的孔隙表示裂缝。

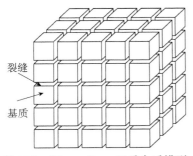

图 10.2 Warren-Root 双重介质模型

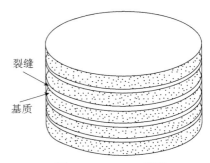

图 10.3 Kazemi 模型

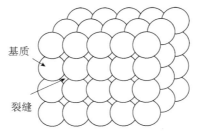

图 10.4 Deswaan 模型

上述模型得到的渗流规律本质是相似的,Warren-Root 双重介质模型由于原理简单,要求输入的资料少,具有较高的计算效率和精度,目前其已经成为裂缝储层模拟应用最广泛的概念模型,该模型已被几乎所有油气数值模拟商业软件所采用。

10.2.2 双重介质油藏的基本物理量

描述双重介质的基本参数有弹性储容比和窜流速度。这两个参数分别影响裂缝和基质系统的地质特性和渗流特性。

弹性储容比定义为裂缝系统的弹性储存能力与油藏总的弹性储存能力之比,用符号 ω 表示,计算公式如下:

$$\omega = \frac{\phi^{(f)} c^{(f)}}{\phi^{(f)} c^{(f)} + \phi^{(m)} c^{(m)}} \tag{10.1}$$

其中带括号的上标 f 和 m 分别表示裂缝和基质系统;ϕ 为孔隙率,等于裂缝或基质系统的孔隙体积与总体积之比;c 为裂缝或基质系统的综合体积压缩系数。

裂隙的孔隙率占总的孔隙率的比例越大，弹性储容比越大。

在双重介质油藏的渗流过程中，由于基质与裂缝之间存在压力差异，因此基质与裂缝之间存在着流体交换。由于这种流体交换是缓慢的，可将其视为稳定过程。单位时间内从基质排至裂缝中的流体质量与以下因素有关：流体的黏度、基质与裂缝之间的压力差、基质团块的几何特征量（如长度、面积和体积等）、基质的渗透率。窜流速度可以用以下公式计算：

$$Q^{(fm)}=\frac{\alpha\rho_0 k^{(m)}}{\mu}(p^{(m)}-p^{(f)}) \tag{10.2}$$

其中，$Q^{(fm)}$ 为单位时间单位体积中基质流出的流体质量；$k^{(m)}$ 为基质的渗透率；α 为形状因子，量纲为 m^{-2}；$p^{(m)}$ 和 $p^{(f)}$ 分别为基质和裂缝系统中的流体压力。

Warren 与 Root 提出的窜流形状系数由以下公式计算：

$$\alpha=\frac{4n(n+2)}{L} \tag{10.3}$$

其中，n 为裂缝套数，$n=1，2，3$；L 为基质块的特征尺寸。当基质岩块在各方向上长度不一，在三个方向上的尺寸分别为 $l_x=a$，$l_y=b$，$l_z=c$ 时，L 有以下相对估计值：

$$三维情况：L=\frac{3abc}{ab+bc+ac}；二维情况：L=\frac{2ab}{a+b} \tag{10.4}$$

10.2.3　双重介质单相渗流的数学模型

双重介质中流体渗流的数学模型中，基质和裂缝系统的运动方程、状态方程和平衡微分方程都是类似的。

依然采用达西定律来描述双重介质的运动方程，对于裂缝系数和基质系统，有如下渗流速度公式：

$$v_i^{(f)}=-\frac{k_{ij}^{(f)}}{\mu}(p^{(f)}+\rho gz)_{,j} \tag{10.5}$$

$$v_i^{(m)}=-\frac{k_{ij}^{(m)}}{\mu}(p^{(m)}+\rho gz)_{,j} \tag{10.6}$$

其中，带括号的上标 f、m 分别表示裂缝系统和基质系统；i、j 为坐标轴方向；k 为渗透张量；p 为压力；ρ 为液体的密度；g 为重力加速度；z 是重力反方向为轴的坐标，即相对高程。

若流体为气体，式（10.5）和式（10.6）中右边括号内的重力项可以忽略。

裂缝和基质系统的状态方程可以分别表示为

$$\phi^{(f)} = \phi_0^{(f)}[1 + C^{(f)}(p^{(f)} - p_0^{(f)})] \tag{10.7}$$

$$\phi^{(m)} = \phi_0^{(m)}[1 + C^{(m)}(p^{(m)} - p_0^{(m)})] \tag{10.8}$$

其中，上标 f、m 分别表示裂缝系统和基质系统，下标中的 0 表示初始状态；ϕ 表示孔隙率、p 表示压力，分别为初始孔隙率和初始压力。

对于孔隙流体，流体的状态方程用密度随压力变化的关系式描述。裂缝和基质流体采用相同的描述公式。孔隙流体为微可压缩的液体时，其状态方程为 $\rho = \rho_0[1 + C_L(p - p_0)]$，即式（2.7）。孔隙流体为气体时，其状态方程为 $\rho = \dfrac{m}{V} = \dfrac{pM}{ZRT} = \dfrac{Z_{sc}T_{sc}}{p_{sc}} \cdot \dfrac{p}{ZT} \cdot \rho_{sc}$，即式（2.25）。

将裂缝系统的运动方程和基质向裂缝系统的窜流速度代入单相向流体的平衡微分方程式，可得

$$\frac{\partial(\rho\phi^{(f)})}{\partial t} - \rho_{,i}\frac{k_{ij}^{(f)}}{\mu}(p^{(f)} + \rho gz)_{,j} - \rho\left[\frac{k_{ij}^{(f)}}{\mu}(p^{(f)} + \rho gz)_{,j}\right]_{,i} = \rho q^{(f)} + Q^{(fm)}$$

$$\tag{10.9}$$

其中 $q^{(f)}$ 为裂缝系统中的源汇项，一般而言，裂缝中的源汇项 $q^{(f)} = 0$。

同样地，可得基质中流体的平衡微分方程

$$\frac{\partial(\rho\phi^{(m)})}{\partial t} - \rho_{,i}\frac{k_{ij}^{(m)}}{\mu}(p^{(m)} + \rho gz)_{,j} - \rho\left[\frac{k_{ij}^{(m)}}{\mu}(p^{(m)} + \rho gz)_{,j}\right]_{,i} = \rho q^{(m)} - Q^{(fm)}$$

$$\tag{10.10}$$

其中 $q^{(m)}$ 为基质中的源汇项。注意基质和裂缝系统，在模型中是同时充满整个空间的，因此，其源汇项也是对于包含基质和裂缝整个空间体积而言的。页岩气中吸附于基质颗粒上的气体分子，解附于基质孔隙之中，可以用源汇项描述。

式（10.9）和式（10.10），构成了双重介质的平衡微分方程。其中的窜流速度项 $Q^{(fm)}$，是两相方程之间的耦合项，采用非线性迭代方法联立求解这两个方程，可以得到双重介质中单相流体的渗流流动状况。

第 2 章中已详细阐述液体和气体的状态方程，并分别推导了单相液体在单一介质中的平衡微分方程和单相气体的平衡微分方程式。双重介质中单相渗流与单一介质中的单相渗流的平衡微分方程中基质或裂缝系统的唯一差别就是前者中存在窜流速度项。因此，针对双重介质中单相液体或气体的进一步推导不再赘述。第 5 章详细阐述了含非饱和区的地下水渗流（不可压缩流体）和单相气体渗流的有限元公式的推导过程。第 7 章详细阐述了渗流和变形耦合的有

限元方法。掌握了这两章介绍的有限元公式推导方法，不难推导出双重介质单相微可压缩流体或单相气体的有限元公式。

10.2.4　双重介质油藏油水两相渗流模型

　　低渗透率的裂缝性油藏为渗透率较低的致密岩块，主要的流通通道为裂缝，可以视为双重介质油藏。由于岩块渗透率较低，串流速度缓慢的缘故，开井后天然产能一般较低，需要进行注水开发。在低渗透率裂缝性油藏的常规注水开发过程中，注入水难以进入基质岩块，油层含水率上升快，油井容易发生水窜。如果地层岩石的润湿相为油相，则基质岩块疏水亲油，注水驱替只能采出裂缝中的油，导致最终采收率很低。如果地层基质岩块亲水疏油，开井注水后，裂缝中很快充满水，而基质岩块中含水饱和度较低，在毛管力的作用下基质岩块会从裂缝中吸水从而排油，发生自发渗吸流动。储油地层多具有亲水疏油的特性，因此两相间毛管力驱动而产生自发渗吸作用是低渗透裂缝性油藏注水开发过程中重要的采油机理（郑欢，2020）。

　　基质与裂缝中油相的压力差，来源于毛细管吸力。两相渗流的窜流速度，不但与流体的黏性、基质块的渗透率和基质块的尺寸有关，还和基质的土水特征曲线、相渗透系数与相饱和度之间的关系有关。窜流速度的定量描述很复杂。研究地层各类因素对自发渗吸的影响，确定不同地层的自发渗吸流动速率，是低渗透裂缝性油藏数值模拟的重要环节。

　　熟悉两相渗流的数学模型，分别给出对基质和裂缝系统建立两相渗流的微分方程，补充两相的饱和度之和等于 1 等其他方程和基质与裂缝之间的两相窜流速度计算公式，便可得到双重介质两相渗流的数学模型。

　　双重介质油藏两相渗流的数学模型，与单重介质的两相渗流类似，其差别主要是：①裂缝和基质系统分别建立两相渗流的微分方程；②基质与裂缝之间存在窜流，微分方程中包含窜流速度。鉴于此，双重介质的两相渗流的相关公式本书不再介绍。

参 考 文 献

蔡建超，2021. 多孔介质自发渗吸关键问题与思考. 计算物理，38（5）：505-512.

蔡建超，郁伯铭，2012. 多孔介质自发渗吸研究进展. 力学进展，42（6）：

735-754.

程松林，2011. 渗流力学. 北京：石油工业出版社.

李晓平，2007. 地下油气渗流力学. 北京：石油工业出版社.

王强，叶梦旎，李宁，等，2019. 页岩气藏数值模拟模型研究进展. 中国地质，46（6）：1284-1299.

郑欢，2020. 自发渗吸和压力驱动作用下的双重介质模型窜流函数研究. 安徽：中国科学技术大学.

Deswaan O A. 1976. Analytic solutions for determining naturally fractured reservoir properties by well testing. Society of Petroleum Engineers Journal，16（3）：117-122.

Kazemi H，Merrill L S，Porterfield K L，et al.，1976. Numerical simulation of water-oil flow in naturally fractured reservoirs. Society of Petroleum Engineers Journal，16（6）：317-326.

Warren J E，Root P J，1963. The behavior of naturally fractured reservoirs. Society of Petroleum Engineers Journal，3（3）：245-255.

本 章 要 点

1. 双重介质模型的概念，基质和裂缝系统渗流的特点。
2. 双重介质的概化模型，基质和裂缝系统的基本参数。
3. 双重介质中的窜流速度。
4. 双重介质中单相液体渗流和单相气体渗流的微分方程。
5. 双重介质的油水两相渗流的数学模型。

复习思考题

1. 双重介质有哪些概化模型？如何求双重介质的基本参数？
2. 双重介质渗流的窜流速度如何计算？
3. 双重介质中单相微可压缩液体的有限元计算公式如何推导？
4. 双重介质中单相气体渗流的有限元计算公式如何推导？
5. 请给出双重介质油水两相渗流的数学模型的具体公式？

第11章　水电站大坝渗流分析实例

11.1　引言

渗流分析与控制是水电站方案设计中的一项基本工作，对工程安全和造价影响较大。超过 1/3 的大坝溃决主要由渗流问题引起。1976 年 6 月溃决的美国 Teton 坝，是坝高 91.5m 的宽心墙堆石坝，发生破坏的基本原因为裂隙发育的大坝基岩渗流造成心墙底部的极易冲蚀的分散性坝料与基岩接触部位的冲蚀。由于没有反滤措施，基岩中发育的裂隙渗流通过坝体底部形成冲刷，并逐步发展为管涌冲蚀通道，最终导致了大坝完全决口破坏。1965 年发生坝体坍塌的美国 Fontenelle 坝，为坝高 42.4m 的心墙堆石坝。事故的主要原因是心墙与岸坡的接触面发生渗流冲刷侵蚀，最终形成管涌导致坝体大片坍塌。1993 年 6 月溃决的青海省境内的沟后水库，为坝高 71m 的砂砾石面板堆石坝。诱因是高水位时面板与防浪墙连接处防渗体拉裂造成渗漏，又因面板后砂砾石坝体的排水设计不当造成了坝体浸润线过高导致失稳垮塌。山东淄博境内的太河水库黏土斜墙坝、山西临沂龙门水库均质土坝部分坍塌、黑龙江五常市龙凤山水库黏土斜墙坝、山东省潍坊市嵩山水库心墙土石坝等众多水利工程均发生过不同程度的渗流破坏。

渗流场、渗流量和渗透稳定性计算是渗流控制设计论证的基础。水电枢纽工程渗流域内地层的渗透性复杂，兼有防渗排水等渗流控制措施，渗流状况很复杂。基于相同的基本资料，不同的分析者由于模型概化、参数取值和边界条件、计算分析方法等的差异，对于同一个计算工况，其分析结果常常差异也很大。如何使计算分析结果客观反映工程的实际渗流性状，是水电站渗流控制设计论证与优化的关键，也是工程渗流分析中一个普遍的重要研究问题。关于渗流分析计算方法和对具体工程的渗流控制分析论证的文献很多，但将具体工程作为一个渗流分析的范例，详细介绍如何从工程资料入手，进行模型概化、计算范围选取、分析方案规划、边界条件选取，进而通过计算分析，获得符合实际的工程渗流性状和论证渗流控制方案的文献却很少。由于不同工程的河谷地形、水文地质、水工建筑物布置方式、大坝类型、防渗排水措施差异很大，有限元计算模型的合理的几何范围、边界截取位置、边界条件的处理方式等往往也差异很大，一般需要根据具体的情况来分析确定。本章以象泉河阿青水电站的渗流计算与分析为例，介绍水电站渗流模型概化、边界条件选取、计算方案规划、材料敏感性分析等水电站渗流分析与控制研究的内容（周青等，2015），并介绍文献中对渗流分析与控制的新的认识或知识。

11.2　工程概况与渗流控制体系

熟悉工程情况、明确分析任务是渗流分析的第一步。工程情况包括枢纽地形、水文地质、天然地下水位及其季节变化情况、水工建筑物布置、大坝和电站厂房主要结构、大坝上下游特征水位、渗流控制方案等。分析任务除了常规的所关心区域的渗流场、渗流量和渗透坡降以外，还包括委托方所要求的方案比选和优化任务等内容。

11.2.1　工程概况

阿青水电站位于西藏阿里地区象泉河上，大坝为坝高 107m 的沥青心墙砂砾石坝。枢纽布置如图 11.1 所示。枢纽的地形，坝址河流走向从上游到下游由近东西向转为近南北向，在坝址前有一个"U"形大转弯，河流至厂房处再转向西北。坝址河流河弯形如鹅的头颈，大坝处于鹅颈上，电站位于坝后左岸山坡，处于鹅嘴位置。坝址地形与众多位于峡谷出口两河交汇的电站颇为类似，具一定典型意义。坝段河谷为"U"形形态，枯水期河水面高程约 3727m，河床及漫滩宽约 50～100m。两岸上部均为土林地貌。高程 3760m 以下河谷基岩裸露，多陡坎，自然坡度约 40°；高程 3760m 以上自然坡度 20°～25°，谷坡宽缓。

图 11.1 中的虚线框 *ABCDEFA* 是计算模型的外边线，下文进一步阐述边线位置选择的理由。

11.2.2　工程地质与水文地质

河谷两岸卸荷程度右岸比左岸强烈。推测左岸岸坡岩石强卸荷的水平深度

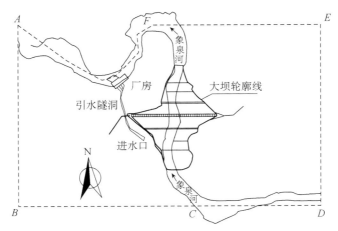

图 11.1　阿青水电站枢纽布置与建模范围示意图

为 13～16m，弱卸荷的水平深度为 30～35m；推测右岸强卸荷水平深度为 20～30m，弱卸荷水平深度为 80～85m；河床无强卸荷岩体，弱卸荷的铅直深度为 25～30m。强卸荷岩体具中等至强透水，压水试验表明其透水性>10Lu（吕荣值）；弱卸荷岩体具中等至弱透水性，透水性介于 3～10Lu；微新岩体具弱微透水性，透水性<3Lu。透水性有随深度的增加逐渐减弱的规律。

坝段第四系松散堆积物沿河（沟）床和坡脚分布，主要为 4 种类型，分别是：

① 冰水堆积（Q3fgl）含孤块石粉质黏土，厚度为 3～8m，多呈平台状，夹含粉土及中细砂透镜体，分选性差，较密实，分布于河谷两岸缓表层。

② 崩坡积（Q4col+dl）堆积含块碎石土，厚度变化较大，一般为 2～10m，结构松散，局部架空，主要分布于岸坡坡脚及坡体下部。

③ 冲洪积（Q4al+pl）堆积含块碎石土，多形成洪积扇，厚度一般 3～5m，结构松散，主要分布于较大冲沟的沟口。

④ 现代河床冲积（Q4al）堆积的含漂砂卵砾石层，厚度变化大，一般为 8～10m，结构较松散，分布在河床、漫滩及河心滩部位。坝区河床堆积物的透水性均为强透水，渗透系数一般为 $6.0 \times 10^{-4} \sim 2.0 \times 10^{-3}$ m/s。

坝段地下水有孔隙潜水和基岩裂隙水两类。赋存于河谷两岸河漫滩和阶地堆积物中的孔隙潜水受大气降水、冰雪融水及基岩裂隙水补给，水量不丰，受季节影响较大，水位高程随季节的变化略有升降。汛期地下水位略高于河水位，排泄于河内；枯水期地下水位与河水位基本一致。赋存于两岸基岩裂隙中的裂隙水，接受大气降水和冰雪消融水的补给，埋藏深度较深，水量不丰，排泄于河谷及松散堆积层内。

11.2.3 大坝设计与防渗体系

作为挡水建筑物的大坝为沥青心墙堆石坝。沥青混凝土心墙通过两岸混凝土基座和坝基廊道、灌浆帷幕组成了防渗体系。防渗平面与帷幕布置方案如图11.2 所示。帷幕范围有三个方案：①左岸延伸至桩号 0−170.00 处，右岸延伸至桩号 0+580.80 处，底部延伸至基岩 5Lu 线处的浅帷幕方案；②帷幕两端位置不变，帷幕深度延伸至 3Lu 与 5Lu 线的中线的深帷幕方案；③将深帷幕方案两端部各缩短 60m，帷幕底边仍然为 3Lu 与 5Lu 线的中线的短帷幕方案。帷幕灌浆孔设 2 排，排距 1.5m，孔距 2m。

大坝横剖面如图11.3 所示，剖面位置在图11.2 中已标出。1-1 剖面代表河床剖面，2-2 剖面代表岸坡剖面。沥青心墙顶高程 3816.50m，心墙顶部厚 0.6m；心墙自顶部向下至 3711.50m 高程处线性加厚至 1.14m；3711.50m 至坝基廊道顶高程 3709.50m 为心墙大放脚，心墙厚度自 1.14m 逐渐变厚至底部厚 2.34m。廊道与基岩相接，其下由灌浆帷幕防渗。1-1 剖面基岩上部为覆盖层；2-2 剖面直接坐落于基岩上。心墙上下游两侧的坝壳填筑体为砂砾石，料场不同级配组合的填筑体渗透性差异较大。上限平均级配、平均线级配、下限平均级配所对应的渗透系数分别为 $8.93×10^{-5}$m/s、$6.67×10^{-4}$m/s 和 $K=6.95×10^{-3}$m/s。分别取这三个小、中、大的坝壳料渗透系数进行对比计算，以分析大坝渗流场、渗流量和渗透坡降对坝壳料渗透系数的敏感性。

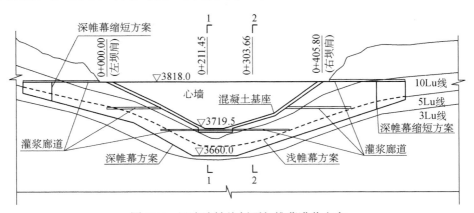

图 11.2 沿防渗轴线剖面与帷幕灌浆方案

水库上游正常蓄水位 3814.00m，校核洪水位 3814.03m；下游正常尾水位 3720.66m，校核洪水位 3723.82m，最低尾水位 3720.02m。正常蓄水位 3814.00m，下游取最低尾水位 3720.02m 的稳定渗流工况，上下游水位差最大，是渗流量和渗透坡降最大的最不利工况，作为防渗设计的控制工况。

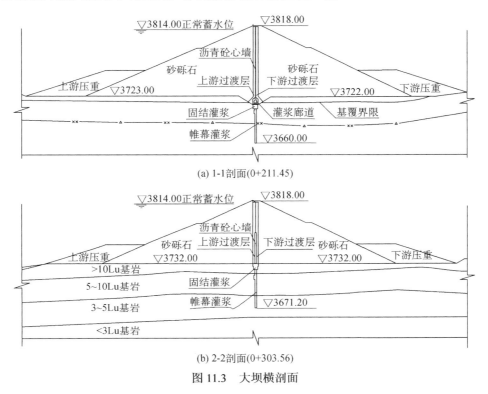

(a) 1-1剖面(0+211.45)

(b) 2-2剖面(0+303.56)

图 11.3 大坝横剖面

11.3 渗流分析的任务与模型概化

渗流分析的任务，是通过计算分析，获得坝和坝基的渗流场、渗流量和渗透坡降，从而为防渗排水体系的设计提供论证和优化依据。一般先进行典型的坝横剖面的二维渗流分析，以便快速了解渗流大坝的基本渗流性状，然后再进行三维建模和计算，获得水电站坝区和厂区的整体渗流性状。

11.3.1 分析任务

阿青水电站的主要渗流分析任务包括：①计算分析 1-1 和 2-2 剖面的二维渗流场，掌握河床坝段和岸坡坝段的基本渗流性状；②比较 3 个帷幕灌浆方案的优劣，确定防渗帷幕的范围及其对渗流场和渗流量等的影响；③了解正常高水位工况和防渗墙在出现缺陷情况时下游坝壳的浸润线位置对砂砾石填筑体渗透系数的敏感性，以确定坝料是否需要在防渗墙后增设排水措施；④分析左岸山体在建坝后的绕渗情况，研究电站地下厂房部位边坡的地下水位情况，为该处边坡稳定分析提供地下水渗流场资料。此外，还需要分析水库放空库过程中上游坝壳内的渗流场变化过程，为该工况下的上游坝壳稳定安全性分析提供资料。

11.3.2　计算方法与计算软件

水电枢纽渗流场计算的实践中，其有限元渗流场计算方法除了本书介绍的饱和度可随时空变化的饱和-非饱和计算法外，还有一种渗流仅在饱和区计算的饱和渗流算法。饱和渗流算法渗流区域为饱和区，需要在计算过程中通过计算迭代确定。饱和渗流算法中通过网格移动来将渗流计算区域限定在饱和区的移动网格法或称压缩网格法现已被固定网格法所取代。迭代计算过程中处理饱和区的边界面（0 孔隙水压力面或称自由水面、浸润面）与网格中相交的单元，可用局部修改单元几何形状的虚单元法（吴梦喜等，1994）或单元几何保持不变附加一个流量来减小计算误差的剩余流量法（张有天等，1988）。对于浸润面变动的非稳定渗流，饱和算法将计算时步前后两个浸润面之间的含水体积与时间步长之比，作为一个浸润面上的边界流量来模拟，算法处理起来比较烦琐，与饱和-非饱和算法相比精度较差。编著者认为饱和-非饱和算法将在渗流计算实践中逐步取代饱和算法，直至将饱和算法完全淘汰。

本文采用编著者本人开发的 LinkFEA 有限元系统中的渗流模块进行计算，该软件已经用于十多个重大水电站工程的渗流控制方案论证。

11.3.3　模型概化与材料参数

熟悉工程概况、水文地质、枢纽布置、水工设计、渗控方案、材料参数、特征水位等情况，并明确分析任务后，接下来就是模型概化。模型概化包括计算范围的确定、计算边界的截取、计算域内渗流介质的分区、防渗排水措施的概化、模拟方法的选定、计算方案和计算参数的确定，边界条件和初始条件的确定等内容。

实际的渗流是在地表以下的半无限域发生，而渗流计算只能在给定的有限区域内进行，因而确定计算域是模型概化的第一个任务。渗流计算域的底部和四周是截断边界，而截断处的边界条件往往是难以准确确定的，因而计算域除包括设计对渗流场所关心的区域外，截断边界的位置要取在所采用的边界条件的误差对所关心区域的渗流场的影响比较小的位置。

　　三维渗流计算建模的范围如图 11.1 中线框所示。模型左岸截断边界 AB 位于坝 0−600m，右岸截断边界 ED 位于坝 0+1000m，上游截断边界 BD 距坝轴线 500m，下游侧边界右岸侧 EF 距坝轴线 500m，左侧边界线 FA 沿着河道中心线延伸到左岸边界线。模型的上表面是坝顶高程 3818m 的水平截面及低于坝顶高程的地表面；模型的下表面，为高程 3200m 的水平面。

　　正常蓄水位和下游最低水位组合的稳定渗流工况，一般来说是水电站防渗的最不利工况，作为渗流控制方案论证和优化的控制工况。模型范围内降雨入渗和地表蒸发对稳定渗流场的影响可忽略不计。这一工况枢纽稳定渗流场计算模型的边界条件为：①坝轴线上游侧低于库水位的模型上表面，其边界条件取为等于蓄水位 3814.00m 的定水头；②模型上游侧截断面边界离大坝较远，基岩中水平向渗流进入计算域的流量可忽略不计，取为不透水边界；③对于左右两岸山体截断面边界：右岸山体浑厚，由于本工程赋存于两岸基岩裂隙中的基岩裂隙水，接受大气降水和冰雪消融水的补给，补给来源差，水量不丰，定性判断右岸向河谷排泄的地下水量远远小于库水绕渗水量，山体截断边界上进入渗流域的天然地下水流量对水库蓄水后的渗流场影响很小，因而可取为不透水（流量为 0）边界；左岸截断面边界流入渗流域的流量同样很少，边界面位置离左坝肩较远，其下游侧流出边界面的流量估计也很小，因而同样忽略边界与渗流域的流量交换，取为不透水边界；④模型坝轴线的下游侧上表面边界：高程低于下游最低水位 3720.02m 的区域为定水头边界，高于此高程的区域为可能的逸出面边界；⑤下游覆盖层截断边界与渗流域的流量交换对大坝与坝基的渗流场影响也很小，取为等于下游水位的 3720.02m 高程的定水头边界，基岩截断面取为不透水边界；⑥模型的下表面，位于坝下基岩面最低处以下超过 500m，通过该面的渗流量也可忽略，该面取为不透水边界。所有的边界条件均已给出。对于稳定渗流问题，无需给出初始条件。对于水库放空过程中的非稳定渗流问题，可以将放空初始水位及其对应的下游水位工况的稳定渗流场的孔隙水压力计算结果作为初始条件。

　　二维计算剖面选取了图 11.3 中的两个剖面，上下游截断面和底部边界位置及边界条件同三维模型，计算网格分别见图 11.4 和图 11.5。计算网格基本上为四边形，靠近防渗体的部位网格较为密集，其他区域则由近及远逐步变稀疏。对于单位长边与短边的长度之比，渗流计算不必如应力变形计算那样有比较严格的限制，在渗流场内部水头变化平缓处的单元宽高比大一些（数十倍也可），一般也不会影响其渗流场和渗流量计算的精度。心墙坝的渗流场中,渗流从渗透系数小的心墙流向渗透系数大的坝壳时,在心墙的下游侧接触面附近可能存在自由面急剧降低的现象,出现第6章介绍的内部逸出面现象,因而在沥青心墙下游侧设置了可模拟内部逸出面的渗流接触面单元。

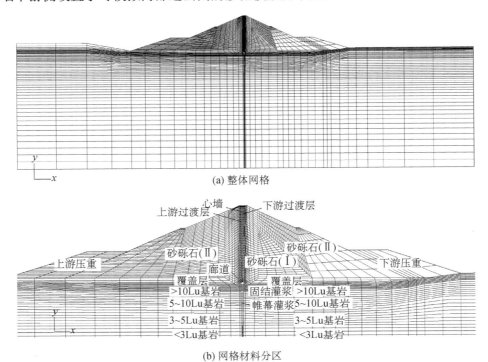

(a) 整体网格

(b) 网格材料分区

图 11.4　1-1 剖面的整体网格与网格材料分区

三维有限元网格如图 11.6 所示,共剖分 77954 个 8 结点 6 面体单元,结点总数 81304 个。模型原点位于坝轴线上,左坝肩 0+000.00,高程为 0m 处,x 轴沿坝轴线指向右岸;y 轴垂直坝轴线指向下游;z 轴正方向向上。其中防渗帷幕厚 4m,帷幕区域通过材料属性在帷幕与对应基岩互换时实现不同的帷幕灌浆范围。

展示整体模型中各组成部分的网格情况,可以了解计算网格的实际地形、地层分界面的近似程度。从大量分析水电站工程的渗流和应力变形的期刊和会议文献中展示的计算网格,可知众多实际有限元网格对河谷地形、不同土类的覆盖层和不同风化卸荷程度的基岩的分界线的模拟是十分粗糙的,往往忽略了地层界面的起伏变化,甚至将覆盖层的分界面按平面近似。如此一来,其计算成果对工程实际的定量反映的合理程度,无疑会受到材料分界面误差较大的不良影响。

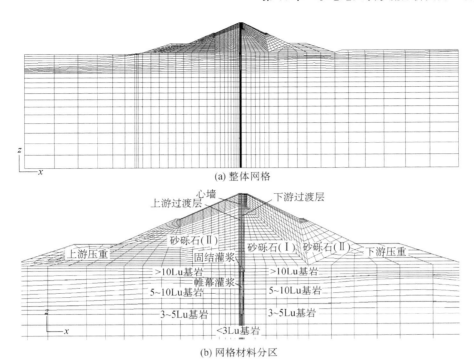

(a) 整体网格

(b) 网格材料分区

图 11.5　2-2 剖面的整体网格与网格材料分区

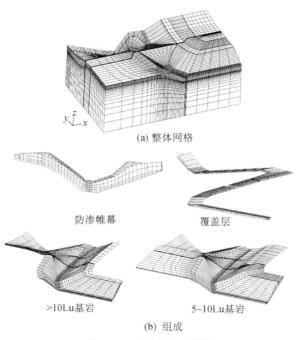

(a) 整体网格

防渗帷幕　　　　覆盖层

>10Lu基岩　　　　5~10Lu基岩

(b) 组成

图 11.6　三维有限元网格

模型中各种材料的渗透系数取值也是一个重要的问题。地质分层后的同一河床覆盖层、渗透性分区后的同一程度的卸荷与风化基岩，其渗透仍然具有一定的空间变异性，地质工作者给出的渗透系数也是一个取值范围，而每一个土层或单元的材料参数计算时必须要取一个定值。一般可先对各材料的渗透系数取中间值进行计算，然后对渗流场或渗流量或重点关注部位的渗透坡降影响较大的材料取不同的参数进行敏感性分析，从而全面把握材料渗透系数的不同取值对渗流场特性及其对防渗安全性的影响。表 11.1 为基本计算方案中采用的各分区材料渗透系数。

表 11.1　计算所采用的材料渗透系数

材料	沥青	过渡层	坝壳料	混凝土	帷幕	覆盖层	>10Lu 基岩	5~10Lu 基岩	3~5Lu 基岩	<3Lu 基岩
渗透系数/ (m/s)	1×10^{-10}	5×10^{-5}	6.95×10^{-3}	1×10^{-9}	1×10^{-7}	2×10^{-3}	1.5×10^{-6}	7.5×10^{-7}	4×10^{-7}	2×10^{-7}

计算中材料的饱和度与吸力水头的关系、吸力水头与相对渗透系数的关系是必须要给出的。由于一般水电站工程都不会进行非饱和土水特征曲线和饱和度与相对渗透系数关系曲线的测试。非饱和参数可根据文献数据和经验确定。本工程所有材料都采用表 11.2 所示同一非饱和吸力与相对渗透系数关系。根据编著者检验，本工程的稳定渗流和库水位降落非稳定渗流工况的计算结果对这一关系均不敏感。

表 11.2　饱和度与吸力和相对渗透系数关系

饱和度	1.0	0.57	0.39	0.33	0.23	0.19	0.17	0.09
吸力（m 水头）	0	5	10	15	20	40	100	200
相对渗透系数	1	0.3	0.1	0.05	0.02	0.01	0.01	0.01

11.4　计算结果比较与分析

心墙堆石坝的渗流，由于心墙下游面等部位存在内部逸出面现象，无论是二维还是三维模型，若不采用第 6 章所述的内部逸出面处理方法设置接触面单元，计算过程中若网格比较密，则迭代计算往往不收敛，若网格稀疏，有可能获得迭代收敛的计算结果，然则整理等孔隙水压力等值线图时容易发现心墙的 0 孔隙水压力等值线（浸润线）的位置是大大低于合理的浸润线位置的。要获得收敛的正确的计算结果，在心墙的下游侧应设置处理内部逸出面的渗流接触面单元。即使设置了接触面单元，由于逸出面部位网格不够细密或接触面算法不够完美等原因，还是会出现迭代计算的误差较大的情况。迭代不收敛分为两种情况，一种是材料非线性迭代不收敛，另一种是边界逸出面位置迭代不收敛。逸出面个别结点边界条件迭代不收敛，常常只对局部流场有较为显著的影响，而对整体流场影响很小，若是此种情况，并不需要重新剖分网格去追求收敛的计算结果。如果是逸出面边界迭代不收敛，最终的两次迭代计算结果总体渗流量、渗流场和各关键部位的渗流场的差异若不大，足以用于分析防渗方案的合理性，则计算结果还是可用的，否则，则要重新剖分网格以获得收敛的计算结果。检验计算结果的合理性，并对模型进行一定程度的调整，在实际工程的渗流分析中也是很重要的。

11.4.1　二维渗流分析

对两个剖面的深、浅帷幕两个方案进行二维计算，并分析渗流场和渗流量对坝壳料渗透系数敏感性。1-1 剖面的等水头线和等渗透坡降线如图 11.7 所示，各方案单宽渗流量与下游坝壳内水位降落见表 11.3。单宽渗流量介于 4.43～4.74m³/d，其中通过心墙的渗流量占比小于 1%。浅帷幕的渗流量比深帷幕情况约大 3%。坝体水头降落集中在沥青心墙上，心墙下游面大部分区域为内部逸出面。坝壳渗透系数对渗流量影响不大；下游坝壳内水头降落介于 4.4～7.7m，坝壳内渗透系数对下游坝壳中的水头降落影响并不显著。对于渗透坡降等值线图的绘制，值得注意的是渗透坡降在不同渗透系数的介质的分界面处是不连续的，因而渗透坡降等值线需要分区域进行计算，等值线图叠放绘制。基岩内的渗透坡降防渗帷幕下最大，最大渗透坡降为 4.0，到基岩表面下降为 0.5 以下，覆盖层中的渗透坡降小于 0.1，坝壳内的渗透坡降小于 0.02，均在允许范围内。二维渗流计算结果中坝基渗透稳定性均满足要求。

1-1 剖面各方案心墙及防渗帷幕最大坡降及所在高程见表 11.4。心墙和防渗帷幕上的渗透坡降与高程关系分别见图 11.8 和图 11.9，心墙渗透坡降自上游水位处起，沿高程向下整体趋势逐渐增大，在下游逸出面处达到最大值。防渗帷幕渗透坡降自帷幕底部起沿高程向上逐渐增大，至帷幕与固结灌浆交界处达到最大值。

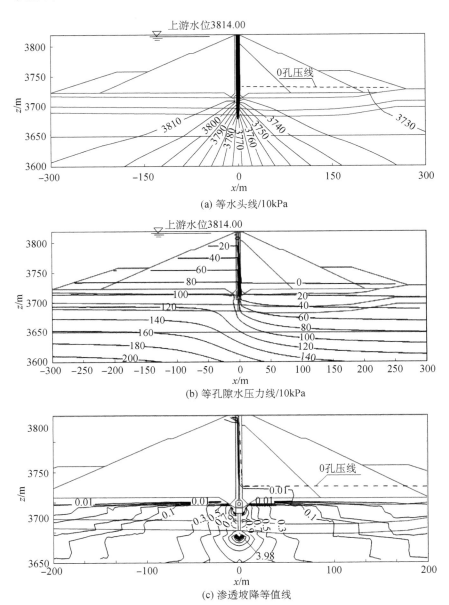

图 11.7 浅帷幕方案 1-1 剖面的水头、孔隙水压力与渗透坡降

表 11.3 各方案单宽渗流量与下游坝壳内水位降落

编号	方案名称	总渗流量/ (m³/d)	心墙/ (m³/d)	帷幕/ (m³/d)	基岩/ (m³/d)	下游坝壳内 水位降落/m
1	浅帷幕大渗透系数	4.736	0.041	2.397	2.298	4.4
2	浅帷幕中渗透系数	4.736	0.041	2.397	2.298	4.4
3	浅帷幕小渗透系数	4.567	0.039	2.310	2.218	7.7

续表

编号	方案名称	总渗流量/ （m³/d）	心墙/ （m³/d）	帷幕/ （m³/d）	基岩/ （m³/d）	下游坝壳内 水位降落/m
4	深帷幕大渗透系数	4.588	0.041	3.135	1.413	4.4
5	深帷幕中渗透系数	4.588	0.041	3.135	1.413	4.4
6	深帷幕小渗透系数	4.431	0.039	3.025	1.367	7.7

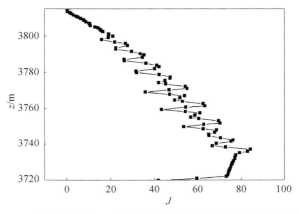

图 11.8　浅帷幕方案 1-1 剖面心墙迎水面渗透坡降沿高程分布

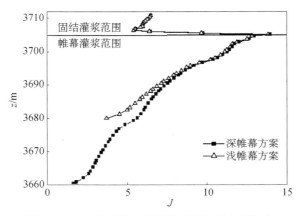

图 11.9　1-1 剖面防渗帷幕渗透坡降沿高程分布

　　2-2 剖面为左岸剖面，该剖面处坝基无覆盖层，等水头和渗透坡降情况与 1-1 剖面类似。表 11.3 中相同的 6 个计算方案，单宽流量介于 4.68～5.37m³/d，与 1-1 剖面相比，虽然坝高小 10m，渗流量反而较大。这与一般位于河床中部的坝最大横剖面的渗流量比位于岸坡的横剖面要大的初始认识不同，其原因是坝下基岩是主要的渗流通道，而最大断面下部的岩层的风化程度和深度低于两岸山坡。

表 11.4　各方案心墙及防渗帷幕迎水面最大坡降和所在高程

编号	方案名称	心墙最大坡降	心墙最大坡降所在高程/m	帷幕最大坡降	帷幕最大坡降所在高程/m
1	浅帷幕大渗透系数	86.2	3733.8	14.3	3705.0
2	浅帷幕中渗透系数	85.8	3733.8	14.4	3705.0
3	浅帷幕小渗透系数	84.1	3737.0	13.8	3705.0
4	深帷幕大渗透系数	86.2	3733.8	14.5	3705.0
5	深帷幕中渗透系数	85.8	3733.8	14.5	3705.0
6	深帷幕小渗透系数	84.2	3737.0	14.0	3705.0

11.4.2　三维渗流分析

将图 11.2 所示防渗平面以桩号 0+00 和 0+450.8 为界分成 3 个渗流量统计区域，中间区域称为河谷区，左侧区域称为左坝肩，右侧区域称为右坝肩。计算得到浅帷幕、深帷幕和深帷幕缩短三个帷幕方案过防渗平面的总渗流量和上述三个区域的渗流量如表 11.5 所示。不同帷幕方案总的渗流量差异小于 2%。河谷以外的渗流量占到了总体渗流量的近 1/3。不同的工程防渗平面各区域的渗流量所占比例差异是很大的。三个方案河谷部位的单宽流量分别为 5.29m³/d、5.17m³/d、5.17m³/d，与二维横剖面相比，大于位于河床的 1-1 剖面对应的计算方案。总体渗流量大于二维最大断面的渗流量与坝轴线长度之乘积。由于通过防渗剖面的渗流在防渗剖面的下游向河床中部汇聚，因而三维渗流状况下心墙坝下游坝壳中的水位可能大大高于二维渗流的结果。因此，对于狭窄河谷的大坝，二维渗流的计算结果不足以反映总体的情况。浅帷幕方案的地下水位等高线如图 11.10 所示，$y=100$m 截面内包含 0 孔压线的等水头线如图 11.11 所示。图中可见下游坝壳内的地下水位低于 3725m 高程，表明坝壳的排水效果良好，这一方面是由于总的渗流量较小，另一方面是由于河床覆盖层的渗透性较大，排水能力很强，较小的水头降落就可以有效排走进入防渗平面下游的渗流。其他方案的地下水位结果与此差异很小。

表 11.5　各方案渗流量表　　　　　　　　　　单位：m³/d

帷幕方案	左坝肩	坝轴线	右坝肩	合计
浅帷幕	495	2384	503	3382

续表

帷幕方案	左坝肩	坝轴线	右坝肩	合计
深帷幕	498	2329	502	3329
深帷幕缩短	498	2330	502	3330

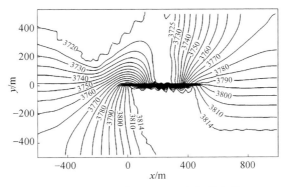

图 11.10　浅帷幕方案地下水位等高线

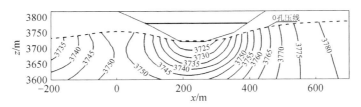

图 11.11　浅帷幕方案 y=100m 截面内等水头线

　　本文中各方案的地下水位等值线分布和总的渗流量差异不大。各方案等水头线图对比看不出不同方案渗流场的差异。而比较和论述各方案渗流场之间的差异，是渗流方案论证和比选的基本内容。因此，必须从方案的细部，找出其结果的差异，唯其合理，分析结果才令人信服。图 11.12 为桩号 0+100.0 和桩号 0+223.6 两个截面深、浅两个帷幕方案防渗帷幕底部的等水头线对比。在帷幕上游，深帷幕方案的水头等值线比浅帷幕方案同一值的等水头线位置靠后，由于坝基渗流场水头从上游到下游逐步减小，表明水头线靠后的深帷幕方案同一部位水头较大；在帷幕后部深帷幕方案的同一水头值等值线位置靠前，即该方案在帷幕下游侧相同部位的水头低于浅帷幕方案，而等水头线的密集程度差异不大；在帷幕上，显然深帷幕方案的等水头线较为密集，说明该处水头降落较浅帷幕为大。显然以上情况所反映的规律性，说明渗流计算结果是正确的。对渗流结果中所表现出来的规律性进行分析，由此论证所采用的计算方法、计算参数和边界条件等选取的合理性，是工程渗流分析中的重要内容，以发现并解决有限元前处理过程中的疏忽或其他影响计算结果合理性的问题。两个方案渗流量的差异小于 2%的原因，是浅帷幕底线与深帷幕底线之间的岩体钻孔压水的吕荣值介于 3～5Lu（计算时取 4×10^{-7}m/s），仅为帷幕渗透系数的 4 倍，而帷幕的厚度又仅为 4m，因此，浅、深两个帷幕方案帷幕范围的差异对总体的渗流量影响很小。

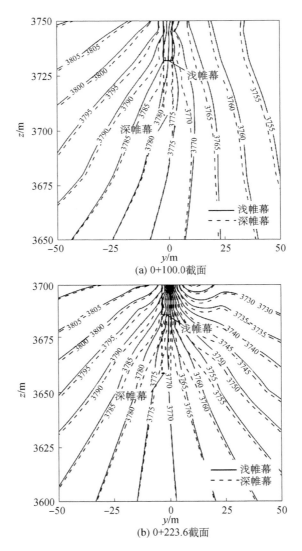

(a) 0+100.0截面

(b) 0+223.6截面

图 11.12　防渗帷幕部位等水头线对比

深帷幕方案防渗帷幕上游侧的 0 孔隙水压力线（浸润线）如图 11.13 所示。

图中阴影线部位为帷幕缩短方案减少的帷幕范围。相比而言，深帷幕方案帷幕
上游剖面的地下水位是最高的，图中帷幕阴影线部位基本上在 0 孔压线以上，
即处于饱和渗流范围之外，可见这部分帷幕对渗流场影响很小。

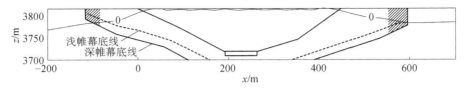

图 11.13　防渗帷幕上游侧截面 0 孔压线

　　防渗体和坝基覆盖层中的渗透坡降是渗流分析的重要内容，三维渗流中沥
青心墙的渗透坡降与二维渗流基本一致，下游覆盖层中的渗透坡降略大于二
维，限于篇幅不再具体介绍。

　　最终选定的方案为在浅帷幕方案的基础上右岸坝肩帷幕缩短 40m 的新方案。

11.5　敏感性分析

　　渗透系数敏感性分析是渗流分析的重要内容，便于全面把握渗透系数取值
对渗流场的影响程度。以下在三维模型中对坝壳料、覆盖层和心墙的渗透系数
进行敏感性分析。

11.5.1　坝壳料渗透系数敏感性

　　坝壳料分别取大、中、小渗透系数的三个计算方案的渗流量和心墙下游水
位见表 11.6。坝壳料不同参数取值时渗流量的差别小于总渗流量的 2%，渗透系
数越大，渗流量越大。坝壳下游迎水面水位最大相差仅 2.4m，可见在防渗墙完
整的情况下，坝壳料渗透系数的差异对整体渗流场影响较小，对下游坝壳中的
浸润线影响也不十分显著。

表 11.6　坝壳料取不同渗透系数时的总渗流量及心墙下游水位

渗透系数/（m/s）	大（6.95×10^{-3}）	中（6.67×10^{-4}）	小（8.93×10^{-5}）
总渗流量/（m³/d）	3383	3314	3248
水位/m	3722.8	3724.1	3725.2

11.5.2 覆盖层渗透系数的敏感性分析

河床冲积层主要为含漂砂卵砾石层，其渗透系数一般为 $6.0\times10^{-4}\sim2.0\times10^{-3}$m/s，取值范围较大，取 6.0×10^{-4}m/s、1.0×10^{-3}cm/s、1.4×10^{-3}m/s、1.8×10^{-3}cm/s、2.0×10^{-3}m/s，结合坝壳料渗透系数分别取大、中、小值进行计算，心墙下游水位与覆盖层渗透系数关系见图 11.14。覆盖层的渗透系数越大，心墙下游水位越低。心墙下游水位对覆盖层渗透系数的敏感性与坝壳渗透系数呈负相关。坝壳料渗透系数取大值时，心墙下游水位结果最大相差 0.26m，坝壳料渗透系数取中值时，心墙下游水位结果最大相差 2.04m，坝壳料渗透系数取小值时，心墙下游水位结果最大相差 5.75m。浅帷幕方案覆盖层渗透系数与总渗流量关系见图 11.15。覆盖层渗透系数越大，总的渗流量越大，这点是显而易见的。而图 11.15 中的流量与渗透系数关系曲线应该是单调上升的，图中上下两条曲线的最后一个点和中间曲线的最后两个点却是下降的，显然与此矛盾，下面先看渗流量差异的大小，再分析结果异常的原因。坝壳料渗透系数分别取大、中、小三个值时，覆盖层渗透系数变化所得的渗流量最大差异分别是 0.6%、0.8%、1.4%，可见渗流量差异很小。而渗流量的计算，是通过取截面（单元表面）来计算统计的，对于饱和单元是很准确的，而对于部分区域饱和、部分区域非饱和的单元面，由于区域内渗透系数差异很大，高斯积分所得的渗流量的误差是很大的。因此，总体渗流量统计的误差有 1% 是不奇怪的，因而出现图 11.15 中心墙后水位低一点，渗流量反而小一点就不奇怪了。

总的来说，覆盖层的渗透系数对渗流量不敏感。对心墙下游水位有一定影响。

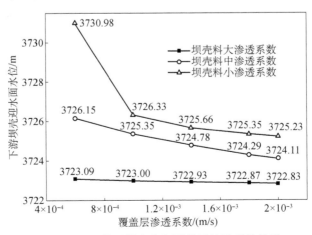

图 11.14　心墙下游水位与覆盖层渗透系数关系

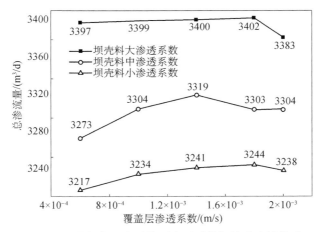

图 11.15　浅帷幕方案覆盖层渗透系数与总渗流量关系

11.5.3　心墙渗透系数的敏感性分析

沥青心墙如果出现开裂，其透水能力将大幅度提高。由于具体的开裂部位、裂缝密度与宽度和开裂规模难以确定，为简化起见，对心墙渗透系数范围在 $1×10^{-10}$m/s 到 $1×10^{-7}$m/s 之间进行敏感性分析，以了解大坝在心墙开裂状况下的渗流性状。心墙渗透系数与总的渗流量关系结果见图 11.16，可见渗流量对坝壳料渗透系数不敏感，而渗流量对心墙渗透系数在渗透系数小于 $1×10^{-8}$m/s 时不敏感，超过此值时敏感。心墙渗透系数与心墙下游水位关系见图 11.17，心墙下游水位随心墙渗透系数的增大而升高，且坝壳料渗透系数越小，升高越显著。

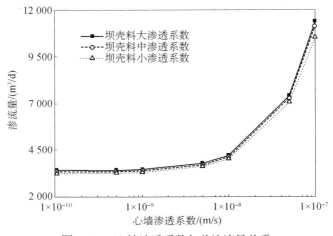

图 11.16　心墙渗透系数与总渗流量关系

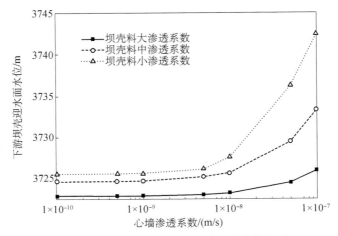

图 11.17 心墙渗透系数与心墙下游水位关系

取心墙渗透系数 1×10^{-7}m/s 情况下，坝壳料渗透系数不同时下游坝壳内的水面线见图 11.18。坝壳料取大、中、小三种渗透系数时，心墙下游水位在心墙取最大渗透系数与最小渗透系数时的水位差分别为 16.92m、8.75m、3.04m。坡脚出逸点的位置差别仅为 0.1m，可见即使是坝壳料取下限渗透系数，在沥青心墙的整体渗透系数降低到 1×10^{-7}cm/s，坝基和坝壳也能有效排水。可见，坝体内部不需要另外设置排水措施。

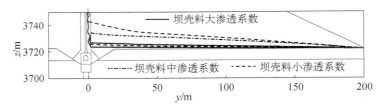

图 11.18 心墙渗透系数 1×10^{-7}m/s 情况时下游坝壳内水面线

11.6 结论与建议

本章介绍了阿青水电站的渗流分析过程，从熟悉工程概况、水文地质条件和设计方案开始，到明确分析任务，进行模型概化、计算方法和材料参数选取，进行网格剖分，确定计算方案和边界条件从而获得大坝、基岩及厂房区域的渗流场、渗流量和渗透坡降情况，并进行方案比较和参数敏感性分析，全面把握工程的渗流性状，论证和推荐优选防渗方案。其计算结果除满足工程设计需要以外，还得到以下认识：

（1）二维渗流不一定最大断面处的渗流量有可能小于岸坡断面。

（2）通过大坝防渗平面的渗流量可能大于最大断面的渗流量与坝轴线长度的乘积。

（3）参数敏感性分析是全面把握渗流场特点的必不可少的内容。

（4）在进行水电站工程的渗流分析时，建议重视以下工作：

① 网格剖分应尽可能模拟地层分界面的起伏；

② 计算结果的合理性应进行必要的论证，计算结果与一般认识不同时应分析原因；

③ 参数敏感性分析。

参 考 文 献

吴梦喜，张学勤，1994. 有自由面渗流分析的虚单元法. 水利学报，（08）：67-71.

张有天，陈平，王镭，1988. 有自由面渗流分析的初流量法. 水利学报，（08）：18-26.

周青，王晓东，吴梦喜，2015. 阿青水电站沥青心墙坝渗流分析与控制. 岩土力学，36（S2）：469-477.

本 章 要 点

1. 利用渗流力学知识和理论或数值求解方法与软件，解决实际工程问题的方法。

2. 水电工程中水电站渗流场计算中模型概化的方法。

3. 分析计算结果的方法。

复习思考题

1. 如何着手研究工程中的渗流问题？

2. 工程渗流问题的研究有哪些步骤？

3. 计算结果反映的规律性不尽合理时怎么办？

第12章 围堰渗流与变形耦合分析实例

第7章介绍了渗流与应力变形耦合的分析理论。由于岩土体的变形遵循有效应力原理，即岩土体的应变是随着作用于其上的有效应力（弹性力学规定的应力与有效应力之和）而改变，也就是说，孔隙流体压力发生变化会引起岩土体的应变和位移增量。岩土体的孔隙压缩会导致孔隙中流体压力升高，还会减小岩土体的渗透率，从而导致渗透系数的降低，改变渗流场的水头分布。本章依据吴梦喜等（2021）关于某水电站围堰渗流与应力变形耦合仿真分析的文献，介绍渗流与变形耦合计算的实例。

12.1 引言

围堰是指为建造永久性水工建筑物在干地上施工而修建的临时性围护结构，以便在其围成的基坑内排水、开挖和修筑大坝等工程设施。以土石材料为主填筑的围堰相当于临时性的土石坝，也有一个防止围堰上、下游侧河道中的水过多地通过堰身和堰基岩土体渗流进入基坑内的防渗体系。深厚覆盖层上的土石围堰防渗体系由堰身和堰基的防渗体构成一个防渗平面或空间面。堰身防渗体一般由位于堰迎水面的防渗膜或黏土斜墙或位于堰身中部的土质心墙或防渗膜构成；堰基防渗体一般由覆盖层中的混凝土防渗墙、覆盖层底部与岸坡卸荷风化基岩中的水泥灌浆防渗帷幕构成。堰身与堰基防渗体构成一个防渗平面或空间组合面。控制围堰的渗流量，防止堰基渗透破坏，防止围堰发生危及防渗体系安全的过大变形和维持堰坡的抗滑稳定（王建平等，2013；梁娟等，2018；王璟玉等，2018），是围堰设计的基本要求。拉哇水电站上游围堰地基覆盖层厚度近70m，其中渗透性较低的堰塞湖沉积层厚度约50m。围堰采用砂砾石或碎石填筑，堰高 60m，迎水面采用防渗膜防渗，在一个枯水季节填筑建成。低渗透软土地基上填筑围堰，面临填筑过程中产生的超孔隙水压力（因土体压缩而产生的孔隙水压力）过高，变形过大，抗力过小的问题（陈祖煜等，2004a）。拉哇堰基中低渗透土层的渗透系数较低，围堰填筑过程中堰基内因孔隙压缩产生的超孔隙水压力的消散速度缓慢，需要在覆盖层中设置碎石桩加速堰基排水固结，提高抗滑稳定性和减小变形。围堰填筑、挡水和基坑开挖过程中堰基中的孔隙水压力、应力变形及抗滑稳定安全性的评估是围堰合理设计的关键。高52m 的务坪水库心墙堆石坝、心墙上游侧坝基存在最大深度 32m 的软弱土层，为合理进行地基处理方案设计，进行了离心机模拟试验、渗流变形耦合计算等研究工作，为软基上修建大坝和围堰积累了经验（陈祖煜等，2004a；陈祖煜等，2004b）。与土石坝的施工相比，围堰的施工周期短，戗堤填筑在水中进行，水压力作用边界随着堰身扩大而变化，边界条件更加复杂。渗流与变形的耦合作用在戗堤填筑时即已开始，堰基的超孔隙水压力随着戗堤在水中填土过程中累计并同时消散、耦合作用伴随着后续的地基处理和堰体填筑、水位变动和基坑开挖的全过程。

　　基于拉哇围堰工程的设计需要，笔者发展了深厚覆盖层上的土石围堰填筑与基坑开挖全过程中的渗流与应力变形强耦合动态仿真方法，并在自主研发的岩土工程分析软件系统 LinkFEA 中实施。本文所发展的方法、对拉哇围堰各设计方案中堰基和堰体的渗流与变形耦合作用进行了计算分析，并确定了设计方案。拉哇围堰的分析方法、过程与成果对低渗透饱和地基上的围堰、码头堆场、排土场等的分析和设计有一定的参考意义。

12.2　拉哇上游围堰工程概况

　　拉哇水电站是金沙江上游河段 13 级开发方案中的第 8 级。枢纽挡水建筑物为混凝土面板堆石坝。电站厂房设于右岸山体内。采用土石围堰拦断河床的隧洞导流方式，施工平面布置如图 12.1 所示，采用土石围堰拦断河床的隧洞导流方式。上游围堰最大高度约 60.0m，大坝基坑开挖坡高约 70.0m，下游围堰最大高度约 24.0m。导流建筑物属于临时性建筑物，其级别为 3 级。

　　围堰左岸地形坡度约 60°，右岸地形坡度 35°～45°。两岸弱风化基岩裸露，岩性为绿泥角闪片岩（P_{txn}^{a-l}）。两岸强卸荷带水平埋深 10～15m，弱卸荷带水

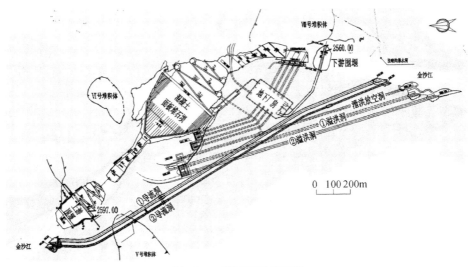

图 12.1　施工平面布置图

平埋深 40~45m。河床部位基岩岩性为绿泥角闪片岩（$P_{txn}{}^{a-l}$），弱风化下限铅直埋深 55~75m，其岩体厚度 5~15m。

上游围堰结构如图 12.2 所示。堰顶高程 2597m，堰顶宽度 15m，最大堰高 60m。上游侧边坡在高程 2553m 以下坡比为 1：3.5，高程 2553m 以上为 1：2.5。下游侧边坡在高程 2553m 以上坡比为 1：1.6，以下为 1：2.0。上游侧 2553m 高程平台宽 30m，下游侧 2553m 高程平台宽 50m。

围堰分为 4 区填筑：I 区材料为截流戗堤抛填石渣，填筑到 2550m 高程；II 区为戗堤上游抛填砂砾料，填筑到 2553m 高程；III 区为戗堤下游抛填石渣，填筑到 2553m 高程；IV 区为碾压石渣，填筑高程范围为 2553~2597m。

堰体 2553m 高程以下部分和覆盖层采用塑性混凝土防渗墙防渗，墙体厚度 1m，嵌入基岩 1m。高程 2553m 以上堰体部分采用复合土工膜斜墙防渗。防渗墙下部、堰上表面防渗斜墙趾板下部和堰顶两侧山体内基岩采用帷幕灌浆防渗，帷幕厚度为 0.6m，帷幕灌浆至透水性≤5Lu 相对不透水层顶板线，防渗墙下帷幕底部高程为 2457m。

覆盖层厚约 70m，共分为 6 层，河床表层 Qal-5 层和底部 Qal-1 层为河流冲积层，渗透系数较大，较堰塞湖沉积层大两个数量级以上。中部 Ql-3 层、Ql-2 层为堰塞湖沉积层，渗透系数较低；其中 Ql-3 层、Ql-2-2 层渗透系数相对较大，比 Ql-2-1 层、Ql-2-3 层约大一个数量级。

围堰的挡水标准为 30 年一遇洪水，相应洪峰流量 6330m³/s，对应上游水位 2594.60m。

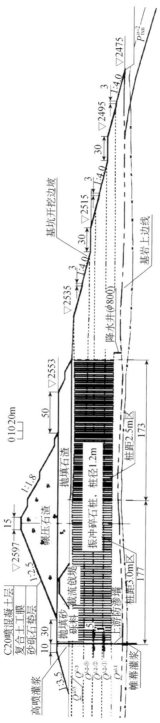

图 12.2　上游围堰结构剖面图（基坑开挖后）

采用 LinkFEA 软件，对围堰设计初步方案的三维渗流分析和二维渗流与应力变形全过程耦合研究后，发现堰基未设排水措施时，其中的超孔隙水压力最大累计幅度可达到 700kPa。填筑过程中堰基堰塞湖土层内的超孔隙水压力累计和消散问题，是围堰地基处理的关键问题。因此将堰基的主要处理措施设计为缩短排水路径的碎石桩。确定的优化设计方案如图 12.2 所示。防渗墙下游全部范围堰基梅花型布置直径 1.2m 碎石桩（有效直径 1.0m），其深度贯穿堰塞湖沉积土层到达覆盖层下部的 Qal-1 层。分为两个碎石桩间距不同的区域，防渗墙下游 177m 范围内碎石桩的桩中心线间距和排距均为 3m；防渗墙下游 177～350m（下游堰脚）范围的桩间排距均为 2.5m。对基坑开挖过程的模拟发现，随着基坑覆盖层的挖除，基坑底部的 Qal-1 层中的孔隙水压力与其上部覆盖层的自重之比逐步降低到 1.0 以下，基坑底部在开挖过程中将发生隆起直至被顶穿突水突泥，因而在围堰下游坡脚处布置两排共 5 口降水管井以降低基坑开挖过程中底部 Q^{al-1} 层中的水压力，防止基坑底部堰塞湖沉积层因 Q^{al-1} 层中的水压力过大而隆起失稳。基坑开挖时可以采取控制水位的抽水措施将井中水位降至最下层覆盖层 Q^{al-1} 层顶部（高程约 2486m）以控制不利隆起变形和防止基坑底部被 Qal-1 层中的过大水压力顶穿。碎石桩的间距是否合适，优化后的设计方案是否满足防渗体系安全性和堰基抗滑稳定安全的要求，也需要渗流与应力变形耦合分析来论证。

12.3　围堰全过程耦合仿真若干问题探讨

第 7 章介绍了耦合计算的基本理论，要实现围堰填筑与运用全过程渗流与变形的耦合数值仿真，还需发展若干模拟技术方法。下面介绍碎石桩模拟概化、渗透性随土体压密变化模拟等方法。

12.3.1　碎石桩在二维模型中的概化模拟方法

二维模型能以较低的成本快速了解堰基全生命周期的渗流与变形情况。稳定性分析也主要基于二维有效应力和孔隙水压力模拟结果。因此，二维模型的合理概化十分重要。

二维模型中，碎石桩区域可以分成桩和基土两种材料相间分布，按照与三维排水速度等效来确定基土的宽度。碎石桩的等效宽度取有效置换率与基土宽度的乘积以等效垂直方向的过水能力和垂直承载能力。

以等间距布置的碎石桩为例，将碎石桩与基土复合地基在水平面上概化成如图 12.3 所示的一维模型。碎石桩的半径为 r_0，桩间距为 a，复合地基可以分割成形状完全相同的三角形区域，如三角形 ADE。扇形 ABC 是碎石桩，圆心角为 $\pi/6$，$BDEC$ 区为基土。一维模型中 AB 段是碎石桩，BC 段是基土。

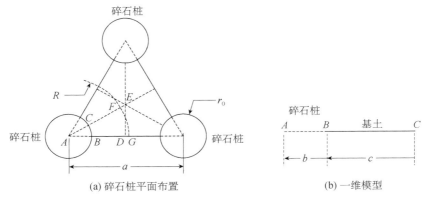

(a) 碎石桩平面布置 (b) 一维模型

图 12.3 碎石桩二维模型概化图

碎石桩对基土起水平径向排水作用，将三角形 ADE 区域等效为半径 R 的扇区。半径为 R 的圆即 1 个碎石桩的影响范围。$R-r_0$ 即基土的最大排水距离。对于间距为 a、排距为 b 的碎石桩，R 可按如下公式计算：

$$R = \sqrt{ab/\pi} \tag{12.1}$$

圆心角为 θ 的二维扇形区域 $CBGF$ 土体自 FG 向 CB 的径向排水模型中，将 FG 和 CB 均视为一个等势面，等势面是与渗流速度矢量垂直的曲面，即过水断面。设区域中任意一点到碎石桩中心 A 点的距离为 r，过该点的等势线长度为 θr。按照径向流过水能力等效，扇形区域概化为矩形区域时，该点的等效水平渗透系数应为

$$k' = \frac{r}{R} k \tag{12.2}$$

其中，k 为原基土渗透系数。若基土的渗透系数按式（12.2）计算，则一维基土的单元成为了渗透系数随排水距离变化的特殊单元，给有限元处理带来很多困难。由于渗流场与电场的相似性，可用等效电阻的概念计算区域的等效渗透系数。水头势等同于电位势时，渗透系数的倒数相当于电阻。参照串联电阻的计算方法，整个区域的总电阻等于径向电阻的积分，可得等效平均水平渗透系数为

$$k^* = 1 \bigg/ \left[\frac{1}{R - r_0} \int_{r_0}^{R} \frac{R}{rk} \mathrm{d}r \right] = \frac{(R - r_0)k}{R} \bigg/ \ln\left(\frac{R}{r_0}\right) \qquad (12.3)$$

区域的排水固结因数与渗透系数成正比，与排水距离的平方成反比，若基土的渗透系数仍取土本身值进行计算，扇形区域 $CBGF$ 按照固结时间因数等效的矩形区域排水距离 H^* 为

$$H^* = \sqrt{\frac{k}{k^*}}(R - r_0) = \left[\frac{R}{R - r_0} \ln\left(\frac{R}{r_0}\right) \right]^{0.5} (R - r_0) \qquad (12.4)$$

二维模型中桩间土的长度等于 $c = 2H^*$，碎石桩的等效宽度 b 等于有效置换率与 c 的乘积。

12.3.2　二维模型中包含三维绕渗效应的方法

本项目首先针对围堰填筑完成基坑尚未开挖的情况下，上游水位2594.6m、下游水位2541.0m的稳定渗流工况，进行二维和三维的渗流计算分析，论证防渗方案的合理性。由于防渗平面的防渗膜和混凝土防渗墙的透水性大大低于河床覆盖层，防渗平面将围堰的渗流路径截成防渗墙上游部分、下游部分和防渗体与其外周的基岩三部分。上游部分和下游部分分别为防渗墙上游侧和下游侧的覆盖层与基岩。在防渗平面处，通过防渗墙和防渗膜的渗流量在总的渗流量中所占的比例是比较小的，大部分渗流为通过防渗墙和防渗膜趾板外周帷幕及帷幕外周基岩的绕渗流量。三维模型中防渗墙上游部分的渗流，一部分由河床表面垂直向下通过覆盖层进入底部强透水层，另一部分从两岸透水性较强的基岩绕渗进入覆盖层底部强透水层；而防渗墙下游部分的绕渗流量，通过河床表面和底部的强透水层流动。二维模型不能反映覆盖层两侧基岩的绕渗，仅能反映覆盖层下部基岩的绕渗。二维模型防渗平面上游侧进入覆盖层底部强透水层和下游侧从覆盖层底部强透水层进入覆盖层表面的渗流，需要全部途经弱透水的堰塞湖沉积层。由此可见，拉哇上游围堰的二维渗流特性难以反映三维渗流的基本特性，其结果是二维渗流场在防渗墙上游覆盖层和下游覆盖层中的水头降落均与三维渗流场存在较大差异。若能在二维模型中采用某种方法纳入三维模型中的绕渗效应，则基于改进的二维模型进行的应力变形耦合计算，无疑将提升二维计算结果的参考意义。

二维模型考虑绕渗效应的思路与步骤是：

（1）首先基于三维稳定渗流结果计算防渗体上游侧自堰上游水位至河床覆

盖层底部防渗平面灌浆帷幕及其外侧基岩单位高度上的绕渗流量（单位为 m^2/s），给出单位高度绕渗流量高程关系曲线；

（2）在二维模型中防渗剖面后沿着高程取 1 列结点的连线作为绕渗进入防渗体下游的绕渗流量接收面，在流量接收面法向 1m 处增设一列节点，构成等厚度的四边形单元作为输入绕渗流量的单元，参与渗流计算而不参与变形计算；与绕渗单元的流量接收面相对的一侧结点为入渗面结点，边界条件为等于上游水位；

（3）插值求出三维渗流计算结果中二维模型所在断面上流量接收面各高程点的水头（孔隙水压力小于 0 时，水头取高程值），计算堰上游水位与各高程点的水头之差，作为绕渗水头差；绕渗水头差与绕渗单元的厚度（1m）之比即为绕渗单元的渗透坡降；

（4）取覆盖层的平均宽度作为代表性的宽度（下游防渗墙处截断面浸润面以下坝体和覆盖层的投影面积除以浸润线到覆盖层的高度），单位高度绕渗流量与代表性宽度之比称为单位面积的绕渗流速（单位为 m/s），定义绕渗流速与绕渗单元的渗透坡降之比为绕渗系数（单位为 m/s），假定各高程的绕渗系数对上下游水位的涨落不敏感，则可以取绕渗单元的渗透系数等于其对应高程的绕渗系数，在二维模型中模拟通过覆盖层底部以上两侧基岩进入防渗平面下游堰体和覆盖层中的绕渗流量；

（5）计算添加了绕渗单元的二维模型典型水位稳定渗流工况的渗流场，与三维模型对应工况对比，检验计算结果的合理性，并可依据防渗墙后浸润线的位置来修改下游覆盖层的代表性宽度，从而调整绕渗系数。

文献（吴梦喜等，2021）遵照以上 5 个步骤，在普通二维模型中添加了绕渗流量。对围堰填筑完成且基坑尚未开挖时上游水位 2594.6m、下游水位 2541.0m 时二维模型稳定渗流工况中是否包含绕渗流量处理的等水头线对比结果如图 12.4 所示。图中可见上游侧和下游侧的等水头线分布均有较大差异。设置绕渗单元，对等水头线结果的影响还是比较大的。包含了绕渗流量，防渗墙下游侧覆盖层中的渗流量与实际情况更接近，因而其结果相对较合理。

设置了绕渗单元后，二维全过程耦合仿真中自动将渗流的三维绕渗效果纳入进来，耦合模拟的结果也与实际更接近。

12.3.3　渗透系数的时空变化模拟

拉哇堰塞湖沉积土层处于正常固结状态。由于堰体高达 60m，填筑过程中

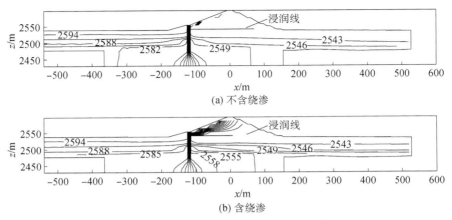

(a) 不含绕渗

(b) 含绕渗

图 12.4　正常高水位时的二维渗流等水头线对比

堰塞湖沉积层在堰身自重荷载的作用下的压密过程中，其渗透性可能有较大减小。其渗透系数与孔隙压缩量的定量关系可以通过固结试验结果来评估。固结试验不但可以得到土体的压缩特性和固结系数，还能推知试样在各级固结荷载下的渗透系数。渗透系数与固结试验参数的关系如下：

$$k = c_v \alpha_v \gamma_w / (1+e) \tag{12.5}$$

其中，c_v 为固结系数（m²/s）；k 为渗透系数（m/s）；e 为孔隙率（无量纲）；α_v 为压缩系数（Pa⁻¹）；γ_w 为水的容重（Pa/m³）。

　　按照式（12.5）和固结试验中的固结压力、压缩系数、固结系数、孔隙率关系，推算出孔隙比与渗透系数之间的对应关系。有限元计算中根据高斯点的孔隙率结果，即可获得各计算时步任意空间点的渗透系数，从而实现全过程耦合计算中渗透系数时空变化的模拟。

　　拉哇堰基堰塞湖沉积土层的渗透系数与固结压力的关系如表 12.1 所示。表中堰塞湖沉积土层中的 4 个土类的固结垂直压力范围在 100～200kPa 时，渗透系数是 0～50kPa 范围内的渗透系数值的 7.9%～21%；固结压力范围 400～800kPa 时，渗透系数降低到 0～50kPa 范围的 3.1%～13%。可知同一堰塞湖沉积土层不同深度处（水下深度相差 10m，固结压力相差约 100kPa）渗透系数差异很大，同一土体在荷载变化过程中渗透系数的变化也很大。耦合计算中模拟低渗透土层的渗透系数时空变化是必要的。

表 12.1　固结试验中土层渗透系数与固结压力关系

垂直压力/kPa	0～50	50～100	100～200	200～400	400～800	800～1600	1600～3200
粉土质砂/（m/s）	2.38×10^{-9}	8.83×10^{-10}	4.39×10^{-10}	2.94×10^{-10}	2.03×10^{-10}	1.31×10^{-10}	8.60×10^{-11}

续表

垂直压力/kPa	0～50	50～100	100～200	200～400	400～800	800～1600	1600～3200
砂质粉土/（m/s）	$2.31×10^{-9}$	$1.26×10^{-9}$	$5.75×10^{-10}$	$4.83×10^{-10}$	$3.06×10^{-10}$	$1.77×10^{-10}$	$6.23×10^{-11}$
粉土/（m/s）	$5.92×10^{-9}$	$1.28×10^{-9}$	$4.70×10^{-10}$	$3.02×10^{-10}$	$1.86×10^{-10}$	$9.04×10^{-10}$	$5.94×10^{-11}$
黏土/（m/s）	$2.41×10^{-9}$	$7.20×10^{-10}$	$5.16×10^{-10}$	$3.86×10^{-10}$	$1.77×10^{-10}$	$1.27×10^{-10}$	$2.92×10^{-11}$

12.3.4　施工过程的仿真

围堰的施工首先从填筑戗堤开始。戗堤填筑从两岸向河流中部逐步推进并最终在河流中部合龙，截断河水。戗堤两侧抛填石渣培厚，形成整个堰下部断面，为地基防渗墙和碎石桩施工提供平台。碎石桩施工的同时，可以在戗堤上游侧的防渗墙平台填筑完成后，进行防渗墙施工。防渗墙施工需要开槽、泥浆护壁并在水下灌注混凝土（预埋基岩防渗帷幕灌浆管），所需时间较长。防渗墙形成后还要在其下部基岩中钻孔并进行帷幕灌浆。在此同时堰体继续向上部填筑直至堰身填筑完成。防渗膜的趾板施工、趾板下和堰顶两岸基岩的帷幕可以在堰填筑前施工。堰身填筑完成后进行堰表面防渗膜铺设并与防渗墙、趾板连接构成完整的防渗体系。由于覆盖层土体的变形模量与应力状态有关，因此，初始应力场的模拟十分重要。按照第 7 章介绍的初始地应力模拟方法，在自重应力场的基础上，覆盖层按 k0 固结状态进行水平应力地应力修正后迭代计算获得静力平衡的地应力场。戗堤在水中填筑，由于戗堤的高度比较大，戗堤的填筑需要分成若干计算级逐步生成。由于戗堤填筑过程中堰基覆盖层中有超孔隙水压力的累计与消散，因此从戗堤的填筑开始，需要采用考虑压密对孔隙水压力影响的渗流与应力变形双向耦合算法。以往水中土体按浮容重计算，也不计算边界上的水压力。耦合过程中，水中填筑体外的外边界也因填筑而变化，水中填筑体内部也有超孔隙水压力产生，需要新方法来模拟。水中填筑产生的新边界，水压力荷载增量是边界上对应水位作用下的全部水压力，而老边界上只计算水位变动引起的增量水压力；对于水中填土消失的边界，在当前计算级的第一个时间步，在消失的水中原边界上施加反向的水压力。填筑体的容重，则取饱和容重，初始孔隙水压力取 0。对于水面以上的填筑，填筑体的容重取湿容重，当渗流场变化引起填筑体的饱和度变化时，程序可自动施加饱和度变化引起的土体容重变化从而引起的增量体积力。如此处理，即可实现水中填筑过程土体的渗流边界和土体自重与边界水压力等外力作用的直接模拟。对于土体开挖的模拟，除了在开挖级将开挖掉的单元去掉以外，开挖面成为模型的外边界面。开挖面在开挖完成后，其表面的法向正应力和剪应力为0，可依据上一级计算时记录的开挖边界面单元的有效应力，外推得到边界面上的应力并进一步计算出边界面的法向和切向应力，将其反向施加于边界面上，即可得到开挖面上需要施加的增量荷载。在天然地基中施工形成的防渗墙、碎石桩和灌浆帷幕，在全过程耦合仿真中其所在部位原为天然的岩土体，是在仿真过程中因施工而变换为新材料。可依据其实际形成的计算级通过置换施工形成的新材料单元对应的材料编码实现。置换时单元的应力需要给初值，且防渗墙这种刚性结构物与周围土体之间还需要设置接触面单元。建模与网格剖分时需要规划材料替换和接触面设置要求。在施工形成的计算级，实现单元材料和类型（接触面单元）的转换。单元应力的初值，可以采用原位替换前的应力，原普通实体单元转换为接触面单元时，需要进行应力张量的坐标变换，从而求出接触面的法向应力和切向应力作为接触面单元的初始应力。两种材料的容重之差，作为自重荷载在替换计算级施加于模型之中。

12.3.5　算法的收敛性问题

渗流和变形的耦合计算，由于渗透系数、变形模量和渗流逸出面边界范围是随饱和度和压密程度、应力状态和水面以上外边界面的水压力结果变化，因而是需要进行迭代的非线性有限元求解过程。其中既包含有限元渗流计算和变形计算中存在的算法问题，还包含二者耦合产生的问题。非饱和区的渗透系数和外边界逸出面范围需要在迭代求解过程中确定，围堰渗流场中还存在内部逸出面，其范围和传递流量也需要在迭代过程中确定，围堰渗流场中还存在内部逸出面，其范围和传递流量也在迭代过程中确定，迭代的收敛性问题突出（Wu，2010；Wu et al.，2013）。采用非线性或弹塑性模型的土体甚至与应力历史还有关系（判断是正常固结状态还是超固结状态）。即使只是饱和多孔弹性介质的 Biot 固结计算，也还存在收敛性问题（Chen et al.，2013；Chen et al.，2018）。本文的渗流计算方法，包含了非饱和渗流参数、内部逸出面和边界逸出面的非线性迭代。施工与运用全过程分成若干计算级，计算级又分成若干计算时步。迭代分成 2 层，外层是本构模型模量矩阵迭代计算，采用中点应力法确定，也可以采用牛顿-拉斐逊迭代方法；内层是渗流计算迭代，该层中单元高斯点的变形模量矩阵不变，渗透系数随着高斯点的孔隙率和饱和度变化。内层中两次计算的结点正孔隙水压力差的最大值作为收敛变量，小于给定值或迭代次数达到设定值完成一个内层迭代。研究过程中发现，荷载增加速率大的计算时步往往在给定的迭代次数中达不到收敛标准，且相邻两次迭代计算的误差并不一定随迭代次数增加而减小。

12.4　计算模型与条件

12.4.1　计算模型与条件

围堰全过程模拟共分为 61 个计算级进行，每个计算级依据其时间间隔长短又分成 1～5 个计算步。各计算级信息如表 12.2。第 1 计算级计算天然地基的初始应力场和渗流场；第 2 级进行碎石桩施工（在枯水季节水面以上区域施工了碎石桩，水面以下碎石桩是岩体填筑到水面以上才施工）；第 3～9 级进行戗堤施工；第 10～17 级进行 II、III 区域的填筑；第 19～41 级进行 IV 区填筑，其间防渗墙在第 26 级形成，第 32 级降水井形成，降水井水位与下游水位保持一致；第 42 级，进行土工膜铺设，上游水位上升至 2566m，下游水位不变，历时 1 天；第 43 级上游水位上升至最高水位；第 44～60 级上游水位维持不变，基坑逐级开挖直至覆盖层底部，降水井的水位与基坑开挖底面的高程保持基本一致，直到基坑开挖至 2486m 高程时，降水井中水位保持抽水至 2486m 高程不变；第 61 级维持上下游水位不变。

表 12.2　计算级信息表

计算级	计算时刻/d	上游水位/m	下游水位/m	填筑高程/m	备注
—	0	2545.74	2545.74		初始条件
1	0.5	2545.74	2545.74		天然地基形成，初始应力场
2	1	2545.74	2545.74		碎石桩形成
3～8	1.5～4	2545.74	2545.74	2540～2550	I 区戗堤自堰基面填筑至 2550m
9	47	2547.11	2541.00		无填筑，上下游水位改变
10～17	47.5～77	2547.11	2541.00	2553	II、III 区自堰基填筑至防渗墙施工平台
18	78	2551.18	2541.00		无填筑，上游水位上升
19～25	84.18～121.27	2551.18	2541.00	2555～2567	IV 区碾压石渣自 2553m 填筑到 2567m

计算级	计算时刻/d	上游水位/m	下游水位/m	填筑高程/m	备注
26	127.45	2551.18	2541.00	2569	防渗墙材料替换，绕渗单元添加
27~41	133.64	2551.18	2541.00	2571~2597	IV区填筑到堰顶，第32级降水井形成
42	215.00	2566.00	2541.00		复合土工膜铺设，上游水位上升
43	225.00	2594.60	2541.00		上游水位上升至2594.6m
44~60	336.60~733.86	2594.60	—		覆盖层逐层开挖，至基岩面
61	1000.00	2594.60	—		开挖后挡水期

需要说明的是，围堰上游的实际水位随着上游来水情况变化，其水位涨落频繁，只有在洪水过程中保持高水位，一般情况下的水位较低。计算模拟的是一种假想的长期维持上游高水位的极端不利的情况。

编著者对该围堰及基坑开挖的众多优化方案进行了填筑与运用全过程的二维和三维的渗流与变形耦合计算，下面仅介绍一个方案的部分二维耦合计算结果。

12.4.2　有限元网格

桩间距3m区域的桩间土等效宽度3.14m，桩宽0.30m；水平方向桩间土剖分成15个单元，桩剖分1个单元。桩间距2.5m区域的桩间土等效宽度2.31m，桩宽0.33m；水平方向桩间土剖分11个单元，桩剖分1个单元。防渗墙（厚1m）水平方向剖分3个单元，墙两侧设置0.1m厚接触面单元（置换前为普通单元）。防渗膜厚取为0.1m，其后侧设置0.1m宽的接触面单元。防渗墙和防渗膜下游面设为可能的渗流内部逸出面，其后部接触面单元同时作为渗流接触面单元。防渗墙和防渗膜后设置宽度1m的绕渗单元，其下游侧边与接触面单元的下游侧边重合，其上游侧边列入渗流的上游水位边界（绕渗单元不做变形计算）。降水管井的模拟是在第一排管井处（堰下游坡脚外8.17m）覆盖层底部沿深度方向设置水头边界。填筑和开挖通过有限元中通用的"生""死"单元来实现。开挖边界面单元的应力边界条件按边界面上正应力和剪应力为0的条件在边界面施加反向的分布力。二维整体有限元网格如图12.5所示，模型共有58320个结点、59102个单元。高程作为垂直坐标，水平坐标原点位于围堰顶部的中轴线上，方向指向围堰下游。

图 12.5　模型有限元网格图

12.4.3　材料参数

计算用到的材料的主要物理力学参数包括：覆盖层和填筑土体的干密度、填筑饱和度、孔隙率、渗透系数、本构模型参数、非饱和相对渗透系数与饱和度关系、饱和度与吸力关系曲线；覆盖层初始地应力计算还用到土层的侧压力系数；低渗透土层考虑渗透系数的时空变化，需要渗透系数与固结压力的关系，用到固结试验中的水平向固结系数和垂直向固结系数，固结压力-压缩模量关系等数据；土体的渗透破坏判断用到允许渗透坡降值。因篇幅限制，本文仅列出主要参数。

覆盖层和堰身填筑体的本构模型采用邓肯 E-B 模型，其干密度、孔隙率、强度指标与邓肯 E-B 模型参数列于表 12.3。防渗墙、防渗膜和基岩采用线弹性模型。防渗墙的弹性模量取 1500MPa，泊松比取 0.2；防渗膜的弹性模量取 100kPa，泊松比取 0.49；各风化程度基岩的渗透系数和弹性参数因篇幅限制从略。防渗墙与两侧土体之间、防渗膜与堰体之间在防渗墙和防渗膜生成后设接触面单元，本构关系采用邓肯-克拉夫模型，其强度参数取接触土体的参数值，模型中所有的接触面的 k_1、n 和 R_f 均取值 100、0.57、0.68；所有接触单元的剪切面法向模量在受压时取 10GPa，受拉时取 1kPa。

表 12.3　填筑料和覆盖层土体邓肯 E-B 模型参数

材料	干密度/（g/cm³）	孔隙率	C/kPa	Φ/（°）	K	n	R_f	K_b	m	K_{ur}
抛填石渣	1.9	0.30	0	38	900	0.25	0.85	393	0.22	1500
抛填砂砾料	1.6	0.38	0	29	1000	0.28	0.75	400	0.22	1200
碾压石渣	2.05	0.25	0	21	900	0.25	0.85	393	0.22	1500
碎石桩	2.05	0.25	0	38	900	0.25	0.85	393	0.22	1500
Q^{al-5}	2.05	0.25	0	35	1000	0.35	0.8	340	0.2	1200
Q^{l-3}	1.4	0.48	28.7	22	125	0.57	0.68	90	0.56	150
$Q^{l-2-③}$	1.36	0.50	45	20	87	0.58	0.62	60	0.58	105
$Q^{l-2-②}$	1.38	0.49	31	21	100	0.56	0.65	73	0.56	120

续表

材料	干密度/（g/cm³）	孔隙率	C/kPa	Φ/（°）	K	n	R_f	K_b	m	K_{ur}
$Q^{l-2-①}$	1.36	0.50	42	20	85	0.57	0.63	60	0.57	102
Q^{al-1}	1.95	0.25	10	36	1000	0.35	0.8	340	0.2	1200

河床覆盖层的侧压力系数、渗透系数和堰塞湖沉积土层的固结系数列于表 12.4，其中固结系数取不随固结压力变化的定值。堰塞湖沉积渗透土层的压缩模量与固结压力的关系列于图 12.6。程序中依据这一关系和土层的静止侧压力系数，折算出固结试验中体应力与体积模量的关系。再依据渗透系数与体积压力、固结系数的关系和高斯点的有效应力状态，计算堰塞湖沉积土层单元中各高斯点的渗透系数，从而模拟渗透系数在空间和时间上的变化。复合土工膜实际膜厚 0.75mm，材料渗透系数取 $5×10^{-13}$ m/s，建模时土工膜厚度 0.1m，计算时等效渗透系数 $6.67×10^{-11}$ m/s。抛填石渣渗透系数 $5.00×10^{-3}$ m/s，砂砾料和碾压石渣渗透系数 $5.00×10^{-4}$ m/s，其他材料渗透系数见表 12.5。

表 12.4　河床覆盖层渗透与固结系数

土层	侧压力系数 K_0	渗透系数/（m/s）	垂直固结系数/（cm²/s）	水平固结系数/（cm²/s）
Q^{al-5}	0.35	$5.5×10^{-3}$	—	—
Q^{al-1}	0.36	$3.0×10^{-4}$	—	—
Q^{l-3}	0.5	$6.8×10^{-7}$	$4.4×10^{-3}$	$4.5×10^{-3}$
$Q^{l-2-③}$	0.6	$2.9×10^{-8}$	$3.1×10^{-3}$	$3.9×10^{-3}$
$Q^{l-2-②}$	0.55	$3.5×10^{-8}$	$3.8×10^{-3}$	$4.2×10^{-3}$
$Q^{l-2-①}$	0.66	$2.0×10^{-8}$	$3.1×10^{-3}$	$3.9×10^{-3}$

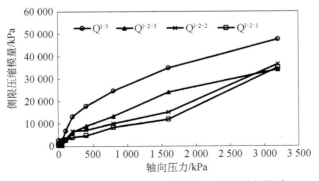

图 12.6　侧限固结试验压缩模量与固结压力关系

表 12.5　覆盖层以外的材料渗透系数

材料	碎石桩	防渗墙	帷幕	抛填石渣
渗透系数/（m/s）	5.00×10^{-4}	1.00×10^{-9}	1.00×10^{-7}	5.00×10^{-3}

12.5　计算结果与讨论

通过渗流与应力变形的强耦合有限元计算，获得了 61 个计算级的结点位移、孔隙水压力和高斯点应力结果。从这些结果中，可以了解到围堰填筑、挡水和基坑开挖全过程中的孔隙水压力、变形和应力过程，并可以根据各级的应力结果，计算抗滑稳定安全系数。因篇幅限制，仅介绍戗堤填筑形成和堰体填筑完成 2 个典型计算级的部分渗流、位移和应力结果，分析渗流与应力变形的耦合作用和碎石桩的排水效果。

12.5.1　戗堤填筑形成时的计算结果

戗堤填筑前，地基中已经施工了碎石桩，构成了复合地基。

1. 地基中的孔隙水压力

第 8 计算级戗堤自建基面 3 天均匀上升到 2550m 高程，戗堤上升了约 12m。上下游水位均为 2545.74m，没有水头差作用。不同高程的水平位置−水头关系如图 12.7 所示。结合下文图 12.8 可以获知各土层所处高程及土层的相对位置关系。Q^{l-2-1} 土层的底部即覆盖层底部强透水的 Q^{al-1} 层顶部，水头随水平位置略有变化，最大值 2546.42m 比静水位 2545.74m 大 0.68m，且与图中范围的最小值 2546.02m（位于 $x=50$m 处）水头相差仅 0.40m，可见底部强透水层中虽也有超孔隙水压力，但其值不大。而 Q^{l-3} 土层顶部，即强透水的 Q^{al-5} 层底部，戗堤中部的水头显著大于两侧，最大值 2548.22m，超过静水位 2.48m。上层强透水层中的水头比底层强透水层大的原因，是其下部低渗透土层因孔隙压缩引起孔隙水向碎石桩排水，并经过碎石桩流入上部强透水层抬升了该处的地下水位，并在强透水层中向两侧流动，而非 Q^{al-5} 层孔隙压缩产生超孔隙水压力引起。Q^{l-3} 土层的中部最大水头 2554.51m，超过静水位 8.73m，超孔隙水压与填筑土的垂直有效自重荷载（堰基表面上砂砾石桩的垂直有效土重 170.51kPa，垂直荷载速率 57kPa/d）之比为 50.2%。戗堤下覆盖层中虽然布置了 3m 间距、1.2m 直径碎石桩，低渗透的堰塞湖沉积粉土层中仍然超孔隙水压力累计仍然超过了最大垂直荷载的一半。可见堰基压缩性较大的粉质堰塞湖沉积土层在围堰快速填筑过程中的超孔隙水压力累计程度还是很大的。

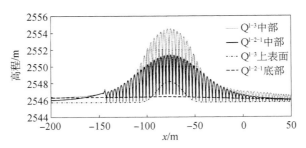

图 12.7　戗堤填筑完成时不同部位水平位置-水头关系

戗堤中部位于水平坐标-76.59m 的碎石桩边线和-74.95m 处的桩间土中线的高程-水头关系如图 12.8 所示。碎石桩在 Q^{l-3} 土层顶部水头比 Q^{l-2-1} 土层底部高 1.79m，说明碎石桩中孔隙水自顶部流向底部强透水层 Q^{al-1}。桩间土中线的高程-水头关系曲线的变化很有意思。堰塞湖沉积层 z 轴方向有限元网格第一个内部点和最底部第一个内部点的值，远远大于曲线上其他内部点的值，不符合土层接近上下强透水边界超孔隙水压力消散更多的规律。这不是物理实际的现象，而是数值模拟中产生的问题。在利用二维或三维程序对饱和多孔线弹性介质的一维固结计算的测试算例中，四周水平位移约束底部水平垂直位移约束，仅顶部排水，底部和四周均不透水。当模型仅为一个 1 次单元，且加载持续时间与渗透系数的乘积足够小时，在顶部施加垂直荷载，计算得到底部结点的超孔隙水压力接近垂直荷载的 2 倍。出现这个结果的原因是，饱和土单元在快速荷载作用下因为来不及排水其孔隙压缩量接近于 0，而顶部结点的孔隙水压力因为是排水边界而保持不变，在整个单元中要达到平均有效应力变化为 0 的条件，不可避免地就计算得出了底部结点的超孔隙水压力接近荷载的 2 倍这个结果，比实际的物理结果大 100%。由此可见，耦合计算中接近强透水边界处的超孔隙水压力可能存在较大误差。因为水平向桩间土剖分单元较多，网格尺度仅为 0.2m，仅约为垂直向的网格尺度 2.3m 的 10%，因此数值计算本身造成的误差较小，水平方向的水头连线比较平顺。近强透水层的土层边界处第一层网格越薄，误差越小。因此，对于快速荷载来说，靠近排水边界的第一个内部点的结果，尤其是其值为最大值的时候，可能大大高于真实物理情况，分析时应引起注意，不能将此结点的结果，作为超孔隙水压力的特征值。若要减少数值模拟本身的这种误差，低渗透性土层的网格在与高渗透性土层接触处应取较小的尺度。Q^{l-3} 土层内部的第 3 个点水头值 2554.51m，作为该水平位置高程方向上的最大值。

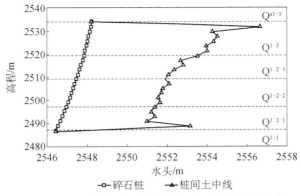

图 12.8　戗堤中部碎石桩与桩间土的水头高程关系

2. 地基中的有效应力

Q^{l-3} 土层中部土单元或桩单元高程约 2528.3m 的一排高斯点的正应力与水平坐标关系连线如图 12.9 所示。基土中的垂直向正应力 σ_z 和水平向正应力 σ_x 呈水平向波形变化，在碎石桩边线处是波峰，桩间土中部处于波谷。基土中的正应力 σ_z 和 σ_x 在两桩边线范围的变化幅度基本上等于孔隙水压力的变化幅度，耦合计算中有效应力与孔隙水压力的关系与固结理论推知的规律吻合。桩与土中的应力比较，在戗堤的堤身范围内桩的垂直正应力 σ_z 比土中大很多，在堤脚外比土中反而小，其原因是堤脚外地基是隆起变形的趋势，垂直正应力的增量是拉应力，而水平正应力 σ_x 桩内与其邻近的土中的值是比较接近的。碎石桩和基土中的垂直向应力 σ_z 在戗堤中线部位均最大，向堤脚两侧减小，而基土中水平正应力 σ_x 则在戗堤中线部位出现极小值，堤脚处出现极大值。究其原因，是垂直向的总应力（指弹性力学的应力，相对有效应力而言）基本与垂直荷载相等，水平与垂直方向正应力比值 σ_x/σ_z 看成是侧压力系数，这个系数是小于 1 的。由于桩中的超孔隙水压力消散很快，而基土中的超孔隙水压力消散缓慢，低渗透土层填筑区域的垂直向正应力增加，水平向正应力减小。Q^{l-3} 土层中部水平坐标与土的剪应力水平关系如图 12.10。戗堤中心的剪应力水平在桩间土中部区域已经达到了 1，即剪应力已经达到甚至超过了抗剪强度（未进行应力迁移计算），而桩的边缘基土的应力水平较低，可见超孔隙水压力及其分布对基土应力水平的影响是很大的。快速填筑荷载作用下戗堤中部区域低渗透土层上桩间土中部土体的有效应力路径是垂直正应力增加，水平正应力减小，剪应力水平急剧增加；戗堤中部区域桩侧土因为超孔隙水压力较小，其应力增加的情形同强透水地基上填筑的情况，垂直正应力比水平正应力增加幅度大，剪应力水平也增加。堰基桩间土的应力路径沿水平向变化急剧。随着后续荷载的施加和超孔隙水压力的消散，应力路径变化极其复杂。

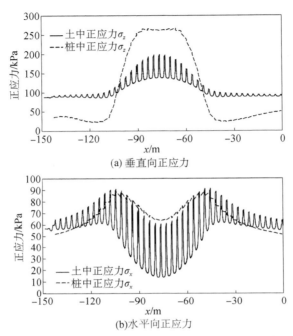

(a) 垂直向正应力

(b)水平向正应力

图 12.9　Q^{l-3} 土层中部水平位置与桩和桩间土的正应力关系

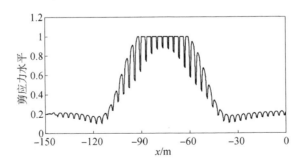

图 12.10　Q^{l-3} 土层中部水平位置与土的剪应力水平关系

　　碎石桩除对承受填筑荷载的软土地基起排水固结作用外，还有桩体材料压缩模量较高和摩擦角较大对于垂直向压力增加区域所带来的加强作用从图 12.9 可以看出，在 $x \in$（−104.1，−48.5）的填筑荷载直接作用区域，桩中的垂直正应力比土大，能发挥桩的垂直向承载加强作用，也能提高水平向的摩擦抗剪强度；而堤基以外，桩的垂直正应力比桩间土小。由此可知，其摩擦抗剪强度，在荷载区域以外是很难发挥出来的。一般在边坡加固中，常采用在坡脚处设置阻滑桩，以起到"固脚"的作用。软土地基上在填筑体坡脚外打设碎石桩，排水固结作用显著，而碎石桩抗剪加强作用有限。基于此新认识，本工程围堰坡脚以外和基坑开挖坡上原来拟设置的碎石桩，在优化方案中全部取消。

3. 堰体和地基中的位移

戗堤填筑完成时位移如图 12.11 所示，最大向上游水平位移 0.26m，向下游水平位移 0.24m；最大沉降量 0.71m，位于覆盖层表面。最大隆起 0.07m，位于 x 坐标−154.4m 处的覆盖层表面。堰基位移的态势是向下部和两侧挤压。不设置碎石桩的天然地基的计算结果，则填筑体外侧向上隆起很严重，水平位移也更

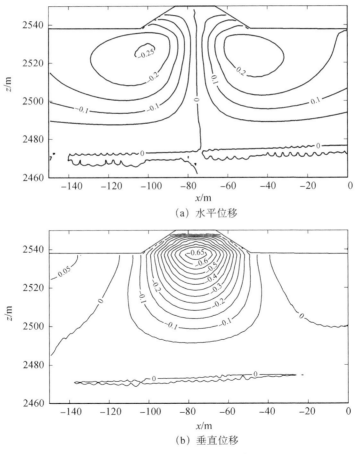

(a) 水平位移

(b) 垂直位移

图 12.11　戗堤填筑完成时的位移

大。对于应力路径在时空上如此复杂变化，且实际上大量局部达到抗剪强度的情况，其位移模拟结果要达到定量的程度是很困难的。本文采用邓肯 E-B 这种比较简单的非线性弹性模型，且不考虑土体的应力超过其抗剪强度以后的应力迁移计算，其位移与实际有较大偏差是很自然的。若采用如修正剑桥模型等复杂的弹塑性本构模型，由于土层内沿着水平坐标应力和应力水平都有较大的波动变化，想提高定量模拟程度是很困难的。因此，在现有的模拟水平下，对于拉哇上游围堰这种复杂的情况，位移模拟结果是定性多于定量。

12.5.2　围堰填筑到顶时的结果

第 41 计算级的工况，堰体经历 213 天填筑到顶，上游水位 2551.18m，下游水位和底部覆盖层减压井水位 2527.66m（基坑中已抽水），上下游水位差 23.52m。

第 41 级围堰中的等孔隙水压力和等水头线如图 12.12 所示，其中（a）为孔隙水压力等值线，（b）为等水头线。图 12.13 为第 41 级堰塞湖沉积层中水平坐标−水头关系。图 12.12 与图 12.13 结合来看，可见堰基碎石桩区域的孔隙水压力和水头在桩间土和桩中的水平方向是波动变化的，在碎石桩处为波谷，在两桩之间的基土中部为波峰。波峰与波谷的孔隙水压力差较大，表明堰基中仍然有比较大的超孔隙水压力未消散。图 12.12（a）还可见堰基 $x=200$m 处的孔隙水压力，显著受到了抽水井的影响。图 12.12（a）中有两条 0 孔隙水压力线存在，查看局部等值线图，证实是绘图软件插值误差造成。

由图 12.13 可见，Q^{l-3} 层的顶部，即强透水的 Q^{l-5} 层的底面，在防渗墙的上游侧，水头与上游水位基本相等，防渗墙下游，在 $x=-50$m 左右，水头达到峰值 2564.5m，比下游坡脚强透水 Ql-5 层的底面 2534.1m 高 30.4m，向上游和向下游均减小，表明堰基低渗透土层的孔隙水，通过水平排水进入碎石桩后向上输送并向上下游两个方向排水，Q^{l-5} 层中沿着水平方向还是存在较大的水头梯度，也就是说 Q^{l-5} 层及其上部堰体填筑料的渗透系数，对堰基中的孔隙水压力还是存在较大的影响，如果实际渗透系数比计算采用值大，则堰基上部强透水层中的水头梯度会降低，堰基中的水头总体上也会降低；反之，则还会提高。Q^{l-3} 层的中部最大水头 2595.6m，位于该层结点 $x=2.53$m 和 $x=2.83$m 上，比右侧与碎石桩接触的结点的水头 2561.3m（左侧结点水头 2561.8m）高出 34.3m；近防渗墙处最左一排碎石桩的右侧桩间土中的水头，比碎石桩中仅高 1.8m 左右，一方面是其所处位置在填筑高程超过防渗墙平台以后，堰体填筑的后续附加垂直正

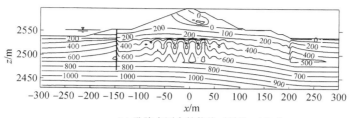

(a) 孔隙水压力等值线（单位：kPa）

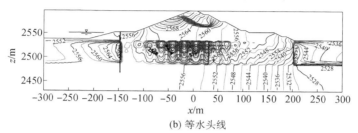

(b) 等水头线

图 12.12　围堰填筑到顶时的等水头线和孔隙水压力

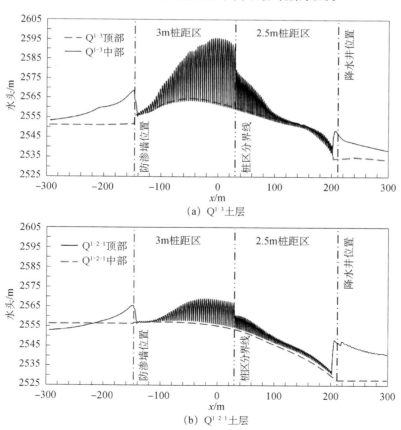

(a) Q$^{1\text{-}3}$土层

(b) Q$^{1\text{-}2\text{-}1}$土层

图 12.13　围堰填筑完成时堰塞湖沉积层中水平坐标-水头关系

应力较小，另一方面其较早时间的填筑附加应力作用产生的超孔隙水压经历了较长时间的排水固结而消散程度较大。间距 2.5m 区域桩间土与桩中的水头差，即波动曲线的波峰与波谷差值，要大大低于碎石桩 3m 桩距区域。在 2 个区域的分界线处，3m 间距区域侧的水头差为 32.0m，而 2.5m 间距区域侧的水头差是 20.4m，可见超孔隙水压力的消散程度对碎石桩的间距是十分敏感的。图中还可见，没有设置碎石桩的防渗墙上游侧堰塞湖沉积土层中也存在超孔隙水压力。

图 12.14 为碎石桩边线位于 $x=-76.9$m 和 $x=-0.9$m 两处桩边线与桩右侧桩间土中线水头对比。前者位于堰上游坡的中部，后者靠近堰轴线。碎石桩的顶部水头高于底部，可知底部 Q^{al-1} 层起到了良好排水作用。

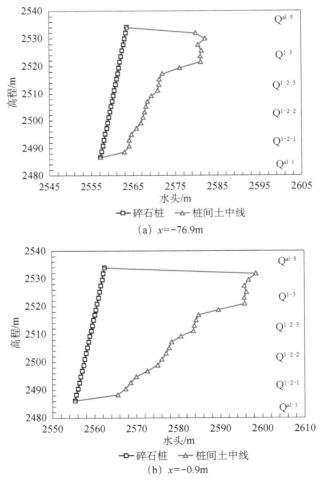

图 12.14　填筑完成时沉积层中碎石桩与桩间土中线水头对比

12.6　耦合计算总结

采用渗流与应力变形的耦合有限元算法，介绍了基于耦合算法研究后推荐的拉哇水电站上游围堰设计方案从天然地基应力、戗堤水中填筑、碎石桩和防渗墙施工、堰身填筑、水位动态变化和基坑开挖全过程的二维仿真过程和典型时段的孔隙水压力、位移和应力结果，分析了地基中应力变形的耦合作用机制与若干超孔隙水压力和应力与变形现象。二维模型中还包含了三维绕渗影响的模拟。直接服务于拉哇水电站的围堰方案设计论证与优化。

对拉哇的工程分析表明：

（1）深厚低渗透覆盖层在围堰填筑过程中存在较大的超孔隙水压力，堰基下采用碎石桩处理可有效降低超孔隙水压力的累计幅度和减小堰基的水平和沉降位移；超孔隙水压力对堰基碎石桩的间距十分敏感；

（2）堰基中的水头、垂直和水平有效正应力、剪应力水平在碎石桩处理区沿水平方向是波动变化的，孔隙水头在碎石桩中处于波谷、在桩间土中部处于波峰；

（3）填筑体自重作用下，堰基中超孔隙水压力的产生，使垂直向正应力增加，水平向正应力减小，堰基桩间土局部的剪应力水平快速提高，堰基中容易产生较大的沉降和水平位移，对围堰的变形和稳定性均不利；

（4）由于超孔隙水压力过大时，桩间土层的应力水平空间波动变化且变化幅度很大，计算过程中若出现很大的水平位移或沉降变形，往往变形的定性意义大于定量意义；

（5）位于填筑体下部低渗透土层中的碎石桩能同时起到加速排水固结和桩体加强作用，而设置于填筑体坡外的碎石桩，其作用有限。

参 考 文 献

陈祖煜，周晓光，程立宏，等，2004a. 务坪水库软基筑坝基础处理技术. 中国水利水电科学院学报，2（3）：168-172.

陈祖煜，周晓光，张天明，等，2004b. 云南务坪水库软基筑坝技术. 北京：中国水利水电出版社.

梁娟，张有山，王小波，2018. 复杂地质条件下高挡水水头土石围堰设计. 四川水力发电，37（05）：107-109.

王建平，王明涛，曹华，2013. 猴子岩水电站围堰防渗墙施工方案设计. 水电站设计，29（1）：21-23.

王璟玉，蒲宁，2018. 西藏某水电站大坝上游围堰设计. 四川水利，（4）：44-48.

吴梦喜，宋世雄，吴文洪，2021. 拉哇水电站上游围堰渗流与应力变形动态耦合仿真分析. 岩土工程学报，43（4）：613-623.

Chen Y，Chen G，Xie X，2018. Weak Galerkin finite element method for Biot's consolidation problem. Journal of Computational and Applied Mathematics，330（2018）：398-416.

Chen Y，Luo Y，Feng M，2013. Analysis of a discontinuous Galerkin method for the Biot's consolidation problem. Appl. Math. Comput.，219（2013）：9043-9056.

Wu M X，2010. A finite-element algorithm for modeling variably saturated flows. Journal of Hydrology，394（3-4）：315-323.

Wu M X，Yang L Z，Yu T，2013. Simulation procedure of unconfined seepage in a heterogeneous field. Science China：Physics，Mechanics and Astronomy，56（6）：1139-1147.

本 章 要 点

1. 地基中碎石桩的二维模型概化方法。
2. 堤坝二维模型中包含基础三维绕渗效应的模拟方法。
3. 渗流–变形耦合中渗透系数时空变化的模拟方法。
4. 深厚覆盖层地基中的渗流与变形强耦合施工与挡水等全过程模拟方法与结果。

复习思考题

1. 面对复杂的岩土工程，如何着手研究工程中的渗流与变形耦合问题？
2. 低渗透湖相沉积的堰基，在围堰填筑过程中，有哪些渗流与变形耦合作用效果？
3. 为什么要在二维模型的模型概化中，将碎石桩和绕渗等三维效应纳入其中？

第 13 章　流体的非等温渗流理论

非等温渗流现象是物理化学渗流的一种基本现象。流体的密度与黏滞系数等物性参数和地层的孔隙率等参数随地层中的温度而变化，因此渗流分析中不但要考虑地层中的温度变化引起的渗流过程变化，如渗透率变化、渗流阻力变化，甚至还存在凝聚和蒸发等相态变化，同时还应考虑渗流场对热力过程的影响，如热对流、传递、地下热反应面的移动等。研究非等温渗流时必须同时考虑到渗流场和温度场相互之间的影响与作用。与渗流与应力变形耦合问题的求解类似，求解地下热渗流方程时也必须同时求解热传导方程。

注蒸气、地下燃烧、地下汽化等各种热力采油方法，是油气开采过程中遇到的地下热力学问题。在本章中我们不可能对各种具体的热动力–渗流过程（包括其中的化学反应）做详尽的叙说，而仅限于对地下非等温渗流的热力学基础和一般方法作一介绍和说明。由于这些具体采油方法中往往包含着各种化学物理变化（如燃烧过程中的相态和相带分布），所以这类问题的具体求解方法不可能在本书中一一罗列。本部分只反映最基本的热渗流原理。

13.1　多孔介质中的传热方式

多孔介质中的传热方式包括热传导、热对流和热辐射三种。

固体或是处于静止状态的流体中存在温度梯度时都会发生热量的迁移，这种传热过程称为**热传导**。运动中的流体与其边界的固体表面处于不同温度时，它们之间发生的传热称为**热对流**。第三种传热模式为**热辐射**。具有一定温度的所有表面都能以电磁波的形式发射能量。若两个温度不同的表面之间不存在参与传热的介质，它们之间仍然可以通过热辐射进行传热。

热的传导是由傅里叶公式描述的，它表明通过单位截面积的热流速和该处的温度梯度成正比，和热传导系数成正比

$$J_{hi} = -\lambda \cdot T_{,i} \tag{13.1}$$

式中，J_h 为通过单位面积的热流速，其单位是 cal/（$m^2 \cdot s$）；λ 为热传导系数，它和传热物质本身的特性有关。

对于液体和气体，λ 与压力和温度有关，在低相对密度条件下，气体的热传导系数随温度增加而上升，而大多数液体的热传导系数随温度上升而下降，对于极性分子来讲（如水）在 $\lambda(T)$ 曲线上可能存在一个极大值。

第二种传热方式叫作热对流，这是液体本身在其流动过程中携带的热量被吸走或从周围吸取热量的一种热交换方式。

对流传热模式包含两种机制。其一是随机的分子运动（扩散）导致的能量传输，其一是流体的整体或者说宏观运动引起的热量迁移。流体在任何时刻都有聚集在一起的大量分子在运动。当存在温度梯度时，这种运动就会对传热起作用。总的传热是分子随机运动与流体整体迁移所导致的能量传输的叠加。这种能量传输的叠加习惯上称为对流，而将整体的流体运动导致的能量迁移称为平流。在对流传热中，运动的流体与界面处于不同温度时它们之间的传热特别令人感兴趣。如图 13.1 所示，流体流过温度更高的固体表面时，由于流体与表面之间的相互作用使流体中存在一个称为水力或速度边界层的区域，流体在表面上的速度从零值发展为某定值 u_∞，此值与流动情况有关。另外，若表面和流体的温度不同，就还会有一个区，在该区中温度从 $y=0$ 处的 T_s 变到外层流体的 T_∞。这个区称为热边界层，热边界层的厚度可以小于、大于或等于速度边界层。不论何种情况，若 $T_s > T_\infty$，表面与外层流体之间就会发生对流传热。

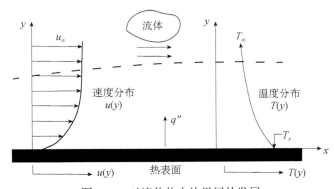

图 13.1 对流传热中边界层的发展

对流传热模式由分子随机运动和边界层中流体的整体运动维持。在邻近表面处，流体的速度低，分子的随机运动（扩散）起主要作用。在流体与固体表面的交界面上流体的速度为零，仅有随机运动传热机制。流体整体运动对传热的作用源于流体沿 x 方向流动时，热边界层的厚度增加。由固体表面传入边界层中的热能随流动而迁移，并最终传给边界层外的液体。清晰认识边界层现象对理解对流传热非常重要。正因如此，流体力学在分析对流传热时起着重要作用。

在地下渗流过程中的一种特殊的热交换形式是液体和多孔介质固体颗粒之间的热交换，通常在固液之间的热交换形式是用下列公式表达的：

$$(J_h)_n = -\lambda_f n_i T_{f,i} \tag{13.2}$$

式中，$(J_h)_n$ 为通过界面热交换产生的热流速，单位为 cal/（m² · s）；λ_f 为热交换系数；n_i 为固液界面指向固体的外法线方向；$T_{f,i}$ 为液体温度在界面上的温度梯度。但在实际工作中我们常用下式来表达热交换（牛顿冷却公式）：

$$(J_h)_n = h_f(T_s - T_f) \tag{13.3}$$

式中，T_s、T_f 分别为固液界面上固相和液相的温度；h_f 为热交换系数。

第三种基本传热方式是**热辐射**，它通过波长为 0.1～10μm 的热辐射波来传递。

热辐射是处于一定温度下的物质所发射的能量。虽然我们将集中讨论固体表面的辐射，但应该知道液体和气体也可以发射能量。不论物质是何种形态，这种发射都是因为组成物质的原子或分子中电子排列位置的改变所造成的。辐射场的能量是通过电磁波传输的（或者说，通过光子传输的）。依靠导热或对流传输能量时需要有物质媒介，而辐射却不需要。实际上，辐射传输在真空中最有效。

图 13.2 为表面的辐射传输过程。这个表面所发出的辐射源自以表面为界限的内部物质的热能，单位面积在单位时间内发射的能量（W/m²）称为发射功率 E_b。发射功率有一个上限，它由斯特藩-玻尔兹曼定律给出

$$E_b = \sigma T_s^4 \tag{13.4}$$

式中，T_s 为表面的热力学温度，K；σ 为斯特藩-玻尔兹曼常数，$\sigma = 5.67 \times 10^{-8}$ W/（m² · K⁴）。这种表面称为理想辐射体或黑体。

在多孔介质中，当有液体存在时，热的传导是通过以下几种途径来完成的：

（1）通过固相（把它视为连续介质）的热传导。

（2）通过液相（把它视为连续介质）的热传导。

（3）通过液相（把它视为连续介质）的热对流。

（4）通过液相的热力弥散作用。这种作用是由于固体颗粒和微观孔隙空间非均质性而产生的。它和水力弥散现象产生的传质现象是完全类同的，只是由于

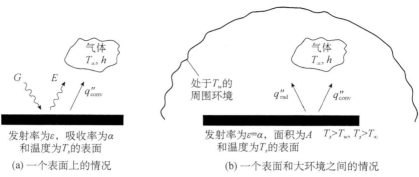

图 13.2　辐射换热

热流速度局部不同产生一种随机的微观速度分布，因而形成一种热扩散现象。

（5）液固两相之间的热交换。

（6）当孔隙中充满气体时，在固体颗粒之间出现热辐射。

13.2　含油气地层的热力学性质

13.2.1　固体和液体的比热

比热通常用 c 表示，其单位是 kcal/（kg·℃）。表 13.1 列出的是某些单一物质在定压条件下的比热。

表 13.1　各种物质比热表

类型	物质	温度/℃	比热/[kcal/（kg·℃）]
气体	空气	50（20atm）	0.2480
	水蒸气	100	0.4820
	氧	15	0.2178
	甲烷	15	0.5284
金属	铝	20	0.214
	铁	20～100	0.1189
	钢	15～100	0.0931
液态有机物	苯	20	0.406
	乙醇	25	0.581
干燥岩石	砂岩	20～100	0.200
	白垩	20～100	0.214
	黏土	20～100	0.220
	花岗岩	12～100	0.192
	石英	12～100	0.188

地下含油气层都是饱和某种流体的岩石，其比热应是干燥岩石颗粒的比热和其中流体比热的和。对于被一种液体所饱和的单位体积孔隙介质的综合热容量 C_l 可以用下式表达：

$$C_l = \phi \rho_f c_f + (1-\phi)\rho_s c_s \tag{13.5}$$

式中，ρ_f、c_f 为岩石中所含液体的密度和比热；ρ_s、c_s 为岩石固体的密度和比热。

在两相液流（水和油）的情况下，孔隙介质的热容量为

$$C_l = s_w \phi \rho_w c_w + s_o \phi \rho_o c_o + (1-\phi)\rho_s c_s \tag{13.6}$$

在上式中，脚标 w 表示水，o 表示油。

13.2.2　热传导系数

饱和液体的多孔介质的热传导系数不如比热一样能较简单地确定。因为传导系数是表示热的传播能力的，所以多孔介质的孔隙结构必然对热传导的方式和途径产生影响。例如，当饱和液体的多孔介质中液体和固体各不相干地传递自己的热量，那么总的热传导系数应等于

$$\lambda_t = \phi \lambda_f + (1-\phi)\lambda_s \tag{13.7}$$

式中，λ_t 为总的热传导系数；λ_f 为液体的热传导系数；λ_s 为岩石的热传导系数。

但往往出现这样的情况，即热量由孔隙中的液体传给岩石固体颗粒然后又由此固体颗粒传给另一孔隙中的液体。所以如果把上式视为并联的传递方式，则此时又出现了串联的传递方式，即

$$\frac{1}{\lambda_t} = \phi \frac{1}{\lambda_f} + (1-\phi)\frac{1}{\lambda_s} \tag{13.8}$$

由于这两种方法所得的热传导系数的差异很大，所以在实际应用时必须依靠实验来确定。如拉高赫得在 1965 年确定出了含油、含气和含水的实验曲线，可以依靠它来求得饱和流体岩石的热传导系数。

某些单一物质的热传导系数 λ 列于表 13.2 中。

表 13.2　各种物质的热传导系数

物质	热传导系数/[cal/（m·s·℃）]	物质	热传导系数/[cal/（m·s·℃）]
银	100	水	0.11
铝	50	汽油	0.038
碳	1.25	原油	0.035
石英	2	玻璃	0.12～0.26

物质	热传导系数/[cal/（m·s·℃）]	物质	热传导系数/[cal/（m·s·℃）]
砂岩	0.9	氢气	0.040
灰岩	0.5	氧气	0.006
白云岩	0.4～1.0	空气	0.006
黏土	0.2～0.3	甲烷	0.007

13.2.3　热扩散系数

在饱和流体的孔隙介质中，当流体在其中流动时出现一种和液体扩散相似的热扩散过程，它同样可以分为分子热扩散和对流热扩散，分子热扩散系数 D_h 可以用下式表示为

$$D_h = \lambda_l / [\phi\lambda_f c_f + (1-\phi)\lambda_s c_s] \qquad (13.9)$$

式中，D_h 的量纲同样是 L^2/T。

与对流扩散相似，我们同样可以引入对流热扩散参数 E，从而使总的热扩散系数写为

$$\phi E' = D_h + \phi E \qquad (13.10)$$

式中，E 为对流热扩散系数；E' 为热弥散系数。

13.3　多孔介质中连续液相传热传质的描述

这里仅就单一液体无相态转化时的热渗流问题作一叙述。在多相流动情况下，必须在连续方程和运动方程中分别考虑各相的情况，但基本思路不变。

在考虑热交换条件下的渗流问题时，除了基本的渗流方程以外（连续方程和运动方程），还必须考虑能量平衡方程式。

1. 液体的连续性方程

无源汇情况下，液体饱和多孔介质中的渗流连续性方程为

$$\frac{\partial(\rho\phi)}{\partial t} + (\rho v)_{i,i} = 0 \qquad (13.11)$$

式中，v 为液体的渗流速度向量。

2. 液体的运动方程

在不考虑液体的惯性的情况下，液体的运动方程可表示为

$$v_i = -\frac{k}{\phi\mu}(p + \rho_f g \cdot z)_{,i} \qquad (13.12)$$

其中，v_i 为液体的速度；p 为液体的压力；ρ_f 为液体的密度；g 为重力加速度；z 为重力的反方向坐标；k 为渗透率；ϕ 为孔隙率；μ 为黏性系数。

3. 液体的能量方程

若液体的内能用 $u = c_f T_f$ 表示，则液体在孔隙介质中的能量方程可用下式表达：

$$\rho_f c_f\left(\frac{\partial T_f}{\partial t} + v_i T_{f,i}\right) = -\lambda_f T_{f,ii} - E T_{f,ii} + h_f(T_s - T_f) + \varepsilon \qquad (13.13)$$

其中，T_f 为液体的温度；ρ_f 为液体的密度；c_f 为液体的比热；λ_f 为液体的热传导系数；E 为对流热扩散系数；T_s 为固相的温度；h_f 为液体与固体的热交换系数；ε 为黏滞阻力而产生的热效应。

式（13.13）中，左端第一项表示液体内能的增加，第二项表示因为流动而携带的能量；右端第一项表示由于液体热传导而增加的能量，第二项表示由于热弥散效应而增加的能量，第三项为固液两相之间的热交换而得的能量，第四项表示液体由于黏滞阻力而产生的热效应。

4. 固体的能量方程

固体的能量方程可表示为

$$\rho_s c_s \frac{\partial T_s}{\partial t} = -\lambda_s T_{s,ii} - h_f(T_s - T_f) \qquad (13.14)$$

其中，ρ_s 为固体的密度；c_s 为固体的比热；λ_s 为固体的热传导系数；h_f 为液体与固体的热交换系数；T_f 为液体的温度。

5. 多孔介质热传输的数学模型

多孔介质热传输的数学模型由上述液体的渗流连续性方程、液体的渗流运动方程、液体的能量方程、固体的能量方程和相应的边界条件与初始条件构成。由于液体的黏性系数受到温度的影响，因此，对于非等温渗流过程，渗流场的求解必须以温度场的求解为基础；同样地，多孔介质的温度场又受到液体渗流传热的影响，温度场的求解也必须以渗流场的求解为基础。因此多孔介质的非等温渗流过程的求解，传热与传质（渗流）是耦合相互作用的，是一个复杂的耦合问题。

参 考 文 献

葛家理，2003. 现代油藏力学原理（下）. 北京：石油工业出版社.

本 章 要 点

1. 了解地层的热力学性质；了解多孔介质中热传导、热扩散、热对流的基本现象，掌握热传导、热对流和热扩散的基本定律。

2. 掌握多孔介质的能量方程。

3. 掌握多孔介质中传热传质的数学模型及其特点。

复习思考题

1. 多孔介质的非等温渗流问题数学模型涉及哪些基本问题？单相流体在多孔介质中流动时，流体、固体的热传导系数与哪些因素有关？其确定有何困难，应该如何去确定？

2. 结合你能了解到的复杂的非等温渗流过程中传热与传质的问题，如何简化来满足工程应用研究的需求？

第14章 多孔介质中的溶质迁移

14.1 油气物理化学渗流与地下水污染问题

在开采重质油藏、挥发性油藏及凝析气藏或采用注气、注溶剂、注高分子聚合物以及火烧油层等特殊的开采方法时，渗流过程中伴随着传热、传质、吸附、相态变化等其他物理化学现象。这些现象的研究都涉及其他一些基础学科的专门知识和方法。带有物理化学过程的多孔介质渗流过程称之为物理化学渗流，它是近年来才兴起的一个新的渗流力学分支，其研究成果对油气田开发具有很大的现实意义和理论价值，在三次采油中尤其重要。

土壤-地下水的水质或污染问题也是渗流力学关心的问题。随着地下水资源的开发利用强度的增加，水质退化问题也日益突出。地下水的污染，不仅会影响城市供水、工业供水和农业供水，而且会造成严重的环境污染。由于地表水-土壤-地下水相互联系，其中之一的污染会导致其他的污染。污染会威胁水源安全，影响食品安全（土壤污染导致植物及果实的污染，地表水的污染导致水生生物的污染），导致生态与环境恶化。

污染物在土壤、含水层和动植物体内等多孔介质中的迁移十分复杂，涉及温度、酸碱度、污染物的浓度与组分、微生物的活动、植物的吸收，是复杂的物理、化学和生物过程。多孔介质的非均质性和各向异性使这种物理化学渗流过程的分析和模拟更加复杂。物理过程中包括对流作用、扩散和弥散作用；化学过程中包括吸附与脱附作用、溶解与沉淀作用、氧化与还原作用、配位作用、放射性核素衰减作用、水解作用、离子交换作用等；生物作用包括生物降解作用和生物转化作用等。因此，在研究污染物迁移的数学模型时，抓住主要因素，以便弄清污染物在多孔介质中的迁移和转化过程，一方面利于控制污染物的迁移，另一方面利于修复污染的土壤和地下水以及地表水。

溶质或污染物在多孔介质中的对流、扩散、机械弥散、吸附、衰减及转化过程，是溶质在多孔介质中迁移的数学模型描述的重点。

14.2 多孔介质中的溶质迁移机理

在前面所研究的多相流体渗流规律，都是把各种流体考虑成不互溶的，即从某种物理意义上说流体是不混合的。如果两种流体间的表面张力不为零，两种流体之间总是被一个清楚的流体间的界面所分开，则流体就不混合；如果两种流体之间的表面张力为零，则不存在清楚的流体界面，那么称这样的两种流体为互溶流体。

如果两种流体是互溶的，则一种流体的分子能扩散到另一种流体中去，且这是一个自发的过程。不妨将其中一种流体称为溶液，另一种流体称为溶质。如此一来，两种互溶流体的渗流，可以看成是一种包含溶质的单一流体渗流。作为溶质的流体，将与可溶的固体或其他生物物质一样，研究其在溶液中的迁移和扩散。甚至还可以研究溶质在溶液中的生物和化学过程。

将污染物看成是地下水中的溶质，污染源进入地下水的迁移示意如图 14.1 所示。污染物通过分子扩散和机械弥散在流体中分散开来，并随着地下水的对流而迁移。对流迁移和扩散是一个同时发生的过程。

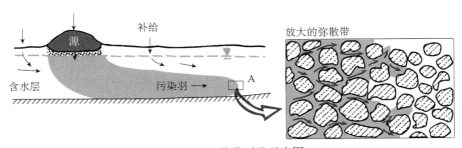

图 14.1 污染物迁移示意图

14.2.1 溶质的对流迁移

对流是指流体运动时把其中的溶质从一个区域带到另一个区域的过程。只要有流体流动，就有对流发生。溶质的对流迁移量用下式描述：

$$(J_v)_i = \phi u_i c \quad \text{或} \quad (J_v)_i = v_i c \tag{14.1}$$

其中，J_v 为溶质迁移的速度矢量（量纲 $ML^{-2}T^{-1}$）；ϕ 为饱和多孔介质的孔隙率；u 为流体的渗透速度矢量；v 为流体的渗流速度（量纲 LT^{-1}）；c 为流体中溶质的浓度（量纲 ML^{-3}）；M、L 和 T 分别表示质量、长度和时间；下标 i 表示坐标轴方向，$i=1$，2，3。

14.2.2　溶质的动力弥散与分子扩散

在研究两种互溶流体的同时渗流时，常遇到一种叫作流体动力弥散的现象。除与地下水流动有关的许多问题中以及化学工程中经常出现此现象外，在石油工业中，当注入液与地层中的被驱替液能完全互溶时就发生这种动力弥散现象。例如，注溶剂驱油或注富气驱油以及向水层中注入含示踪剂的水时，注入剂中的异样组分物质并不完全按照基于达西定律的溶质的对流迁移，还出现动力弥散（也称为机械弥散）和分子扩散现象。

考虑通过一多孔介质的饱和流动，设流动区域的一部分含有若干可溶解的示踪剂（溶质）。当存在流动时，示踪剂要逐渐传播开来并不断占据流动区域中越来越大的部分，且超出了仅按平均流动所预计的区域，这种溶质的传播现象包含多孔介质中的流体动力弥散和分子扩散。动力弥散和分子扩散均是非稳定的不可逆转的过程，即不可能用逆转流动来得到示踪剂的初始分布。在这一过程中示踪物质与流体的非标志部分相互混合。假若在开始时，由示踪剂所标志的流体占据一个个别的区域，该区域具有一个能与非标志的流体分清的突变界面的位置。之后代替它的则是将产生一个越来越宽的过渡带。

流体动力弥散现象是完全不同于宏观渗流的微观现象的宏观结果。是大量的个别示踪质点通过孔隙的实际运动与发生在孔隙中的各种物理和化学现象的客观表现。与弥散现象紧密相关的还有吸附现象，溶质在岩石颗粒表面的吸附、溶解、沉积和离子交换等都将引起溶质在液体中的浓度变化。

一般来说，示踪剂浓度的变化将引起液体密度和黏度的改变，这反过来又会影响渗流场中的速度分布和流动状态，我们把不改变流体性质和不与固相起物理化学作用的扩散物质叫作理想扩散剂。通常，造成流体动力弥散现象的原因有：

（1）作用于流体的外力；

（2）孔隙系统的复杂的微观形状；

（3）由于示踪剂浓度梯度所引起的分子扩散；

（4）流体性质的改变（如密度和黏度的变化）对流体流动状态（即速度分布）的影响；

（5）流体中的化学和物理过程引起的示踪剂浓度的变化；

（6）液相和固相间的相互作用。

流体动力弥散现象中示踪剂物质的输运过程包括两种基本输运（传质）现象，一种是对流扩散，另一种是分子扩散。这两种运动均可以用菲克（Fick）定律来描述。

流体中溶质因为浓度的分布不均而从浓度高处向浓度低处扩散，这种现象称为溶质的分子扩散（molecular diffusion）。这种扩散是由于分子的随机热运动引起的质点分散现象，存在于溶质的所有运动过程中。

机械弥散（mechanical dispersion）也称为对流扩散（convective diffusion），是指流体通过多孔介质中的孔隙的平均流动速度（**渗透速度**）和浓度，与多孔介质断面上的平均流动速度（**渗流速度**）和浓度的不一致导致的分散现象。在对流作用中考虑了通过多孔介质断面上的平均速度产生的溶质迁移问题。机械弥散实质上是渗透速度和渗流速度的差值导致的溶质迁移问题。

由构成多孔介质微观结构的互相连接的通道形成的复杂系统使得示踪物质在不断地被分细后进入更为纤细的通道分支。按照每个细孔中的速度分布，沿着这些弯曲的流动路径以及在相邻的流动路径之间局部速度的大小和方向都要发生变化，正是这种变化造成了在流动区域中的任何初始示踪物质逐渐传播开并占据多孔介质的越来越多的体积，这种类型的输运现象通常称为机械弥散或对流扩散，造成这一现象的两个基本要素是：流动和流动所通过的孔隙系统。

一般说来，对流物质输运既可以存在于层流状态也可以存在于紊流状态。在层流状态下流体沿确定的路径运动，它们被平均后可以得到流线，而在紊流状态下，由于紊动还要产生附加的混合作用。

机械弥散作用引起的溶质迁移通量通常用下式计算：

$$(J_d)_i = -\theta[D_d(\theta,c)]_{ij}c_{,j} \qquad (14.2)$$

其中，J_d 为溶质机械弥散速度矢量；D_d 为机械弥散系数张量，与孔隙的含液量和浓度有关。机械弥散系数张量的大小取决于渗透速度矢量，详情可参见文献介绍（仵彦卿，2007）。

与机械弥散同时发生的另一种物质输运现象是分子扩散，它是由于液相中示踪剂浓度的差异而引起的。实际上，对这两个过程间的划分完全是人为的。作为流体动力弥散则以不可分开的形式同时包含着这两个过程。当然，分子扩散也能单独出现在无流动的情况中。

分子扩散速度同样可用菲克定律描述，即分子扩散的速度与其浓度梯度成正比，扩散方向与浓度梯度方向相反，可由下式表示：

$$(J_m)_i = -\theta \cdot [D_m(\theta, c)]_{ij} c_{,j} \tag{14.3}$$

其中，J_m 为溶质的扩散速度矢量；θ 为多孔介质中流体的体积含量，饱和单相流体时 θ 与孔隙率相等；D_m 为分子扩散系数张量，非饱和带中分子扩散系数 $D_m(\theta,c)$ 是含水量和浓度的函数；c 为浓度梯度；下标 i，j=1，2，3，逗号表示求偏导数。

分子扩散系数是指单位浓度梯度下通过单位面积的物质的量。多孔介质中的分子扩散系数张量，取决于多孔介质中溶液的分子扩散系数 D^*（标量）和多孔介质的迂曲度张量 τ（Bear，1972），$(D_m)_{ij} = D^* \tau_{ij}$。与渗透系数张量相同，$\tau$ 为二阶对称张量。扩散系数 D^* 的大小与溶质的种类有关，其值还受到溶液的温度及溶质的浓度影响。在溶质相对浓度（c/ρ，ρ 为溶质的密度）较低的情况下，可以把它当作常量。溶质的分子扩散系数可以通过实验测定。通常情况下，地下水中溶质的 D^* 介于 $10^{-9} \sim 10^{-7} \mathrm{m^2/s}$。各向同性介质中，流体在静止状态下做弥散试验，可获得 D_m，从而可以依据公式 $\tau = (D_m)/D^*$ 计算出迂曲度。

14.3　多孔介质中溶质迁移的对流–弥散方程

孔隙介质中溶质迁移的对流–弥散方程，即溶质迁移微分方程在形式上和渗流 Richards 方程类似，非饱和渗流有限元技术用于溶质迁移问题的求解是有效的。地下水中的溶质迁移方程为对流扩散方程，其对流项中的渗流速度和非饱和土的扩散项中的含水量都需要渗流计算得到，因而，渗流计算是溶质运移计算的前提。溶质运移中对流扩散方程数值解中浓度陡峰面附近的数值振荡与数值弥散，也是研究的前沿与难点（李茜等，2005；徐文彬等，2007）。国内对地下水溶质运移的研究很活跃（徐文彬等，2007；梅一等，2009；吴东杰等，2008；王永森等，2008）。

饱和–非饱和土中溶质运移对流扩散方程：

$$\frac{\partial c}{\partial t} = \frac{1}{\theta} \nabla \cdot (\theta D \nabla c) - \frac{v}{\theta} \cdot \nabla c \tag{14.4}$$

其中，c 为溶质的浓度；θ 为土体的含水量；D 为溶质在土体中的扩散系数；∇ 为梯度，与渗流计算的 Richards 方程（$\frac{\partial \theta}{\partial t} = \nabla \cdot (K(h) \nabla (h+z))$，$\theta$ 为土体的含水量，$K(h)$ 为土体中的渗透系数，h 为土体的压力水头，z 为以重力反方向为正

的坐标）类似。用指标符号的形式表示为

$$\frac{\partial c}{\partial t} = \frac{1}{\theta}(\theta D_{ij}c_{,j})_{,i} - \frac{1}{\theta}v_i c_{,i} \tag{14.5}$$

将渗流计算所得的速度场和含水量场结果作为已知条件，可以推导出与渗流计算相类似的有限元方程，其求解方法与渗流计算方法类似。浓度陡峰面附近的数值振荡与数值弥散问题，可以通过将渗流计算中的相关技术引入来解决。

14.4 多孔介质中的吸附与脱附作用

多孔介质中溶液中的离子或气体分子被吸附到多孔介质颗粒表面而脱离溶液或气体，这个过程称为吸附（adsorption），是流体与固体界面处的物质质量增加的现象与吸附相反的过程，即多孔介质表面的离子或气体分子脱离束缚进入流体的过程，称为脱附或溶解，是流固界面处固体表面上的物质质量减小的现象。

通俗地说，一种物质（一般为固体）A 能对气体或液体 B 有吸引/固定作用，就称为 A 对 B 的吸附。A 与 B 的电荷符号不同，极性不同，或者具有物理引力（范德瓦耳斯力），或者 A 与 B 具有化学反应性等，都会导致吸附。用另一种物质（一般为液体）C 将 B 洗脱下来的过程，就称为脱附。这是基于 C 与 A 的上述作用力，必须大于 A 与 B 的作用力，才能用 C 把 B 置换下来。

岩土介质的吸附作用使得许多有机物或无机物暂时地从地下水中排除。吸附与脱附作用是指溶解在地下水中的污染物与吸附在多孔介质中的污染物的质量交换过程。在地下水渗流过程中，吸附作用使得污染物的迁移速度相对于水流速度减慢，同时也导致地下水中污染物的浓度降低。吸附作用是一个可逆过程，当溶质浓度一定时，一些污染物被吸附在岩土介质上，一部分又被脱附回到地下水中。吸附作用并不能永久地清除污染物，而仅仅是延迟迁移。

吸附可以分成物理吸附和化学吸附两种类型：

（1）物理吸附：被吸附的流体分子与固体表面分子间的作用力为分子间吸引力，即所谓的范德瓦耳斯力（van der Waals force）。因此，物理吸附又称范德瓦耳斯吸附，它是一种可逆过程。当固体表面分子与气体或液体分子间的引力大于气体或液体内部分子间的引力时，气体或液体的分子就被吸附在固体表面上。随着温度的升高，气体（或液体）分子的动能增加，分子就不易滞留在固体表面上，而越来越多地脱附进入气体（或液体）中去。这种吸附-脱附的可逆现象在物理吸附中均存在。物理吸附的特征是吸附物质不发生任何化学反应，吸附过程进行得极快，参与吸附的各相间的平衡瞬时即可达到。

（2）化学吸附：化学吸附是固体表面与被吸附物间的化学键力起作用的结果。这种化学键亲和力的大小可以差别很大，但它大大超过物理吸附的范德瓦耳斯力。化学吸附往往是不可逆的，脱附不易进行，常需要很高的温度才能把被吸附的分子排斥出去。而且脱附后，脱附的物质发生了化学变化不再是原有的性状，故其过程是不可逆的。化学吸附的速率大多进行得较慢，吸附平衡也需要相当长时间才能达到，升高温度可以大大地增加吸附速率。

同一种物质，在低温时，它在吸附剂上进行的是物理吸附，随着温度升高到一定程度，就开始发生化学变化转为化学吸附，有时两种吸附会同时发生。化学吸附在催化作用过程中占有很重要的地位。

不同介质的吸附特性不同，吸附量是温度、溶液浓度和介质特性的函数。等温吸附是最简单的吸附情况，下面介绍几种等温吸附理论。

14.4.1　等温线性吸附理论

假如多孔介质中有一种可被吸附的流体，这一流体在相同的温度和压力条件下，其质量与孔隙空间体积相等的球体之间的同一种流体不同。在多孔介质与流体之间会发生一种静力学的相互作用。对于某一特定的流体和多孔介质，可以用试验方法求出处于既定温度下的流体压力与流体密度之间的关系。这类曲线有时就称之为吸附（或脱附）作用等温线。

在等温吸附条件下，假定多孔介质中的吸附量与溶解在溶液中的溶质的浓度成正比，即

$$F = K_d c \tag{14.6}$$

其中，F 为等温线性吸附浓度（固相浓度）；K_d 为分配系数；c 为溶液中的溶质浓度。

对于多相流体来说，吸附量的计算公式变为

$$F = sK_d c \tag{14.7}$$

其中，s 为溶液的相饱和度。

有大量关于吸附理论的文章。吉布斯（Hartman，1947）利用一般的热动力学原理，提出了单位面积的固体表面上吸附分子极限数目与分子在流体内部的浓度及表面张力等的计算公式，认为吸附现象与表面张力有关。

14.4.2 等温非线性吸附理论

朗谬尔（Langmuir）在 1915 年提出了指数关系的非线性吸附理论，吸附量与溶质的浓度呈下列非线性关系，即

$$F = K_d \frac{s_m c}{1 + K_d c} \tag{14.8}$$

其中，s_m 为最大吸附量。

弗罗因德利希（Freundlich）在 1926 年提出了吸附量与溶质浓度呈幂指数关系的吸附公式，即

$$F = K_d c^N \tag{14.9}$$

其中，N 为指数，$N=1$ 时，退化为线性等温吸附。

14.4.3 动力学吸附理论

等温吸附理论将吸附和脱附作为一个瞬态过程，然而，许多情况下吸附与脱附是一个慢的与时间有关的非平衡过程。例如，非均质土壤或含水层中，水和溶解其中的污染物在高渗透性的砂层中运动速度较快，而在低渗透的黏土或壤土透镜体中的运动速度较慢。扩散是把溶解的污染物迁移到含水层的低渗透部分的缓慢过程，是时间的函数。因此，这样的吸附是一个动力学过程。当污染物的羽状物通过某一点时，含水层中渗透性大的部位中的溶解浓度开始降低，在这一过程中，缓慢的动力学脱附开始把低渗透部位的污染物迁移到高渗透部位，这个过程不断交替进行。最简单的非平衡等温吸附经验公式为（Langmuir，1916）

$$\frac{\partial F}{\partial t} = K_3 c \tag{14.10}$$

其中，K_3 为试验常数。

还有很多非线性非平衡的等温吸附公式，本文不展开介绍。

参 考 文 献

李茜，高佩玲，宋梅，等，2005. 土壤水与地下水溶质运移联合模型. 干旱区资源与环境，19（2）：97-100.

梅一，吴吉春，2009. 地下水溶质运移数值模拟中减少误差的新方法. 水科

学进展，20（5）：639-645.

王永森，陈建生，陈亮，2008. 考虑弥散系数尺度效应的溶质运移模型研究. 人民黄河，30（11）：60-62.

吴东杰，王金生，丁爱中，2008. 湖泊防渗对地下水水质影响的数值模拟. 水利学报，39（8）：955-960，968.

仵彦卿，2007.多孔介质污染物迁移动力学. 上海：上海交通大学出版社.

徐文彬，柴军瑞，方涛，2007. 地下水溶质运移数值模拟弥散问题再探. 地下水，29（3）：20-24.

Bear J，1972. Dynamics of fluids in porous media. American elsevier publishing company，inc. New York London Ameterdam.

Freundlich C G L，1926. Colloid and Capillary Chemistry. London：Methuen.

Hartman R J，1947. Colloid Chemistry. 2nd ed. Riverside Press，Cambridge，Mass.

Langmuir I，1915. Chemical reactions at low temperatures. J Amer Chem Soc，37：1139.

Langmuir I，1916. The constitution and fundamental properties of solids and liquids. Part I. Solids. J. Am. Chem. Soc.，38（11）：2221.

本 章 要 点

1. 概述了物理化学渗流和地下水污染问题。
2. 多孔介质中溶质迁移机理。
3. 多孔介质中的脱附与吸附作用。

复习思考题

1. 溶质迁移的数学模型与两相不相溶混流体的渗流有什么区别和联系？
2. 溶质迁移数学模型的求解方法与渗流和变形耦合求解方法有什么异同？
3. 溶质迁移的数学模型与潜蚀的数学模型和求解方法有什么异同？

附录 A 张量的指标符号表示法

张量的指标符号表示法给人们提供一种数学工具，它可以满足一切物理学定律与坐标系的选择无关的特性。对于同样的一个物理学问题，用张量形式写出的方程与用其他数学形式写出的方程相比，不仅本质上具有普遍性，而且由于符号的对称与简洁，使得方程精练而完美。

A.1 指标符号体系

A.1.1 指标符号

指标符号是指表示一组量的下标（或上标）。例如，一组变量 x_1，x_2，…，x_n，可表示为 x_i（$i=1$，2，…，n）。利用指标符号，三维空间中任意一点的笛卡儿直角坐标系中的坐标不再用 x、y、z 表示，而用 x_1、x_2、x_3 或 y_1、y_2、y_3 表示，记作 x_i 或 y_i，对于三维问题，$i=1$，2，3，对于二维问题，$i=1$，2。用指标符号可以使很多烦琐的公式书写大为简化。

A.1.2 求和约定

指标与求和约定：①除了作特殊的说明外，用作上标或下标的拉丁字母指标，都将取从 1 到 n 的值；②若一项中有一个指标重复，则意味着要对这个指标遍历范围 1，2，…，n 求和。这就是爱因斯坦求和约定，如

$$a_i b_i = a_1 b_1 + a_2 b_2 + a_3 b_3 \quad (i=1，2，3) \tag{A.1}$$

显然，求和指标的符号可以任意更换，即

$$a_i b_i = a_j b_j = a_k b_k \tag{A.2}$$

根据求和约定，需要记住 3 条规则：①若不是表示求和，不要将同一指标重复两次，即 $a_1 b_1 \neq a_i b_i$；②同一项中不允许同一指标重复两次以上，即 $a_i b_i c_i$ 没

有意义。如果要表示 $a_1b_1c_1 + a_2b_2c_2 + a_3b_3c_3$，不能用 $a_ib_ic_i$，可用 $\sum\limits_{i=1}^{3} a_ib_ic_i$ 来表示；

③不表示求和的指标称为自由指标，自由指标在公式两侧应采用同一指标符号，如

$$x_i = a_{ij}u_j \tag{A.3}$$

式中，i 是自由指标；j 是求和指标。在三维笛卡儿坐标系中，式（A.3）表示一组代数方程式

$$\begin{cases} x_1 = a_{11}u_1 + a_{12}u_2 + a_{13}u_3 \\ x_2 = a_{21}u_1 + a_{22}u_2 + a_{23}u_3 \\ x_3 = a_{31}u_1 + a_{32}u_2 + a_{33}u_3 \end{cases} \tag{A.4}$$

比较式（14.14）与式（14.13）可以看出，利用指标符号可以将某些公式的书写大为简化。

A.1.3 克罗内克（Kronecker）δ 符号

克罗内克（Kronecker）δ 符号 δ_{ij} 定义为

$$\delta_{ij} = \begin{cases} 1, & \text{若} i = j \\ 0, & \text{若} i \neq j \end{cases} \tag{A.5}$$

δ 是数学力学中常用的一个特定符号。采用这一符号可以将空间某一点对坐标原点的距离 r 的平方表示为

$$r^2 = \delta_{ij}x_ix_j = x_jx_j \tag{A.6}$$

其中 $\delta_{ij}x_i = x_j$。可以看出，δ_{ij} 乘以 x_i 表示 i 指标被 j 指标代替而变为 x_j，同理

$$\delta_{ij}A_{jk} = A_{ik}, \quad \delta_{ij}A_{kj} = A_{ki} \tag{A.7}$$

克罗内克（Kronecker）δ 符号 δ_{ij} 还可以定义为单位向量的点积，即

$$\delta_{ij} = \boldsymbol{e}_i \cdot \boldsymbol{e}_j \tag{A.8}$$

式中，$\boldsymbol{e}_i$ 为 i 坐标方向的单位向量。

A.1.4 排列符号

ε_{ijk} 为排列符号，对于 n 个不同下标元素，先规定各元素之间有一标准次序（例如 n 个不同自然数，可以规定由小到大是标准次序），于是在这 n 个元素的任意排列中，当某两个元素的先后次序与标准次序不同时，就说有 1 个逆序，一个排列中所有逆序的总数叫作此排列的逆序数，逆序数为奇数则为奇排列，

逆序数为偶数则为偶排列。奇排列的值等于−1，偶排列的值等于1。

如四阶时 ε_{ijkl}，对下标做一定规定，即当前面出现的下标有大于后面出现的下标时，计为1次，即当 $i>j$ 时，计1次，且当 $i>k$ 时，再计1次，累加得2次，$\cdots$，依此类推，最后累加的数的结果为奇数或者偶数，这样相应为奇排列或偶排列。如 ε_{1234}、ε_{1243}、ε_{1423} 的逆序数分别为0、1、2，相应地排列的值分别为1、−1、1。这样即可对高阶的行列式用排列符号表示。

利用排列符号可以十分简单地表示行列式的展开式，如行列式

$$\begin{vmatrix} a_{11} & a_{12} & a_{13} \\ a_{21} & a_{22} & a_{23} \\ a_{31} & a_{32} & a_{33} \end{vmatrix} = \varepsilon_{ijk} a_{1i} a_{2j} a_{3k} \tag{A.9}$$

A.1.5 逗号符号

在某一个或几个指标符号之间加一逗号"，"，称为逗号指标符号，表示该变量对紧接逗号后面的一个或几个指标符号所表示的自变量取偏导数，如

$$a_{i,i} = \frac{\partial a_i}{\partial x_i} = \frac{\partial a_1}{\partial x_1} + \frac{\partial a_2}{\partial x_2} + \frac{\partial a_3}{\partial x_3} \tag{A.10}$$

$$a_{,ii} = \frac{\partial}{\partial x_i}\left(\frac{\partial a}{\partial x_i}\right) = \frac{\partial^2 a}{\partial x_1{}^2} + \frac{\partial^2 a}{\partial x_2{}^2} + \frac{\partial^2 a}{\partial x_3{}^2} \tag{A.11}$$

A.2 向量、张量及其坐标转换

A.2.1 向量

设向量 $\boldsymbol{a}$ 在笛卡儿坐标系中的分量为 a_i，用指标符号可以表示为 $\boldsymbol{a} = a_i \boldsymbol{e}_i$，$\boldsymbol{e}_i$ 为第 i 坐标轴上正方向上的单位向量。

两个向量的点积为

$$\boldsymbol{a} \cdot \boldsymbol{b} = a_i \boldsymbol{e}_i \cdot b_j \boldsymbol{e}_j = a_i b_j \boldsymbol{e}_i \cdot \boldsymbol{e}_j = a_i b_j \delta_{ij} = a_i b_i \tag{A.12}$$

两个向量的叉积为

$$\boldsymbol{a} \times \boldsymbol{b} = \begin{vmatrix} \boldsymbol{e}_1 & \boldsymbol{e}_2 & \boldsymbol{e}_3 \\ a_1 & a_2 & a_3 \\ b_1 & b_2 & b_3 \end{vmatrix} = \varepsilon_{kij} a_i b_j \boldsymbol{e}_k \tag{A.13}$$

如图 A.1 所示，向量 $\boldsymbol{a}$ 在 x_1、x_2 坐标系中的分量为 a_1、a_2，在 x_1'、x_2' 坐标

系中的分量为 a_1'、a_2'，显然

$$\begin{cases} a_1 = a_1' \cos(x_1, x_1') + a_2' \cos(x_1, x_2') \\ a_2 = a_1' \cos(x_2, x_1') + a_1' \cos(x_2, x_2') \end{cases} \tag{A.14}$$

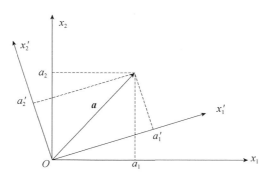

图 A.1 向量的坐标变换图

写成指标符号的形式

$$a_j = \alpha_{ji} a_i' \tag{A.15}$$

其中：

$$\alpha_{ji} = \cos(x_j, x_i') \tag{A.16}$$

容易证明

$$a_j' = \alpha_{ji} a_i \tag{A.17}$$

式（A.15）和式（A.17）同样适用于笛卡儿坐标系中的向量坐标转换。

A.2.2 梯度和散度

势场的梯度为一向量，它可表示为

$$\nabla u = \frac{\partial u}{\partial x_1} \boldsymbol{e}_1 + \frac{\partial u}{\partial x_2} \boldsymbol{e}_2 + \frac{\partial u}{\partial x_3} \boldsymbol{e}_3 = u_{,i} \boldsymbol{e}_i \tag{A.18}$$

向量场的散度可表示为

$$\nabla \cdot \boldsymbol{a} = \frac{\partial a_1}{\partial x_1} + \frac{\partial a_2}{\partial x_2} + \frac{\partial a_3}{\partial x_3} = a_{i,i} \tag{A.19}$$

A.2.3 张量

向量的分量仅与一个坐标有关，不同坐标系中其分量满足式（A.15）或式（A.17）的坐标变换关系。将这一概念扩展，可以把张量定义为一组与若干个下标有关的、并满足一定坐标变换关系的量。如 T_{ijk}（i，j，$k=1$，2，…，n），n 代

表张量的维数，下标个数代表张量的阶数。对于二阶张量，应满足

$$T_{lm} = \alpha_{li}\alpha_{mj}T_{ij} \tag{A.20}$$

对于三阶张量，应满足

$$T_{lmn} = \alpha_{li}\alpha_{mj}\alpha_{nk}T_{ijk} \tag{A.21}$$

利用张量的定义，也可以认为向量是一阶张量，但张量与向量不同，既不是向量，也不是标量，而是一个与向量有关的量。弹性力学中一点的应力状态就是典型的二阶张量。

如果二阶张量将其指标对换得到的新张量与原张量相等，即 $T_{ij} = T_{ji}$，则称这个二阶张量为对称张量；若 $T_{ij} = -T_{ji}$，则称为反对称张量；若 $\begin{cases} T_{ij} = \beta, & i = j \\ T_{ij} = 0, & i \neq j \end{cases}$，则称为球张量。$\delta_{ij}$ 是一个单位球张量。

张量对某一坐标的偏微分可表示为

$$\frac{\partial T_{ij}}{\partial x_k} = T_{ij,k} \tag{A.22}$$

由于 $x_s = \alpha_{ks}x_k$，$\dfrac{\partial}{\partial x_k} = \dfrac{\partial}{\partial x_s}\dfrac{\partial x_s}{\partial x_k} = \alpha_{ks}\dfrac{\partial}{\partial x_s}$，则

$$T_{ij,k} = \alpha_{im}\alpha_{jn}\alpha_{ks}T_{mn,s} \tag{A.23}$$

满足张量的坐标变换规则，因而 $T_{ij,k}$ 是一个三阶张量。

A.3　指标符号表示示例

以纳维–斯托克斯（Navier-Stokes）方程为例，来比较常规表示方法与指标符号方法。

Navier-Stokes 方程是有黏性流体运动的控制方程，即

$$\begin{cases} \dfrac{\partial u_x}{\partial t} + u_x\dfrac{\partial u_x}{\partial x} + u_y\dfrac{\partial u_x}{\partial y} + u_z\dfrac{\partial u_x}{\partial z} = F_x - \dfrac{1}{\rho}\dfrac{\partial p}{\partial x} + \nu\left(\dfrac{\partial^2 u_x}{\partial x^2} + \dfrac{\partial^2 u_x}{\partial y^2} + \dfrac{\partial^2 u_x}{\partial z^2}\right) \\[3mm] \dfrac{\partial u_y}{\partial t} + u_x\dfrac{\partial u_y}{\partial x} + u_y\dfrac{\partial u_y}{\partial y} + u_z\dfrac{\partial u_z}{\partial z} = F_y - \dfrac{1}{\rho}\dfrac{\partial p}{\partial y} + \nu\left(\dfrac{\partial^2 u_y}{\partial x^2} + \dfrac{\partial^2 u_y}{\partial y^2} + \dfrac{\partial^2 u_y}{\partial z^2}\right) \\[3mm] \dfrac{\partial u_z}{\partial t} + u_x\dfrac{\partial u_z}{\partial x} + u_y\dfrac{\partial u_z}{\partial y} + u_z\dfrac{\partial u_z}{\partial z} = F_z - \dfrac{1}{\rho}\dfrac{\partial p}{\partial z} + \nu\left(\dfrac{\partial^2 u_z}{\partial x^2} + \dfrac{\partial^2 u_z}{\partial y^2} + \dfrac{\partial^2 u_z}{\partial z^2}\right) \end{cases} \tag{A.24}$$

若用指标符号表示，式（A.24）可以简化为

$$\frac{\partial u_i}{\partial t} + u_j u_{i,j} = F_i - \frac{1}{\rho} P_{,i} + \nu u_{i,jj}, \quad i,\ j=1,\ 2,\ 3 \qquad （A.25）$$

式中，u_x、u_y、u_z 为流速分量；F_x、F_y、F_z 为作用力分量；P 为水压力；ρ 为水的密度；ν 为水的黏性系数。

同理，达西定律、水流连续方程、各向异性渗流方程均可用指标符号表示，可显示出该方法表示的公式的良好可读性、简洁性和逻辑性。

参 考 文 献

张有天，2005. 岩石水力学与工程. 北京：中国水利水电出版社.

本 章 要 点

1. 指标符号表示法体系是全书的数学基础，本书的公式一般均采用此体系书写。

2. 熟练掌握张量的指标符号表示法。

3. 掌握张量的坐标变换公式。

复习思考题

1. 如何用指标符号体系表示 n 维空间任意一点的坐标？

2. 如何实现张量的下标变换？

3. 如何实现三维几何空间中整体坐标和局部坐标（坐标原点和坐标轴不同）之间的变换？